科学计算编程语言
（C／Fortran）

吕翔　赵宁　刘洋　编著

西北工业大学出版社

西　安

图书在版编目（CIP）数据

科学计算编程语言:C/Fortran / 吕翔,赵宁,刘洋编著. —西安：西北工业大学出版社，2024.1

ISBN 978 - 7 - 5612 - 9165 - 8

Ⅰ. ①科… Ⅱ. ①吕… ②赵… ③刘… Ⅲ. ①C 语言-程序设计 ②FORTRAN 语言-程序设计 Ⅳ. ①TP312.8

中国国家版本馆 CIP 数据核字(2024)第 014815 号

KEXUE JISUAN BIANCHENG YUYAN(C/Fortran)

科学计算编程语言（C/Fortran）

吕翔　赵宁　刘洋　编著

责任编辑：朱晓娟		策划编辑：刘　茜	
责任校对：张　友		装帧设计：董晓伟	

出版发行：西北工业大学出版社
通信地址：西安市友谊西路 127 号　　邮编：710072
电　　话：(029)88493844,88491757
网　　址：www.nwpup.com
印　刷　者：兴平市博闻印务有限公司
开　　本：787 mm×1 092 mm　　1/16
印　　张：18.375
字　　数：447 千字
版　　次：2024 年 1 月第 1 版　　2024 年 1 月第 1 次印刷
书　　号：ISBN 978 - 7 - 5612 - 9165 - 8
定　　价：72.00 元

前 言

计算机技术已经在科学研究的各个领域发挥着重要的作用,例如进行文档编写、计算分析、试验数据获取、数据分析处理和图形绘制等。大量的商业软件和自由软件提供了各种专业的功能来满足研究人员的使用需求,但现有的专业软件并不是万能的,很可能无法提供研究过程中所需要的功能,也可能其精度或功能与研究需求相比还有一定的差距,这时就需要研究人员自己动手编写程序来实现自己想要的软件功能。从应用或功能的角度来说,编程可以分为操作系统编程、科学计算编程和网络编程等。编程语言众多,包括 C/C++、Fortran、Python、Java 等。本书聚焦科学计算编程,介绍的编程语言包括 C 语言和 Fortran 语言。

本书除导论外分为 10 章。其中 C 语言和 Fortran 语言的内容各 5 章。附录部分给出了 C 语言和 Fortran 语言的常用函数库,以及 GSL、FGSL 和 PLplot 软件的使用方法等。对 C 语言或 Fortran 语言有一定基础的读者可能会发现,本书 C 语言和 Fortran 语言的章节安排较常见教材有很大的不同。这是笔者根据多年来在科学计算编程过程中的使用体会所进行的调整。另外,本书从实用角度出发,重在编程语言的应用,而非编程语言规范的详细讲解,因而省略了使用相对较少或者比较复杂的语法规范。本书不仅可以作为高等院校相关专业的教材,也可以作为编程人员的参考书。

本书导论和附录由吕翔编写,C 语言部分由吕翔和赵宁共同编写,Fortran 语言部分由刘洋和吕翔共同编写。西北工业大学固体推进全国重点实验室的多名研究生进行了本书部分文字和图表的处理,在此表示感谢。

在写作本书的过程中,曾参阅了相关文献资料,在此谨对其作者表示感谢。

由于水平有限,书中难免存在不足之处,恳请广大读者批评指正。

编著者

2023 年 9 月

目　　录

导　　论

0.1　编程语言的发展

计算机在发明之初主要用于科学研究,如今的计算机已经在人们社会生活的各个领域都发挥着重要的作用,例如天气预报、医疗、通信、交通管理(陆地/空中/太空)、金融和军事等。不论是哪一种行业应用,肉眼直观看到的都是各式各样的计算机实体(硬件),如智能手机、平板电脑、个人电脑、工作站、机群和超级计算机等。但是在使用这些计算机时,与人们打交道的却是各种各样的软件,如操作系统、办公软件、娱乐软件、行业专用软件等。可以这样说,计算机硬件离开了软件就像是没有了灵魂的躯壳,无法思考,无法工作。

软件从何而来? 大家都知道软件是由开发者通过编写程序而形成的,那么,程序是如何编写的? 现在的计算机是以二进制为基础,开发者是否通过编写二进制代码,进而形成了软件? 对于这些问题,需要从计算机编程语言的发展历程讲起。

计算机自设计之初便是以二进制为基础的,其内部能够识别和执行的指令也是二进制形式的。因此,在计算机发展的初期,编程的确是以 0/1 数字的各种不同序列来实现的,这种编程语言称为"机器语言"。例如,Rabbit 3000 8 位微处理器的机器码 00011001 表示将寄存器 hl 和 de 存储的整数求和,并将结果放到寄存器 hl 中。每一种处理器都有自己可以识别的一整套指令,称为指令集。因此,机器语言最大的缺点是:不同种类的计算机(不论是否为同一厂商生产)所采用的机器语言存在差异,这就导致用机器语言编写的程序无法通用。此外,机器语言程序的编写非常不便,不仅需要记忆大量的数字指令,还要严格控制程序的正确率。一旦指令有一个微小的错误(如二进制数字有一位出现差错),整个程序就会出错,而且这种错误很难检查出来。

为了解决使用机器语言编程的问题,20 世纪 50 年代初,出现了汇编语言。这样不需要记忆大量的数字指令,而是采用一系列的字符式指令来编程。汇编语言被称为第二代编程语言,也称"低级语言"。汇编语言的实质和机器语言是相同的,都是直接对硬件操作,只不过其指令采用了英文缩写的标识符,更容易识别和记忆。它同样需要编程者将每一步的具体操作用命令的形式写出来,汇编程序的每一句指令只能对应实际操作过程中的一个很细微的动作。

"低级语言"的使用仍然不是很方便,因此便出现了如今广泛使用的各种"高级语言",如

Basic、C、C++、Objective-C、Pascal、Fortran、Java、LISP、Prolog、Python、Ruby 和 Lua 等。高级语言源程序可以用解释和编译两种方式执行。编译后生成的程序执行效率更高,因此通常使用后一种。与汇编语言相比,高级语言将许多机器指令合成为单条指令,而且还去掉了一些涉及计算机细节操作(如使用堆栈、寄存器等)的内容,这样就大大简化了程序中的指令。因此,编程者也不需要具备太多的计算机专业知识,高级语言也就成为绝大多数编程者的选择。

目前有 600 多种编程语言。TIOBE 编程语言社区排行榜是编程语言流行趋势的一个指标,每月更新。排名使用著名的搜索引擎(如 Google、MSN、Yahoo!、Wikipedia、YouTube 及百度等)进行计算。在 2023 年 3 月的编程语言排行榜(见表 0-1)中,前三名是 Python、C 和 Java。本书将要介绍的 Fortran 语言排名在第 17 位,评分是 0.79%。由表 0-2 可知,C 语言排名始终处于第 1 位或第 2 位。需要注意的是,这个排行榜只是反映某个编程语言的热门程度,并不能说明一门编程语言好不好,或者一门语言所编写的代码数量多少。

表 0-1　TIOBE 编程语言排行榜(2023 年 3 月)

编程语言	2023 年 3 月排名	2022 年 3 月排名	评　分	变　化
Python	1	1	14.83%	+0.57%
C	2	2	14.73%	+1.67%
Java	3	3	13.56%	+2.37%
C++	4	4	13.29%	+4.64%
C#	5	5	7.17%	+1.25%
Visual Basic	6	6	4.75%	−1.01%
JavaScript	7	7	2.17%	+0.09%
SQL	8	10	1.95%	+0.11%
PHP	9	8	1.61%	−0.30%
Go	10	13	1.24%	+0.26%
Assembly Language	11	9	1.11%	−0.79%
MATLAB	12	15	1.08%	+0.28%
Delphi/Object Pascal	13	12	1.06%	−0.06%
Scratch	14	23	1.00%	+0.47%
Classic Visual Basic	15	17	0.98%	+0.38%
R	16	11	0.93%	−0.44%
Fortran	17	30	0.79%	+0.40%
Ruby	18	16	0.76%	+0.10%
Rust	19	26	0.73%	+0.22%
Swift	20	14	0.71%	−0.20%

表 0-2　TIOBE 编程语言长期排行榜（长期趋势）

编程语言	2023 年排名	2018 年排名	2013 年排名	2008 年排名	2003 年排名	1998 年排名	1993 年排名	1988 年排名
Python	1	4	8	7	13	25	17	—
C	2	2	1	2	2	1	1	1
Java	3	1	2	1	1	18	—	—
C++	4	3	4	4	3	2	2	6
C♯	5	5	5	8	10	—	—	—
Visual Basic	6	15	—	—	—	—	—	—
JavaScript	7	7	11	9	8	22	—	—
Assembly Language	8	12	—	—	—	—	—	—
SQL	9	251	—	—	7	—	—	—
PHP	10	8	6	5	6	—	—	—
Objective-C	18	18	3	46	49	—	—	—
Ada	27	30	17	18	15	8	7	2
LISP	29	31	13	16	14	7	4	3
Pascal	211	140	15	20	99	12	3	14

0.1.1　汇编语言

汇编语言用比较容易识别、记忆的助记符替代特定的二进制串,采用助记符代替机器指令的操作码,用地址符号或标号代替指令或操作数的地址,从而增强了程序的可读性,并且降低了编写难度。比如,用"ADD"代表加法,用"MOV"代表数据传递等。这样一来,人们很容易读懂并理解程序在干什么,纠错及维护都变得方便了。下面两条 Intel 80x86 的汇编指令,功能是将 EAX(基地址)寄存器赋值为 1,然后将 EBX(累加)寄存器在原值基础上与 EAX 相加。

```
MOV EAX ,1
ADD EBX ,EAX
```

通过这种助记符,人们就能较容易地读懂程序,调试和维护也更方便了。但计算机无法识别这些助记符号,需要一个专门的程序将其翻译成机器语言,这种翻译程序被称为汇编程序。汇编语言的一条汇编指令对应一条机器指令,与机器语言本质上是一样的,只是表示方式做了改进,其可移植性与机器语言一样不好。

不同的处理器有不同的指令集,因此,每一种处理器都会有自己专属的汇编语言语法规则和编译器。即使是同一种类型的处理器,也可能拥有不同的汇编语言编译器。如 Intel 80x86 系列的处理器,有 MASM、NASM、FASM、TASM 和 AT&T 等编译器。另外,每一种编译器都使用不同的语法。因此,汇编语言代码及其编译生成的可执行程序缺乏可移植性。对于稍具规模的汇编代码来说,很难读懂程序设计意图,其可维护性差,而且即使是完成简单的工作也需要大量的汇编语言代码,很容易产生错误,难以调试。

汇编语言直接访问、控制计算机的各种硬件设备,如磁盘、存储器、中央处理器(Central Processing Unit,CPU)、输入/输出端口等。由于其目标代码具有简短、占用内存少、执行速度快等优点,因此经常与高级语言配合使用,以改善程序的执行速度和效率,弥补高级语言在硬件控制方面的不足。汇编语言很少大面积地应用到科学计算中,通常是为了进行算法优化而在局部采用汇编语言与高级语言混合编程。

0.1.2　C/C++语言

为了开发 UNIX 操作系统,丹尼斯·里奇(Dennis Ritchie)以 B 语言为基础,在贝尔实验室设计并开发出了 C 语言。1973 年,UNIX 操作系统的核心正式用 C 语言编写(原先的 UNIX 操作系统都是用汇编语言编写),这是 C 语言第一次应用在操作系统的核心编写上。从此以后,C 语言成为编写操作系统的主要语言。史蒂夫·约翰逊(Steve Johnson)开发了一套"可移植编译器",这套编译器修改起来相对容易,并且可以为不同的机器生成代码。从那时起,C 语言就已经在大多数计算机上被应用,从最小的微型计算机到 CRAY-2 超级计算机都应用了 C 语言。

从一开始,C 语言就是为系统级编程而设计的,程序的运行效率至关重要。C 语言与真实机器能力匹配良好。例如,C 语言为典型硬件所直接支持的对象,如字符、整数(也许有多种大小)、浮点数字(同样可能有多种大小)等,提供了相应的基本数据类型。

C 语言既有高级语言的结构和编程环境,又有类似于低级语言的系统资源操纵能力,其目标代码的执行效率只比汇编语言低 $10\%\sim20\%$。C 语言支持以函数为基础的结构化程序设计、多文件构成及文件独立编译,适合大型的、复杂的程序设计。因为其具有高效、灵活、功能丰富、表达力强和可移植性较高等特点,所以在程序员中备受青睐,成为使用最为广泛的编程语言。目前,C 语言编译器普遍存在于各种不同的操作系统中,例如 UNIX、Microsoft Windows 及 Linux 等。C 语言的设计影响了许多后来的编程语言,例如 C++、Objective-C、Java、C♯ 等。

1983 年,美国国家标准协会(American National Standard Institute,ANSI)制定了 C 语言标准,于 1989 年获得认可,这一标准被称为 ANSI C 标准或 C89 标准,这也是很多 C 语言教材中采用的 C 语言标准。国际标准化组织(International Standardization Organization,ISO)将修改后的 ANSI C 标准吸纳成为国际标准,称为 C90 标准。可以说,C89 标准和 C90 标准是同一版本。后来,ISO 于 1991 年开始起草新的 C 标准,在 1999 年完成,于 2000 年获得认可,该标准称为 C99 标准。此后,2011 年正式发布了 ISO/IEC 9899:2011 标准(简称为 C11 标准),2018 年又发布了 ISO/IEC 9899:2018 标准(简称为 C18 标准)。新标准适当引入了一些新功能,以提高 C 语言使用的便捷性。读者在学习时不必追求最新版本,因为最新版本通常会遇到编译器支持问题。为了实现最基础的标准功能教学,确保代码有宽适应范围,本书采用 C99 标准。

20 世纪 80 年代初,继面向对象语言 Smalltalk 出现后,许多程序设计语言都向面向对象的方向发展。C++就是以 C 语言为基础而发展起来的以面向对象为主要特征的语言,由贝尔实验室的比亚内·斯特劳斯卢普(Bjarne Stroustrup)于 1983 年推出。其在最初被命名为 C with class,被当作 C 语言的一种有效扩充。由于当时 C 语言在编程界居于主导地位,因此要想发展并推广一种新语言的难度可想而知。为了能够与 C 语言相匹敌,新的编程语言必须解决的关键问题是:要在运行时间、代码紧凑性和数据紧凑性方面能够与 C 语言相媲美。在这种情况下,一个很自然的想法就是让 C++从 C 语言继承过来。同时,为了避免受到 C 语言的局限性,C++参考了很多的语言,并进行了改进和优化。

C++继承了 C 语言的优点,又扩充了数据类型;支持面向对象程序设计,通过继承、重载和多态性等特征实现了软件重用和程序自动生成;加强了一致性检查机制,提高了软件开发的效率和质量。C++完全兼容 C 语言,多数 C 语言编写的库函数和应用程序都可为 C++所用,加快了 C++和面向对象技术的推广。虽然很多人对于能否把 C++看成更高级的 C 语言存在争论,但不容忽视的是,学好 C 语言对于学习 C++有极大的帮助。

0.1.3　Fortran 语言

Fortran 语言自 1957 年开发出来以后,至今已有近 70 年历史,但仍经久不衰。Fortran 源自"公式翻译"(Formula Translation)的缩写,Fortran 语言是为了满足数值计算的需求而发展出来的。Fortran 语言以其特有的功能在数值、科学和工程计算领域发挥着重要作用,始终是科学计算领域首选的计算机高级语言。

1957 年,国际商用机器公司(IBM)开发出第一套 Fortran 语言,在 IBM704 电脑上运作。1976 年,美国国家标准协会公布了新的 Fortran 标准(Fortran 77)。Fortran 77 是具有结构化特性的编程语言,在短时间内获得了巨大的成功,广泛地应用于科学和工程计算,几乎统治了数值计算领域。1991 年发布的 Fortran 90 大幅改进了旧版 Fortran 的形式,加入了对象导向的观念并提供指针,同时加强了数组的功能。后来出现的 Fortran 95 可以看作 Fortran 90 修正版,主要是增加了 Fortran 在并行计算方面的功能。后来又陆续推出了 Fortran 2003、Fortran 2008 等更新版本。从 Fortran 90 开始,Fortran 语言具备了现代高级编程语言的一些特性。

Fortran 语言的最大特性是接近数学公式的自然描述,在计算机里具有很高的执行效率。其语法严谨,可以直接对矩阵和复数进行运算,非常适合进行科学计算,被广泛地应用于并行计算和高性能计算领域,目前已经积累了大量高效而可靠的源程序,大量的经典数值计算程序使用 Fortran 77 编写。

0.1.4　Java 语言

Java 最初的目标是用于家用电器等小型系统的编程,被命名为 Oak。但因为市场需求不强,Sun 公司放弃了该项计划。随着互联网的发展,Sun 公司看到了 Oak 在计算机网络上的广阔应用前景,对其进行了改造,于 1995 年以"Java"的名称正式发布。Java 伴随着互联网的迅猛发展而发展,逐渐成为重要的网络编程语言。

Java 的风格十分接近 C 语言、C++语言,是一个纯的面向对象的程序设计语言,继承了 C++ 语言面向对象技术的核心优点。但是 Java 舍弃了 C ++语言中容易引起错误的指针(以引用取代)、运算符重载(Operator Overloading)、多重继承(以接口取代)等特性。Java 与众不同之处在于:Java 程序既是编译型的(转换为一种称为 Java 字节码的中间语言),又是解释型的(依靠 Java 虚拟机对字节码进行解析和运行)。Java 具备"一次编译、到处执行"的跨平台特性。

与传统程序不同,Sun 公司在推出 Java 之际就将其作为一种开放的技术。全球数以万计的 Java 开发公司被要求所设计的 Java 软件必须相互兼容。"Java 靠群体的力量而非公司的力量"是 Sun 公司的口号之一,并获得了广大软件开发商的认同。Sun 公司对 Java 编程语言的解释是:Java 编程语言是简单、面向对象、分布式、解释性、健全、安全、与系统无关、可移植、高性能、多线程和动态的语言。

0.1.5 MATLAB

MATLAB 是 Matrix Laboratory(矩阵实验室)两个词的缩写组合。20 世纪 70 年代,美国新墨西哥大学计算机科学系主任克利夫·莫勒(Cleve Moler)为了减轻学生编程的负担,用 Fortran 编写了最早的 MATLAB。1984 年,由 Little、Moler、Steve Bangert 合作成立的 MathWorks 公司正式把 MATLAB 推向市场。MATLAB 以商品形式出现后,仅短短几年,就以其良好的开放性和运行的可靠性,使原先控制领域里的封闭式软件包(如英国的 Umist,瑞典的 Lund 和 Simnon,德国的 Keddc)纷纷被淘汰。MATLAB 和 Mathematica、Maple 并称为三大数学软件。

20 世纪 90 年代,MATLAB 已成为国际控制界的标准计算软件。MATLAB 将数值分析、矩阵计算、科学数据可视化以及非线性动态系统的建模和仿真等诸多强大功能集成在一个易于使用的视窗环境中,并在很大程度上摆脱了传统非交互式程序设计语言(如 C 语言、Fortran 语言)的编辑模式。MATLAB 的基本数据单位是矩阵,它的指令表达式与数学、工程中常用的形式十分相似,故用 MATLAB 来处理问题要比用 C 语言、Fortran 语言等完成相同的事情简捷得多,并且 MATLAB 也吸收了 Maple 等软件的优点,使 MATLAB 成为一个强大的数学软件。在新的 MATLAB 版本中也加入了对 C、Fortran、C++、Java 的支持。

MATLAB 的函数集包括从最简单、最基本的函数(如三角函数)到诸如矩阵、特征向量、快速傅里叶变换的复杂函数。其函数所能解决的问题大致包括矩阵运算、线性方程组的求解、微分方程及偏微分方程的组的求解、符号运算、傅里叶变换、数据的统计分析、工程中的优化问题、稀疏矩阵运算、复数的各种运算、三角函数和其他初等数学运算、多维数组操作以及建模动态仿真等。MATLAB 主要应用于工程计算、控制设计、信号处理与通信、图像处理、信号检测、金融建模设计与分析等领域。

0.2　编　程　基　础

0.2.1　开发环境、编译器与语言之间的联系与区别

在日常的交流中,经常会听到有人问:"你习惯用什么语言编程?"很多人会回答:"用 VC(或 C++ Builder 等)编程。"其实,这当中存在概念的混淆。

编程语言,就是指前面所介绍的各种类型语言(如 C、C++、Fortran 等)。应当说,每一个编程语言的"来源"(即发明者)是单一的,它的规则(语法)也是唯一的(通常由标准化组织确定,但版本可能会不断更新)。例如,C 语言是由丹尼斯·里奇发明,它的版本不断发展,先后出现了 ANSI C 标准、C89 标准和 C99 标准等。

除了机器语言之外,其他所有的语言并不能被计算机硬件直接识别与执行。对于解释型编程语言来说,需要一个解释器来执行所编写的程序;对于编译型编程语言来说,需要一个编译器将所编写程序代码转换为计算机可识别的机器码,然后再交由计算机执行对应的指令。对于 C、C++ 和 Fortran 等编译型的语言来说,编译器并不唯一,可以由许多厂家开发。例如,Windows 系统的 C/C++ 编译器包括 Microsoft C/C++、Borland C/C++、Intel C/C++、GNU GCC 等。不同的编译器对同一语言的各种版本的支持程度不一,有的编译器并不支持最新的语言标准。各个编译器可能会对标准语言进行扩充,增加自定的关键字、功能和函数库等。由于编译器是运行在操作系统之上的,因此即使是同一厂家的编译器,也有操作系统之分。例如,GNU GCC 编译器同时包含 Linux 系统版本和 Windows 系统版本。本书采用具备跨平台能力的 GNU GCC 编译器。

除了 G 语言(图形化编程语言)之外,各种语言编写的程序都是文本形式的代码,在编写完成后,由编译器生成可执行程序。在早期的程序开发中,都是用文本编辑器来编写代码,生成一个个源程序文件,然后再手动编写编译命令,从而生成可执行程序。这种开发方式并不是很便捷。后来,随着图形用户界面的不断发展,出现了集成开发环境(Integrated Develop Environment,IDE)的概念。顾名思义,集成开发环境就是将程序开发的很多功能集成于一体,如代码编写、编译、链接和程序调试等。许多编程语言本身只是定义了一种语言规范,并不具备可视化编程的功能(如 C、C++、Fortran)。许多开发者(公司)单独提供以某种语言为基础的可视化编程工具,如 Qt、wxWidgets。有的集成开发环境则提供可视化编程功能,如 Visual C++ IDE、C++ Builder IDE。此外,集成开发环境可能还提供了许多其他大量的便捷辅助功能,如关键字的彩色显示、程序版本管理、工程管理、编码的自动提示/完成等。微软公司提供了一整套的编译器和集成开发环境,如经典的 Visual C++ 6,这便导致许多人在使用的时候产生了"集成开发环境等同于编程语言"的错误概念。在 Linux/UNIX 平台,编译器主要是以 GNU 系列为主,但 IDE 则非常多,如 Anjuta、Code∶∶Blocks、Eclipse 等。随着自由软件思想的不断发展,在 Windows 平台上也出现了许多独立的集成

开发环境,如 Code∶Blocks 和 Eclipse 等。本书以 Code∶Blocks 为集成开发环境。

0.2.2 编程语言的优劣对比

在网络上经常会见到很多关于各种编程语言优劣对比的文章或者论坛话题,很多时候会演变成各种语言的拥趸之间的激烈争吵。实际上,各种编程语言都有各自的优劣之处。软件开发者应该扬长避短,提高开发效率,达到事半功倍的效果。例如:汇编语言对硬件的操作效率非常高,在涉及硬件底层操作的软件中,核心部分可以采用汇编语言编写,而软件的其他部分采用 C 或 C++编写。有的语言会由编译器自带或者第三方提供大量的功能函数(如图像处理或者数值计算函数),为了充分提高开发效率,这时就要考虑采用多种语言的混合编程技术。有些情况下,不同的编程语言所能达到的效果、能实现的功能几乎没有差别。这时软件开发者可以根据自己的习惯选择相应的编程语言。

0.2.3 编译器及开发环境的选择

编译器的主要功能是将源代码转换成可执行程序。在选择编译器时需要重点考虑两方面:一是编译器对语言版本的支持能力,例如 MSVC6 不支持 C99 标准;二是编译器针对目标计算机的优化能力,目前多数的 C、C++和 Fortran 编译器会针对不同的计算机架构进行代码优化,生成的代码具有很高的执行效率。此外,需要注意的是,有些编译器会对语言进行一定的扩充,增加自定义的语法、关键字或者函数库。这样一来,源代码的可移植性就要受到影响。

通常情况下,许多商业软件公司会将自己的集成开发环境与编译器一并发布,如 Microsoft Visual Studio 和 Embarcadero RAD Studio 等。除此之外,许多公司(团体)会单独提供集成开发环境。例如,GNU 软件中 C/C++编译器基本上均是采用 GCC,而集成开发环境则有很多种,如 Code∶Blocks、Anjuta、Eclipse 和 CodeLite 等。选择开发环境,需要考虑两方面:一是 IDE 与编译器的衔接能力,例如 MS Visual Studio 支持其自己的编译器和部分商业编译器(如 Intel C/C++和 PGI Fortran),本书选用的 Code∶Blocks 支持 MS 的编译器、GCC 编译器和 Intel C/C++/Fortran 编译器等;二是 IDE 为软件开发提供的能够提高开发效率的辅助功能,如源代码的高亮显示(目前各种开发环境基本上均提供该功能)和源代码版本管理等。

0.2.4 编程语言、编译器和开发环境的版本问题

计算机技术在不断发展,各种编程语言、编译器和开发环境的版本也在不断发展,尤其是编译器和开发环境的升级频率可能会越来越快。很多人会盲目地追求新版本,认为新版本的功能更加全面,较旧版本的问题会更少。对于这一问题,需要考虑更换版本所带来的开发工作量增加问题、新旧版本的兼容性问题、新版本软件开发环境的稳定性问题等。通常情况下,升级到新版本后很难再用旧版本的开发软件进行开发。很多开发环境在推出新版本

后会存在 Bug(漏洞),随后会不断地推出补丁程序(通常是 SP1、SP2……)。在解决 Bug 之前,软件开发者面对各种莫名其妙的 Bug 会束手无策,甚至会被迫回退到原先的版本,这样一来会严重影响项目的开发进度。因此,在选择开发工具时,应该慎重考虑是否一定要采用最新的版本。

0.2.5　程序设计和编写程序

什么叫程序设计? 对于初学者来说,往往把程序设计简单地理解为只是编写一个程序。这是不全面的。程序设计反映了利用计算机解决问题的全过程,包含多方面的内容,而编写程序只是其中的一个方面。使用计算机解决实际问题,通常是先要对问题进行分析并建立数学模型,然后考虑数据的组织方式和算法,并用某一种程序设计语言编写程序,最后调试程序,使之运行后能产生预期的结果,这个过程称为程序设计。具体要经过以下 4 个基本步骤:

(1)分析问题,确定数学模型或方法;

(2)设计算法,画出流程图;

(3)选择编程工具,编写程序;

(4)调试程序,分析输出结果。

在拿到一个实际问题之后,应对问题的性质与要求进行深入分析,从而确定求解问题的数学模型或方法,接下来进行算法设计,并画出流程图。有了算法流程图,再来编写程序是很容易的事情。有些初学者,在没有把所要解决的问题分析清楚之前就急于编写程序,结果编程思路紊乱,很难得到预想的结果。

0.3　算法及其描述

在日常生活中,做任何一件事情,都是按照一定的方法,一步一步地进行,这些解决问题的方法和步骤称为算法。比如,工厂生产一部机器,先把零件按一道道工序进行加工,然后把各种零件按一定规则组装起来,生产机器的工艺流程就是算法。

同样,要编写解决问题的程序,首先应设计算法。任何一个程序都依赖特定的算法,有了算法,再来编写程序是很容易的事情。

【例 0.1】　求两个正整数 m 和 n 的最大公约数。

m 和 n 的最大公约数即是所有能同时除尽 m 和 n 的数中的最大数。求两个正整数的最大公约数常用辗转相除法。由于 m 和 n 是两个正整数,因此存在 q 和 r,使 $m=n\times q+r$ ($q\geqslant 0, r\geqslant 0, r<n$)。若 $r=0$,则 n 即是 m 和 n 的最大公约数。否则,可以证明 n 和 r 的最大公约数就是 m 和 n 的最大公约数。用同样的方法求 n 和 r 的最大公约数。如此继续下去,直到余数为 0。

可将上述过程写成如下算法：

(1)输入 m 和 n 的值；

(2)求 m 除以 n 的余数 r；

(3)若 r＝0,则转至第(6)步,否则执行第(4)步；

(4)令 m＝n,n＝r；

(5)转第(2)步；

(6)输出 n 。

从上述算法示例可以看出,算法是解决问题方法的精确描述。算法并不给出问题的精确解,只是说明怎样才能得到解。每一个算法都是由一系列基本的操作组成的,因此研究算法的目的就是要研究怎样把问题的求解过程分解成一些基本的操作。

从上面的例子中,还可以概括出算法的 5 个特征：

(1)有穷性。算法中执行的步骤总是有限次数的,不能无止境地执行下去。

(2)确定性。算法中的每一步操作必须具有确切的含义,不能有歧义。

(3)有效性。算法中的每一步操作必须是可执行的。

(4)要有数据输入。算法中操作的对象是数据,因此应提供有关数据。

(5)要有结果输出。算法的目的是用来解决一个给定的问题,因此应提供输出结果,否则算法就没有实际意义。

算法的描述有许多方法,常用的有自然语言、一般流程图、N-S图等。例 0.1 的算法是用自然语言——汉语描述的,其优点是通俗易懂,但它不太直观,描述不够简洁,且容易产生歧义。在实际应用中常用流程图表示算法。

0.3.1 一般流程图

一般流程图是一种传统的算法描述方法,它用不同的几何图形来代表不同性质的操作,如图 0-1 所示。例如,用矩形框表示要进行的操作,用菱形框表示判断,用流程线将各步操作连接起来并指示算法的执行方向。

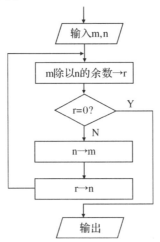

图 0-1 用一般流程图描述例 0.1 的算法

一般流程图的主要优点是直观性强,初学者容易掌握;缺点是对流程线的使用没有严格限制,如毫无限制地使流程任意转来转去,将使流程图变得毫无规律,难以阅读。为了提高算法的可读性和可维护性,必须限制无规则的转移,使算法结构规范化。

0.3.2　程序的三种基本结构

1966 年,Bohra 和 Jacopini 提出了组成结构化算法的三种基本结构,即顺序结构、选择结构和循环结构。顺序结构是最简单的一种基本结构,依次执行不同的程序块,如图 0-2(a)所示。

选择结构根据条件满足或不满足而去执行不同的程序块。在图 0-2(b)中,当条件 P 满足时,执行 S1 程序块,否则执行 S2 程序块。

循环结构是指重复执行某些操作,重复执行的部分称为循环体。循环结构分为当型循环和直到型循环两种,分别如图 0-2(c)(d)所示。当型循环先判断条件是否满足,当条件 P 满足时,反复执行 S 程序块,每执行一次测试一次 P,直到 P 不满足为止,跳出循环体执行下面的基本结构。直到型循环先执行一次循环体,再判断条件 P 是否满足,若不满足则反复执行循环体,直到 P 满足为止。

两种循环结构的区别在于:当型循环结构是先判断条件,后执行循环体,而直到型循环结构则是先执行,后判断;直到型循环至少执行一次循环体,而当型循环有可能一次也不执行循环体。

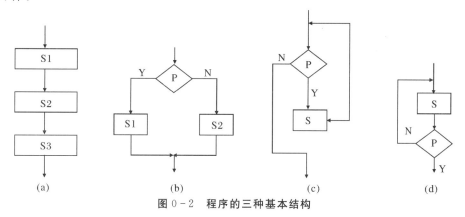

图 0-2　程序的三种基本结构

以上三种基本程序结构具有如下共同特点:

(1)只有一个入口;

(2)只有一个出口;

(3)结构中无死语句,即结构内的每一部分都有机会被执行;

(4)结构中无死循环。

结构化定理表明,任何一个复杂问题的程序,都可以用以上三种基本结构组成。具有单入口、单出口性质的基本结构之间形成顺序执行关系,使不同基本结构之间的接口关系简单,相互依赖程度降低,从而呈现出清晰的结构。显然,图 0-1 所示的流程图不符合结构化的要求,可将其改成图 0-3。其中,图 0-3(a)中的循环结构为当型循环结构,图 0-3(b)中的循环结构为直到型循环结构。

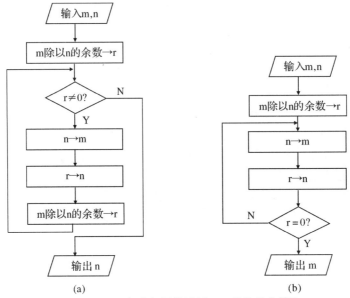

图 0-3　用一般流程图描述例 0.1 的结构化算法

0.3.3　N-S 图

基于传统流程图的缺点,1973 年美国学者 Nassi 和 Shneiderman 提出了一种新的流程图工具——N-S 图。N-S 图以三种基本结构作为构成算法的基本元素,每一种基本结构用一个矩形框来表示,而且取消了流程线,各基本结构之间保持顺序执行关系。N-S 图可以保证程序具有良好的结构,因此 N-S 图又叫作结构化流程图。本书使用的 Code::Blocks 集成开发环境中提供了绘制 N-S 图的功能。

和图 0-2 的三种基本结构相对应,图 0-4 是 N-S 图的基本结构形式。

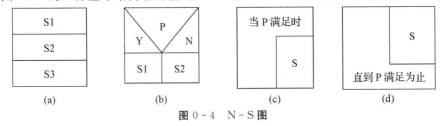

图 0-4　N-S 图

用 N-S 图来描述例 0.1 的算法,如图 0-5 所示。

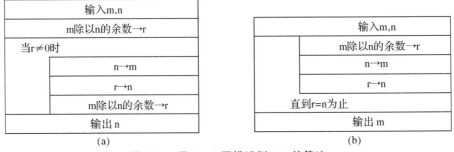

图 0-5　用 N-S 图描述例 0.1 的算法

0.4　结构化程序设计

随着计算机技术的不断发展,人们对程序设计方法的研究也在不断深入。早期程序设计常以运行速度快、占用内存少为主要标准,然而在计算机的运算速度大大提高、存储容量不断扩大的情况下,程序具有良好的结构成为第一要求。一个结构良好的程序虽然在效率上不一定最好,但结构清晰,易于阅读和理解,便于验证其正确性。这对传统的程序设计方法提出了严峻的挑战,从而促使了结构化程序设计方法的产生。

结构化程序设计方法是普遍被采用的一种程序设计方法,自 20 世纪 60 年代由荷兰学者 E. W. Dijkstra 提出以来,经受了实践的检验,同时也在实践中不断发展和完善,成为软件开发的重要方法,在程序设计方法学中已占有十分重要的位置。用这种方法设计的程序结构清晰,易于阅读和理解,便于调试和维护。

结构化程序设计方法采用自顶向下、逐步求精和模块化的分析方法。

自顶向下是指对设计的系统要有一个全面的理解,从问题的全局入手,把一个复杂问题分解成若干个相互独立的子问题,然后对每个子问题再进行进一步的分解,如此重复,直到每个问题都能容易地解决为止。逐步求精是指程序设计的过程是一个渐进的过程,先把一个子问题用一个程序模块来描述,再把每个模块的功能逐步分解、细化为一系列的具体步骤,直到能用某种程序设计语言的基本控制语句来实现。逐步求精总是和自顶向下结合使用,一般把逐步求精看作自顶向下设计的具体体现。

模块化是结构化程序设计的重要原则。所谓模块化就是把大程序按照功能分为较小的程序。一般来讲,一个程序是由一个主控模块和若干子模块组成的。主控模块用来完成某些公用操作及功能选择,而子模块用来完成某项特定的功能。当然,子模块是相对主模块而言的。作为某一子模块,它也可以控制更下一层的子模块。一个复杂的问题可以分解成若干个较简单的子问题来解决。这种设计风格,便于分工合作,将一个庞大的模块分解为若干个子模块并分别完成,然后用主控模块控制、调用子模块。这种程序的模块化结构如图0-6所示。

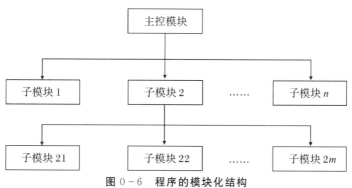

图 0-6　程序的模块化结构

结构化程序设计的过程就是将问题求解由抽象逐步具体化的过程。这种方法符合人们解决复杂问题的普遍规律,可以显著提高程序设计的质量和效率。

【例0.2】 计算 $s = 1 + (1 + 2!) + (1 + 2! + 3!) + \cdots + (1 + 2! + \cdots + 10!)$。

这是求若干项之和的问题,一级算法如图0-7(a)所示。其中求F这一步需要进一步细化,具体算法如图0-7(b)所示。图0-7(b)中求F1这一步需要进一步细化,显然F1=J!,具体算法如图0-7(c)所示。

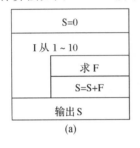 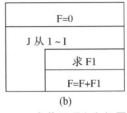 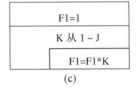

(a)   (b)   (c)

图0-7 求若干项之和问题的算法

0.5 本书编写思路

在编程语言的选择方面,主要考虑到科学计算中常用的语言。C/C++语言在软件开发中属于常用语言。由于C语言比较容易学习,有了C语言基础之后再学习C++会更容易,因此,本书选择讲解C语言。C99标准是C语言演变成为数值计算和科学计算编程语言的里程碑,它大大简化了工程和科学应用中的程序编写过程,因此本书以C99标准作为标准。鉴于ANSI C标准的应用时间更久、影响范围更大,目前很多科研人员仍在使用ANSI C标准,本书会将C99标准增加的功能标示出来。

由于Fortran语言在数值计算领域具有重要作用,因此本书选择Fortran语言作为第二部分讲解。考虑到大量经典程序均是使用Fortran 77编写,而新标准(如Fortran 95)也在不断地推广应用,因此,本书以Fortran 95为标准进行讲解,同时也注意介绍Fortran的特有规范,以便于读者学习Fortran 77编写的经典程序。

由于各种编程语言之间存在很强的相通性,因此本书重点讲解C语言,对Fortran语言适当简化。

在航天推进专业方向的日常科研过程中,经常需要利用计算机编写程序进行科学计算工作,例如,固体火箭发动机内弹道的计算,实验数据的处理分析,燃烧、流动、传热等物理化学过程分析。本书便是瞄准这一系列应用,安排例题和练习题。部分题目可能会提前涉及相关课程的内容,本书会把其中的方程和公式提取出来,并尽量避免涉及其中的复杂概念。对于每一种语言,本书会以一个典型的程序设计任务作为引导,每一章会对相关的内容进行讲解。

本书的章节安排与常规的教材有很大差异。本书从程序开发与语言的使用角度考虑,对传统的章节分配方式做了很大的改动。例如:实际编程时数组和流程控制会一并出现,因此本书便将其安排在同一章之内;通常情况下结构体会在C语言教材的后半部分涉及,本书则认为结构体可以当作一种新的变量类型看待,因而将其提前安排在第2章。

0.6　学　习　建　议

学习编程语言的目的是利用编程来解决问题,但绝非仅仅编写代码一项工作,还包括程序设计和程序调试。本书的主要内容是介绍如何利用编程语言来编写代码,在此之外的程序设计工作,建议读者再进一步学习数据结构和算法、软件工程等相关课程。

对于学习编程语言来说,最好的方法就是不断练习。一方面是不断地编写程序,提高对编程程序的编写能力;另一方面是不断地调试程序,确保程序能够正常运行。本书在每章会安排相应的习题:有些题目比较简单,主要是对所学内容进行巩固练习;有些题目难度较大,主要是锻炼分析问题和解决问题的能力。

在这里还要提出另一个学习建议:深入剖析别人编写的代码,尤其是一些经典的代码,学习作者的程序设计思路和代码编写技巧。学习时可以根据自己的体会在原代码的基础上进行适当的修改,通过调试程序来检查自己对代码的理解。此外,自己在编写程序时还可以从已有代码中获取大量的借鉴和启发。

表 0 - 3 列出了一些参考学习站点。

表 0 - 3　参考学习站点

网　　址	说　　明
www. cyuyan. com. cn c. biancheng. net	C 语言学习论坛
micro. ustc. edu. cn/Fortran	Fortran 语言学习资料
www. open-std. org/JTC1/SC22/WG14	C 语言的国际化标准网站
www. nag. co. uk/sc22wg5	Fortran 语言的国际化标准网站
www. mathtools. net	关于 C/C++、Fortran 和 MATLAB 的资源汇总
www. gnu. org	自由软件基金会网站,有大量的开源软件及其源代码
sourceforge. net	开源软件网站,有大量的开源软件及其源代码
www. csdn. net	国内最具影响力的软件开发者网站,涵盖了各种编程语言,适合各个层次的开发人员
www. pediy. com	软件安全技术网站,主要涉及汇编语言,对于理解程序的底层运行机制很有帮助。对开发人员的技术水平要求较高

第1章 C语言概述

1.1 C语言代码的基本组成

对于 C 语言程序的结构,以如下计算圆球体积的程序为例进行说明。

```
/ * * * * * * * * * * * * * * * * * * * * * * * * * * * * * * * * * * * * * *
程序名称:example-1-1
程序说明:本程序计算圆球的体积
* * * * * * * * * * * * * * * * * * * * * * * * * * * * * * * * * * * * * */
#include <stdio.h>
float volume(float R);

int main( )
{
    float radius,vol; //定义浮点型变量
    printf("Please input the radius:\n");
    scanf("%f",&radius); / * 调用库函数,从键盘输入 radius 的值 * /
    vol = volume(radius); //调用函数,计算圆球的体积
    printf("volume= %f\n", vol);
  return 0;
}
//函数名称:volume
//输入参数:圆球的半径
//返回参数:圆球的体积
float volume(float R)
{
    float V; //定义浮点型变量
    V=3.14159 * 4.0/3.0 * R * R * R;
    return V;
}
```

在上面的代码中：

(1)♯include 是预编译指令,告诉编译器需要包含哪些外部的声明文件(称为头文件),在这些文件中声明了 printf、scanf 等函数(function)。stdio.h 属于编译器自带的头文件。对于系统自带的头文件,在某些编译器中可以不显式使用 include 指令。

(2)main 函数是 C 程序的主函数,要生成可执行程序则必须有 main 函数,其名称唯一。编译后的可执行程序将从 main 函数开始执行。在第 4 章将会对 main 函数进行详细介绍。

(3)printf、scanf 等是 C 编译器自带的函数,而 volume 是自编写的函数,这些函数均称为子函数。"float volume(float R);"是函数 volume 的声明语句(declare),而在代码的后半部分"float volume(float R)｛……｝"是函数 volume 的定义部分(define),或者说是函数 volume 的具体实现。在函数名之后用"｛｝"括起来的部分,称为函数体。在第 4 章将会详细介绍函数的相关内容。为了提高代码的编写效率、编译效率和可维护性,人们通常会利用大量不同功能的函数来实现一个完整的程序。

(4)float 是变量类型,而 radius、vol、V、R 均是变量。在第 2 章将会详细介绍这些变量。

(5)每个语句都以一个分号作为结束符。

(6)//和/ ＊ ＊/是注释专用符号,在注释部分写的任何内容不会参与代码生成。其中,//表示本行之后的内容属于注释,而/ ＊ ＊/则表示在其内部的内容属于注释,即可以跨行注释大量内容。示例中给出了最常见的几种注释使用方式。注释部分可以采用西文和中文,但程序代码部分的字符只能用数字和西文,且需要满足指定的要求,在第 2 章将有详细的介绍。注意:应避免出现注释符套嵌使用的情况,否则容易出现意想不到的错误。

将上面的代码存储在一个文件中,命名为 example-1-1.c,称为源文件,而 include 指令中的 stdio.h 为头文件。编程时人们可以自行编写各种源文件和头文件。此处给出了非常简单的源代码,复杂程序的源代码可能会包括十几个甚至上百个源文件,代码的行数可以达到十万以上。

1.2　程序开发与调试环境

1.2.1　Code∶∶Blocks 集成开发环境

Code∶∶Blocks 是一个免费、开源、跨平台的集成开发环境。它使用 C＋＋语言开发完成,使用了著名的图形界面库 wxWidgets。Code∶∶Blocks 提供了许多工程模板,包括控制台应用、DirectX 应用、动态连接库、OpenGL 应用、QT(应用程序开发框架)、静态库、Win32 GUI(图形用户界面)应用、wxWidgets应用、wxSmith 工程。另外,它还支持用户自定义工程模板。Code∶∶Blocks 支持语法彩色醒目显示,支持代码完成、工程管理、项目构建和调试。Code∶∶Blocks 支持插件,包括代码分析器、类向导、代码补全、代码统计、编译器选择、插件向导和 To-Do 列表等插件。在开源社区的共同努力下,Code∶∶Blocks 不断发展和完善,每周都会不定期发布最新编译版(Nightly Build),目前稳定的发布版本是 20.03,如图 1－1 所示。

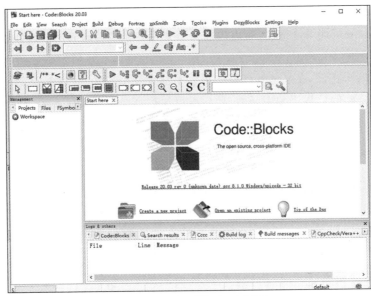

图 1-1 Code::Blocks 主界面

不论使用哪一种 IDE,都会大大简化程序编写与调试的工作。利用 Code::Blocks 编写 C 语言程序时,采用如下几步即可:

(1)在主菜单"File"中,依次选择"New"和"Project"选项(见图 1-2),然后出现图 1-3 所示的界面。

(2)在图 1-3 所示的界面中选择"Console application"选项,出现图 1-4 所示的界面。

(3)在图 1-4 所示的界面中选择"C"选项,然后再进行下一步,出现图 1-5 所示的界面。

(4)在图 1-5 所示的界面中设置程序的名称(Project title)、程序的存放路径(Folder to create project in),然后再进行下一步,出现图 1-6 所示的界面。

(5)在图 1-6 所示的界面中主要是设置编译器的相关参数,采用默认值即可。

(6)在图 1-7 所示的界面中,出现了默认的源程序模板,包含 include 指令、main 函数,以及一个简单的 printf 命令。至此,就可以进行 C 语言程序编写了。

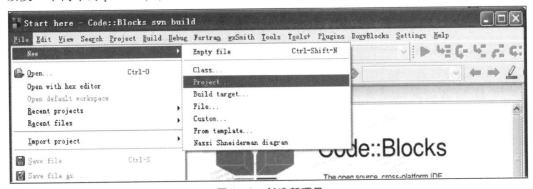

图 1-2 创建新项目

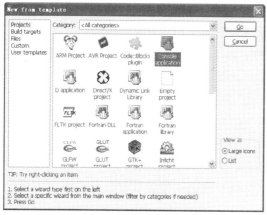

图 1-3　选择创建的项目类型

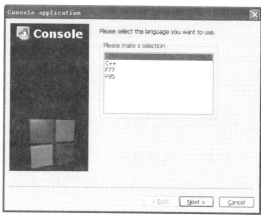

图 1-4　选择编程代码

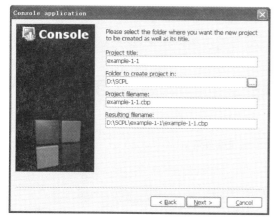

图 1-5　设置项目信息和路径

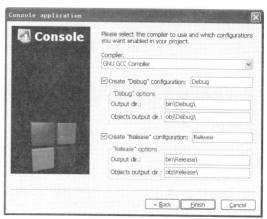

图 1-6　设置编择器

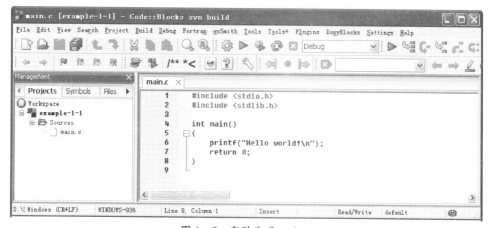

图 1-7　自动生成 main.c

　　编写程序时可以根据需要对生成的源程序文件进行修改,也可以根据需要增加其他的源文件。增加其他源文件的具体方法是:点击"File"菜单,然后依次选择"New"和"File"选项,根据界面提示逐步设置即可。

打开源程序所在的目录可以看到有两个文件,即 example-1-1. cbp 和 main. c。其中,example-1-1. cbp是该程序的 Code∷Blocks 工程文件,存储了关于该程序的编译选项和使用的源文件等,在学习本书时可以忽略该文件的内容。而 main. c 则是编写的 C 语言源程序,可以直接采用文本编辑器(如 Windows 自带的记事本)打开并进行修改。

将 1.1 节生成的源代码全部拷贝到 main. c 中,并覆盖 IDE 自动生成的全部内容,点击工具条的快捷图标圖或者按组合键 Ctrl+S 即可保存当前文件。

1.2.2 程序编译

编写完源代码之后便可进行程序编译,生成可执行代码。使用 IDE 时只需要点击相应的菜单项即可。对于 Code∷Blocks 来说:一种方法是,在 Build 主菜单中先选择"Build"(快捷键 Ctrl+F9)完成编译与链接,生成可执行文件,然后再选择"Run"选项(快捷键 Ctrl+F10);另一种方法是,在 Build 主菜单中直接选择"Build and Run"选项(快捷键 F9)。在工具条上也有相应的快捷图标🔧 ▶ 🔧可以使用。如果程序编译正常,最终就会出现可执行程序的界面,如图 1−8 所示。

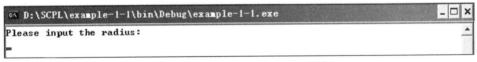

图 1−8　程序运行界面(提示输入数据)

根据提示输入圆球的半径,按回车键后会显示出对应的体积,如图 1−9 所示。

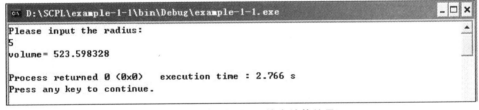

图 1−9　程序运行界面(输出计算结果)

如果程序编译出错,那么 IDE 主界面底部的 Build log 窗口和 Build messages 窗口均会显示程序编译错误的相关信息。为了演示编译出错的相关情况,此处将 main 函数中定义的 vol 变量改为 Vol,即:

　　　　float radius,Vol; //定义浮点型变量

编译时会出现图 1−10 所示的提示信息,表明所使用的变量 vol 未定义,而所定义的 Vol 变量则未被使用。在 Build messages 窗口中双击出错信息,代码窗口中光标会自动跳到所对应的源代码行。

在很多情况下,还可以使用命令行编译源代码来生成可执行文件。假定已经将编译器所在的目录添加到操作系统的全局路径中(可以通过设置系统的 PATH 变量来实现)。在命令行下运行命令 gcc main. c,如果编译正常,屏幕没有任何提示信息,就会自动生成可执行文件 a. exe,否则会提示出错信息。图 1−11 同时显示了出错和正常的编译结果。

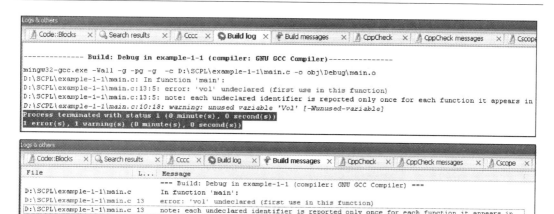

图 1-10 程序编译信息

图 1-11 控制台下用 gcc 命令编译程序

1.2.3　程序调试

源代码编译链接时没有出现错误,只能说明是源代码符合编程语法,并不能说明程序的运行结果一定是正确的。例如,在 example-1-1 中,如果把圆球体积的计算公式错写成下面的代码,在编译链接时就不会出现任何错误提示,但是在运行时计算出来的体积却是错误的。对于这种情况,要想找到出错的代码,就需要进行程序调试。

V=3.14159 * 4.0/3.0 * R * R;

(1)要想进行程序调试,必须先将程序的"Build target"选项设置为"Debug"(见图 1-12),程序在编译时会包含大量的调试信息。如果设置为"Release",即发布版本,文件中不包含调试信息,生成的可执行文件就要小得多。以 example-1-1 生成的可执行文件为例,Debug 版本的大小是 43 KB,而 Release 版本的大小是 12 KB。

图 1-12 快捷工具条

(2)在源代码中设置断点(Breakpoint),程序执行到该位置时会自动停下来。断点是以行为单位进行设置,可以设置在源代码中任何的可执行语句上。如果在变量定义和函数的声明语句上设置断点,那么在调试时将不会起作用。

设置断点的方法有两种,一是在代码的行号之后的空白区域单击鼠标左键,二是光标移动到需要设置断点的代码行,然后按 F5 键。断点设置成功后,会出现表示断点的红色圆点。如果再次点击断点符号或在该行按 F5 键,就会取消断点,如图 1-13 所示。

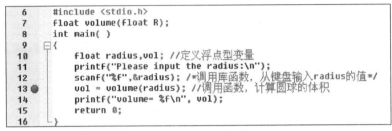

```
6      #include <stdio.h>
7      float volume(float R);
8      int main( )
9    ⊟{
10         float radius,vol; //定义浮点型变量
11         printf("Please input the radius:\n");
12         scanf("%f", &radius); /*调用库函数,从键盘输入radius的值*/
13 ●      vol = volume(radius); //调用函数,计算圆球的体积
14         printf("volume= %f\n", vol);
15         return 0;
16    }
```

图 1-13 设置断点

(3)开始调试程序时,可以在"Debug"菜单中选择"Start/Continue"选项,或按 F8 键,也可在工具条上选择相应的快捷图标 ▶。进入调试状态后,程序执行到设置的断点时会自动停下来。

(4)在工具条上点击 Debugging windows 图标,在弹出的菜单中选择"Watches"可以进行变量的监视,也可选择"Disassembly"进行汇编代码的分析。在 Watches 窗口中单击最后一行即可添加需要监视的变量,甚至是变量的简单运算(如可以监视 2 * radius * radius)。在监视窗口中甚至可以修改变量的值。

(5)可以按 F7 键或点击工具条的 Next line 图标,来逐条语句执行(或称为单步运行),在执行过程中可以通过监视变量查看程序运行结果是否正确。在单步执行时,如果遇到函数,就不会执行到函数中(除非函数中设置了断点)。如果采用 Shift+F7 来单步执行(或者使用 Step into 图标),那么遇到函数时,将会执行到函数内部,如图 1-14 所示。

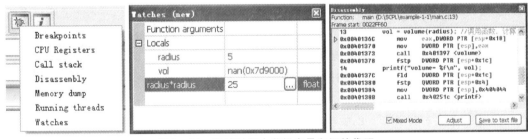

图 1-14 调试过程中监视变量和汇编代码

1.3 程序设计任务

本书拟定了一个简单的固体火箭发动机地面实验数据处理程序设计任务,将在 C 语言部分利用所学的内容来实现该程序。程序的核心内容将在本书正文中进行介绍,其他相关的辅助内容或扩展功能将作为习题。

1.3.1　基本要求

开展固体火箭发动机地面试验时,利用数据采集系统获得了发动机的压强和推力数据,并存储在相应的数据文件中。利用获得的试验数据,按照国家军用标准即可处理出发动机的很多性能参数。为了降低该数据处理程序的复杂性,同时也尽量避免涉及许多尚未学习的火箭发动机专业术语,本书对问题进行了抽象处理,以数学公式的形式给出了数据处理要求和规范。实际上,在解决许多工程实际问题时,经常会将一些专业性很强的问题和术语,以通用的数学语言进行描述。关于固体火箭发动机相关术语和实验数据处理规范,可以参考文献[9]和[10]。

图 1-15 是本书所用实验数据绘制的曲线。数据文件如图 1-16 所示,共包含两列数据。第一列是时间序列,第二列是该时刻所对应的压强数据。时间列的单位通常是 s(也可能以 ms 为单位),压强数据的单位通常是 MPa(也可能是 Pa 或其他单位),本书采用的数据单位是 s 和 MPa。时间序列一般是采用固定的时间间隔(通常在 1 ms 或者更小),在测试技术中将其倒数称为采样率。

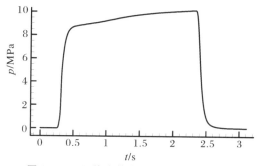

图 1-15　固体火箭发动机实验数据曲线

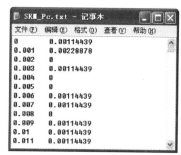

图 1-16　数据文件基本内容

表 1-1 定义了一系列参数,需要通过数据处理获得,这也是本书 C 语言编程部分将要实现的任务。注意:在实际的固体火箭发动机研究过程中,表中部分参数的处理方法可能会因所依据的规范不同而存在一定差异。

表 1-1　需要处理的参数

名　称	符　号	处理方法
工作起始点	t_i	压强上升到 0.3 MPa 对应的时刻
燃烧结束点	t_{bf}	压强的二阶导数 $d^2 p/dt^2$ 最大对应的时刻
工作结束点	t_{af}	压强下降到 0.3 MPa 对应的时刻
燃烧时间	t_b	$t_{bf} - t_i$
工作时间	t_a	$t_{af} - t_i$
燃烧时间压强冲量	I_{p,t_b}	$\int_{t_i}^{t_{bf}} p \, dt$

续 表

名　称	符　号	处理方法
燃烧时间平均压强	$\bar{p}_{t_b}$	$\dfrac{I_{p,t_b}}{t_b}$
工作时间压强冲量	I_{p,t_a}	$\displaystyle\int_{t_i}^{t_{af}} p\,dt$
工作时间平均压强	$\bar{p}_{t_a}$	$\dfrac{I_{p},t_a}{t_a}$

对于表 1-1 中出现的积分和二阶导数来说,在数值计算方法和编程的相关教材中有大量不同的计算方法可供选用,本书采用如下的计算方法:

$$\int_{t=i\Delta t}^{t=(i+1)\Delta t} p\,dt = \frac{\Delta t}{2}\left[p_{i\Delta t} + p_{(i+1)\Delta t}\right]$$

$$\left.\frac{d^2 p}{dt^2}\right|_{t=i\Delta t} = \frac{p_{(i-1)\Delta t} - 2p_{i\Delta t} + p_{(i+1)\Delta t}}{\Delta t^2}$$

其中:$i=1,2,\cdots,n$,表示第 i 个数据点。

1.3.2 程序设计思路分析

根据表 1-1 所规定的参数,数据处理程序的基本流程如下:

(1)从数据文件中读取试验数据。在这一步骤中,需要把文件中的每一组数据读取出来,并存储在计算机内存中,以便于程序进行数据处理。该部分的核心内容是文件读取,将在第 5 章中讲解文件读写的相关内容。此外,该部分还涉及循环和数组的相关内容,将在第 3 章中进行介绍。其中,"数组"的作用是存储各个时刻的实验数据,而"循环"的作用是重复读取各个时刻的实验数据。例如,假设有 10 000 个实验数据,不采用数组的话,需要定义 10 000个参数(在编程语言中采用"变量"这一专用名词)来存储不同时刻的数据,而采用数组之后只需要定义一个长度不小于 10 000 的浮点数数组即可。不采用循环的话将需要编写至少 10 000 个文件读取语句,而采用循环语句的话则不超过 10 个语句。

(2)计算工作起始点。该部分主要涉及的是循环和比较,"循环"是依次分析每一个实验数据点,"比较"则是根据工作起始点的判断依据进行分析,将在第 2 章讲解"比较"的相关内容,在第 3 章讲解选择结构。

(3)计算工作结束点和工作时间。该部分主要涉及循环和比较。

(4)计算燃烧结束点和燃烧时间。该部分主要涉及循环、比较(求最大值)和二阶导数的数值计算方法。

(5)分别在燃烧时间内和工作时间内对压强进行积分。该部分主要涉及循环和积分的数值计算方法。

(6)计算燃烧时间平均压强和工作时间平均压强。该部分主要是进行简单的除法运算。

习　　题

1. 使用 Code∶Blocks 生成 C 语言源代码模板,然后将 example-1-1 的代码输入源程序中,参考 1.2 节的 IDE 使用方法编译运行程序。

2. 根据 1.2.3 节给出的程序调试方法,单步调试源程序,并监视各个变量的变化情况。通过本习题,掌握利用 Code∶Blocks 调试源程序的基本方法。

3. 尝试将上一题的代码任意修改一下,可以修改变量名称和类型、函数名称和函数变量等,也可以将部分代码注释掉,然后查看 IDE 的编译结果。如果提示编译错误,仔细分析一下出错信息与修改之处的对应关系。如果编译成功,运行程序并检查结果是否正确。如果运行结果错误,进行程序调试。通过本习题,掌握常见的编译错误信息与对应的错误修改方法。

4. 参考电子版的 Code∶Blocks 使用手册,熟悉 Code∶Blocks 的基本操作:文件和项目的打开、保存与关闭,文件编辑和 IDE 基本设置。

5. 根据 1.3.2 节中对程序设计思路的分析,从结构化程序设计的角度,对程序的功能模块进行合理规划,对各个功能模块的算法和流程进行分析。

第2章 C语言基础

2.1 数据类型、变量和常量

2.1.1 数据类型

所谓数据类型,就是对数据分配存储单元的安排,包括占据存储单元的大小和数据在计算机内部的表示方式。

C语言提供了非常丰富的数据类型,除了整型、字符型、浮点型等基本类型外,还包括数组、指针、结构体等衍生类型。C语言允许使用的数据类型如图 2-1 所示,其中带 * 的是 C99 标准新增加的。

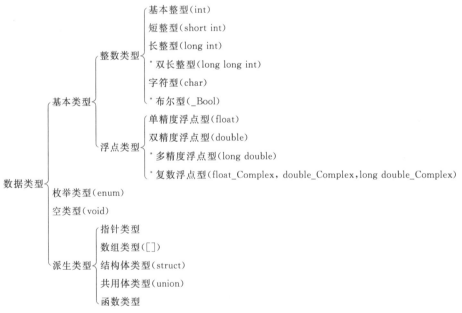

图 2-1 C语言中的数据类型

C语言规定,在程序中用到的每一个变量都要指定它们所属的类型,即对变量强制定义类型。这是因为:

(1)不同类型的数据在内存中分配的存储单元长度不同,并采用不同的表示方式。例如,在 16 位机中,用 2 个字节以定点方式存放一个整数,而用 4 个字节以指数形式存放一个实数。

(2)一种数据类型对应一个值的范围。例如,在 16 位机中整数的范围为 $-32\ 768\sim 32\ 767$。

(3)一种数据类型对应一组允许的操作。例如,对整型数据可以进行求余运算,而实型数不能进行求余运算。

2.1.2　整型数据

根据数值的取值范围,可以把整型数据分为基本类型(int)、短整型(short int 或 short)、长整型(long int 或 long)、双长整型(long long int 或 long long),其中双长整型是 C99 标准新增加的。当下的主流编译器将 int 型按 long int 型对待,即长度为 4 个字节。在针对一些比较老的操作系统进行编程或使用旧版编译器时,需要留意 int 类型的长度。所有的整数在存储单元中的存储方式是:用整数的补码形式进行存放,在存放整数的存储单元中,最左边一位表示符号位。当数据的范围只有正值时,也可以在类型符号前面加上修饰符 unsigned,定义该数据是"无符号整数"类型,其数据存储单元的最左边一位不表示符号,而表示数据。若加修饰符 signed,则是有符号类型。这样扩展出来的 8 种整型数据所占存储空间和取值范围见表 2-1。可以使用 sizeof 来查看每种数据类型的字长,如:

pirntf("sizeof(int)＝%d sizeof(long long)＝%d", sizeof(int), sizeof(long long));

表 2-1　整型数据所占存储空间和取值范围

数据类型	字节数	取值范围
int	2	$-32\ 768\sim 32\ 767$,即 $-2^{15}\sim(2^{15}-1)$
	4	$-2^{31}\sim(2^{31}-1)$
unsigned int	2	$0\sim 65\ 535$,即 $0\sim(2^{31}-1)$
	4	$0\sim(2^{32}-1)$
short	2	$-32\ 768\sim 32\ 767$
unsigned short	2	$0\sim 65\ 535$
long	4	$-2^{31}\sim(2^{31}-1)$
unsigned long	4	$0\sim(2^{32}-1)$
long long	8	$-2^{63}\sim(2^{63}-1)$
unsigned long long	8	$0\sim(2^{64}-1)$

注意:①没有 unsigned 和 signed 修饰的类型,默认为有符号类型;②只有整型数据可以加 signed 或 unsigned 修饰符,浮点型数据不能加。

2.1.3　字符型数据

在 C 语言中,字符是用美国信息交换标准代码(American Standard Code for Information Interchange,ASCII)值进行表示和存储的。因此在 C99 标准中,字符型数据可以作为整数类型的一种。但字符型数据又具有自己的特点。

在 C 语言中可以使用的字符是系统的字符集中的字符,其他字符不能识别。目前,大多数系统采用 ASCII 字符集。各种字符集的基本集都包括 127 个字符,其中包括:

(1)字母:大写英文字母 A～Z,小写英文字母 a～z。

(2)数字:0～9。

(3)专门符号:! " ＃ ＆ ' ( ) * ＋ － / , . ; : ＜ ＝ ＞ ? [ ] \ ^ _ { } | ~ 、。

(4)空格符:空格、水平制表符、垂直制表符、换行、换页。

(5)不能显示的字符:空(null)字符(以′\0′表示)、警告(以′\a′表示)、退格(以′\b′表示)、回车(以′\r′表示)等。

因为 ASCII 代码最多用 7 个二进制位就可以表示,所以在 C 语言中,用一个字节存储一个字符。字符也可以用 signed 和 unsigned 修饰。字符型数据的存储空间和取值范围见表 2－2。

表 2－2　字符型数据的存储空间和取值范围

类　　型	字节数	取值范围
signed char	1	－128～127
unsigned char	1	0～255

2.1.4　浮点型数据

1.表示形式

浮点型数据,就是通常说的实数,又称浮点数。在 C 语言中,实数有以下两种表示形式。

(1)定点形式:以通常的十进制小数形式表示,即由正负号、整数部分、小数点、小数部分组成,如 123.456、－0.123 4、3.141 592 6、0.0 等。

(2)指数形式:在定点表示的基础上,后面加上一个 e 或 E,再加上 1～3 位的一个整数即可,如－1.234e＋2、345e－002 等。其中 e 或 E 前面的数字表示尾数,后面的整数表示指数,如 1.234E＋3 表示 1.234×10^3。使用时要注意,e 前面的数字是必需的,e 后面的数必须是整数。

一个实数可以有多种指数表示形式,比如 123.456 可以表示为 1.234 56e2、12.345 6e＋1、0.123 456e＋3 等,由于小数点位置可以浮动,所以实数的指数形式称为浮点数。其中 0.123 456e＋3 称为规范化的指数形式,即在字母 e 前面的数字中小数点前的数字为 0,小数点后第一位数字不能为 0。例如,0.222 3e－3、0.45e4 等都是规范化的指数形式。

2.分类

根据数据表示的精度不同,可以把实型数据分为单精度(float)型数据、双精度(double)型数据和长双精度(long double)型数据。各种实型数据占用的存储单元长度、取值范围和有效数字位数见表 2－3。其中对于 long double 型数据,不同的编译系统有不同的处理方法。在使用时,应当用 size of 运算符获取各编译器为 long double 分配的字节。

表 2-3　实型数据占用的存储单元长度、取值范围和有效数字位数

类　　型	字节数	取值范围（绝对值）	有效数字位数
float 型数据	4	0 以及 $1.2×10^{-38} \sim 3.4×10^{38}$	6
double 型数据	8	0 以及 $2.3×10^{-308} \sim 1.7×10^{308}$	15
long double 型	8	0 以及 $2.3×10^{-308} \sim 1.7×10^{308}$	15
数据	16	0 以及 $3.4×10^{-4\,932} \sim 1.1×10^{4\,932}$	19

2.1.5　逻辑型/布尔型数据

逻辑型/布尔型数据是 C99 标准新增加的一种数据类型，用于存放逻辑值，用_Bool 表示。例如：

```
float score;
scanf("%f",&score);
_Bool a,b;
a=score>=60;
b=score<=69;
if(a && b)
    printf("The grade is C\n");
```

在头文件 stdbool.h 中，将 bool 定义为_Bool 的同义词，同时定义了两个符号常量 true 和 false,true 代表 1,false 代表 0,用它们代表真和假。

引入逻辑类型后，可以增加 C 程序的可读性，但是目前使用的有些 C 编译系统并未实现此功能。

2.1.6　复数型数据

C99 标准中引入了两个关键字_Complex 和_Imaginary,并且定义了如下的复数类型：

```
float _Complex
double _Complex
long double _Complex
float _Imaginary
double _Imaginary
long double _Imaginary
```

对于 float _Complex 类型的变量来说，它包含两个 float 类型的值，一个用于表示复数的实部，另一个用于表示虚部。类似地，double _Complex 包含两个 double 类型的值。C99 标准也提供了 3 种虚数类型：float _Imaginary、double _Imaginary 和 long double _Imaginary。虚数类型只有虚部，没有实部。

C99 标准中之所以使用 _Complex 和 _Imaginary 而不直接用 complex 和 imaginary 作为关键字，是为了避免与一些现存的 C 程序中的变量名发生冲突。如果能够确定自己的代

码中没有用到 complex、imaginary、I 作为变量名,那么可以包含 complex.h 头文件,包含这个头文件后就可以用 complex 代替_Complex 了。这里需要特别注意,C99 标准中似乎没有约定虚数单位 i 在程序中如何简便地表示。GCC 的实现方式是定义了两个宏_Complex_I 和 I 来表示虚数单位 i。例如:

```
double _Complex x = 5.2;        /* 实部等于 5.2,虚部为 0 */
double complex y = 5.0 * I;     /* 实部为 0,虚部为 5.0 */
double complex z = 5.2-5.0 * I; /* 实部为 5.2,虚部为 5.0 */
```

复数可以像实数一样进行数值运算,编译器提供了大量的复数运算函数(可参考附录2)。例如,下面的程序演示了复数的乘法和正弦运算。

```
//程序名称:example-2-0
//本代码演示了复数的乘法和正弦运算。
#include <stdio.h>
#include <complex.h>
int main(void)
{
    double _Complex a = 1.0 + 2.0 * I;
    double _Complex b = 5.0 + 4.0 * csqrt(-1);
    printf("a = %f + %fi\n", creal(a), cimag(a));
    printf("b = %f + %fi\n", creal(b), cimag(b));
    a *= b;
    printf("a * b = %f + %fi\n", creal(a), cimag(a));
    a = csin(b);
    printf("sin(b) = %f + %fi\n", creal(a), cimag(a));
    return 0;
}
```

2.1.7 常量和变量

程序处理的对象是数据,数据在计算机内部有两种表现形式:常量和变量。

1.常量

在程序运行过程中,其值不能被改变的量称为常量。在 C 语言中,从表现形式看,常量可以分为字面值常量和符号常量。字面值常量就是以数字或字符等直接表示的常量,符号常量是用一个标识符来代表的常量。

(1)字面值常量。字面值常量主要包括整型常量、浮点型常量、字符常量和字符串常量。

1)整型常量。不带小数点的数值是整型常量,可以以十进制、八进制或十六进制形式表示,如 1、-123、03723、0x1F 等,但要注意取值范围的有效性。在 Turbo C 中,系统为整型数据分配 2 个字节,只有在-32 768~32 767 之间的不带小数点的数才会作为 int 型处理。超过这个范围的数值,例如 49 875 作为 long 型处理。而在 Visual C++中,系统为整型数据分配 4 个字节,凡是在-2 147 483 648~2 147 483 647 之间的不带小数点的数都作为 int

型处理。在一个整数末尾加大写字母 L 或小写字母 l,表示长整型(long int)。

2)浮点型常量。以小数形式或指数形式出现的实数,是浮点型常量,在内存中以指数形式存储。例如,3.141 59、12.34e3 等。C 编译系统把浮点型常量都按双精度处理,分配 8 个字节。如果需要指定实数为单精度浮点型数,那么可以在末尾加 F 或 f,如 3.141 59f。如果要指定实数为 long double 型数,那么可以在末尾加 L 或 l,如 1.234 56L。

字符型常量。字符常量有两种形式,一种是用单引号括起来的一个字符,如"a"、"Z"、"3"、"%"。注意,字符常量只是单引号里面的字符,不包括单引号,而且单引号中只能包含一个字符。另外一种字符常量是用单引号括起来的以字符\开头的字符序列,这样的字符常量叫作转义字符,一般用于表示在屏幕上无法显示的控制字符。例如,'\n'表示换行符,'\t'表示水平制表符等。常用的转义字符及其含义见表 2-4。

表 2-4　常用的转义字符及其含义

字符形式	含　义	ASCII 码
\n	换行符,将光标从当前位置移到下 1 行开头(第 1 列)	10
\t	将光标移到下一个的位置水平制表符	9
\b	退格符,将光标退回到前一列的位置	8
\r	回车符,将光标冲当前位置移到本行的开头(第 1 列)	13
f	换页,将光标从当前位置移到下一页的开头	12
\\	反斜杠字符	92
\'	单引号字符	39
\"	双引号字符	34
\?	问号字符	63
\a	警告符,响铃	7
\v	将光标移到下一个垂直制表符位置	11
\ddd	1~3 位八进制数,代表一个字符	
\xhh	1~2 位十六进制数,代表一个字符	

4)字符串常量。用双引号括起来的若干字符称为字符串常量。字符串常量是双引号中的全部字符,不包括双引号,如"hello"、"123boy"。

(2)符号常量:用 #define 指令,指定用一个符号名称代表一个常量。例如:

　　#define PI 3.1416

在对程序进行编译前,预处理器先对 PI 进行处理,将所有 PI 全部替换为 3.1416。

【例 2.1】　符号常量的使用。从键盘输入圆的半径,计算以该值为半径的圆的面积并输出。

```
//程序名称:example-2-1
#define PI 3.1416
int main()
{
```

```
        float r,s;
        printf("please input the radius:");
        scanf("%f",&r);
        s=PI*r*r;
        printf("\narea=%f",s);
        return 0;
    }
```

运行结果：

    please input the radius:2 ✓(回车)

    area=12.566400

使用符号常量的好处有：减少程序代码的输入错误和输入量；具有见名知义的作用；在需要修改的程序中多处用到的同一个常量时，可以达到一改全改。

注意：一般情况下，符号常量的命名使用大写字母。符号常量不占内存，只是一个临时符号，预编译后这个符号就不存在了。

(3)C99 标准引入的常量。C99 标准引入了一种新的定义常量的方式，即在变量定义的前面加上 const 关键字，如：

    const int a=123;

上面的语句定义了一个名为 a 的整型常量，其值为 123。

这种定义常量的方式与符号常量不同，这样定义的常量，有类型，占据存储单元，只是值不允许改变，而符号常量没有类型，在预编译后就不存在了，也不会为其分配存储单元。

2.变量

变量指的是一个有名字，具有特定属性，用于存放数据的一个存储单元。变量的值可以改变。

(1)变量的定义。变量必须先定义后使用。定义变量必须指定该变量的名字和类型。变量定义的格式为

        数据类型　变量名 1,变量名 2,…,变量名 n；

其中，变量名通常由标识符表示，并且首字符必须是字母或下画线。

例如：

```
    int a,x,y;      //定义了三个整型变量 a,x,y
    char b;         //定义了一个字符型变量 b
    float c,d;      //定义了两个单精度浮点型变量 c,d
    double u,v      //定义了两个双精度浮点型变量 u,v
```

定义变量的两个含义：

1)变量名标明数据在内存中的地址，在对程序进行编译链接时由系统为每个变量名分配一个内存地址。从变量中取值，实际是通过变量名找到相应的内存地址，从该存储单元中读取数据。

2)声明类型是告诉系统变量需要占用的内存单元的数目。

在 ANSI C 中,一个函数内部定义的变量必须全部放在函数体的最前面进行声明,不允许在函数内部其他位置进行变量定义。而在 C99 标准中则取消了此限制,允许在任何位置进行变量定义,只要保证位于首次使用的位置之前即可。

(2)变量的初始化。变量的初始化就是为变量预先设置初始值,如:

　　　int a＝2；　　//定义整型变量 a,初值为 2

　　　char b＝′A′；　//定义了字符型变量 b,初值为′A′

也可以对一部分变量进行初始化,如:

　　　int u,v＝100,w；　　//定义 u,v,w 为整型变量,v 的初值为 100

如果要对多个变量设置相同的初值,也需要单独设置,如:

　　　float x＝3.4,y＝3.4,z＝3.4；

而不能写成:

　　　float x＝y＝z＝3.4；

2.2　运　算　符

用来表示各种不同运算的符号称为运算符。C 语言中提供了非常丰富的运算符以完成各种计算任务。C 语言中的运算符包括算术运算符、关系运算符、逻辑运算符、赋值运算符、条件运算符、逗号运算符、指针运算符、求字节数运算符、位运算符、分量运算符、下标运算符。

2.2.1　算术运算符

C 语言的算术运算符包括基本算术运算符和自增、自减运算符。

1.基本算术运算符

基本算术运算符都是双目运算符,即是由两个运算对象参与运算的。基本算术运算符及其功能见表 2－6。

表 2－6　算术运算符

运算符	名　称	例　子	运算功能
＋	加法运算	x＋y	求 x 与 y 的和
－	减法运算	x－y	求 x 与 y 的差
*	乘法运算	x * y	求 x 与 y 的积
/	除法运算	x/y	求 x 除以 y 的商
%	模运算	x％y	求 x 除以 y 的余数

注意:两个整数进行相除运算的结果仍为整数。例如,5/2 的值是 2,而不是 2.5。

2.自增、自减运算符

自增、自减运算符是单目运算符,即对一个运算对象进行运算的,运算的结果仍赋予该对象。其中,＋＋是自增运算符,－－是自减运算符。根据运算对象在运算符的位置不同,可以将其分为前增量和后增量。若 a 为整型变量,则++a 是前增量,a++是后增量。

前增量操作的意义:先将变量增 1,再使用变量值。

后增量操作的意义:先使用变量值,再将变量自身增 1。

例如,对于下面的程序段:

    int x=1,y;
    y=++x;

执行后,x 的值为 2,y 的值也是 2。

而程序段

    int x=1,y;
    y=x++;

执行后,x 的值为 2,y 的值为 1。

类似地,自减运算符也分为前减量(——a)操作与后减量(a——)操作。操作的意义和自增运算符类似。

注意:自增、自减运算符只能用于简单变量,常量和表达式是不能做这两种运算的。

3.算术表达式和运算符的优先级和结合性

用算术运算符和括号将运算对象(也称操作数)连接起来的符合 C 语法规则的式子,称为算术表达式。运算对象可以是常量、变量、函数等。例如,$2*(a+4)/18-2.98+'z',sqrt(x*x+y*y)$都是合法的 C 算术表达式。

为了计算表达式的值,C 语言中规定了运算符的执行顺序,即运算符的优先级。优先级别高的运算符先于优先级别低的运算符进行运算。算术运算符(+、一、*、%、/)中,*、/、%的优先级高于+、一。因此,表达式 a+b*c 先执行 * 操作,再执行+操作。

C 语言中除了规定运算符的优先级外,还规定了运算符的结合性。在表达式求值时,先按运算符的优先级别顺序执行,优先级相同时,按规定的结合方向进行处理。C 语言中规定了两种结合性:左结合性(自左至右的结合方向)和右结合性(自右至左的结合方向)。算术运算符的结合方向都是自左至右的,即从左到右依次运算。例如,表达式 a+b*c-2,先执行 b*c,而+,一的结合性是左结合的,因此,按照自左至右的方向将 a 与 b*c 的结果相加后再减 2。

2.2.2 赋值运算符和赋值表达式

1.赋值运算符

在 C 语言中,"="被作为一种运算符,称为赋值运算符,其一般形式为:

    变量名=表达式;

它的作用就是将右边表达式的值赋给左边的变量。例如:

    a=5;   //将右边的数值 5 赋给左边的变量 a

    x=a+9;   //将右边表达式(a+9)的值 14 赋给左边的变量 x

2.复合赋值运算符

在赋值运算符的前面加上一个其他运算符后就构成复合赋值运算符。其一般形式为:

$$变量名　双目运算符＝表达式；$$

这种形式等价于

$$变量名＝变量名 双目运算符 表达式；$$

例如：

```
a+=5;          //相当于a=a+5;
x*=y+3;        //相当于x=x*(y+3);
x%=4;          //相当于x=x%4;
```

在 C 语言中,大部分的双目运算符都可以和赋值运算符结合成复合赋值运算符。复合赋值运算符包括：

$$+=、-=、*=、/=、\%=、<<=、>>=、\&=、\hat{}=、|=$$

在程序中使用复合赋值运算符,一方面可以简化程序,使程序精练,另一方面可以提高编译效率,产生质量较高的目标代码。

3. 赋值表达式

由赋值运算符将一个变量和一个表达式连接起来的式子称为赋值表达式。其一般形式为：

$$变量　赋值运算符　表达式$$

例如,a＝2 就是一个赋值表达式。对赋值表达式的求解过程是:将赋值运算符右侧表达式的值赋给左侧的变量,而赋值表达式的结果就是被赋值的变量的值。

说明：

(1)可以把一个赋值表达式赋给一个变量,如 b＝(a＝3);

(2)赋值表达式的结合方向是"自右至左",因此,b＝(a＝3)也可以写成 b＝a＝3。

【例 2.2】 理解赋值运算符和赋值表达式。

```
/ * * * * * * * * * * * * * * * * * * * * * * * * * * * * * * * * * * * * * * *
程序名称:example-2-2
程序说明:本程序使用赋值运算符和赋值表达式进行计算
 * * * * * * * * * * * * * * * * * * * * * * * * * * * * * * * * * * * * * * */
int main()
{
    int a,b,c,x,y,z,u,v;
    x=5+(y=6);
    z=(u=10)/(v=2);
    printf("\na=b=c=2 is %d",a=b=c=2);       //输出赋值表达式 a=b=c=2 的值
    printf("\na=%d,b=%d,c=%d",a,b,c);
    printf("\nx=5+(y=6) is %d",x=5+(y=6));   //输出赋值表达式 x=5+(y=6)的值
    printf("\nx=%d,y=%d",x,y);
    printf("\n z=(u=10)/(v=2) is %d", z=(u=10)/(v=2));//输出赋值表达式 z=(u=10)/
                                                     (v=2)的值
    printf("\nz=%d,u=%d,v=%d",z,u,v);
```

```
        return 0;
    }
```
运行结果：

a＝b＝c＝2 is 2

a＝2,b＝2,c＝2

x＝5＋(y＝6) is 11

x＝11,y＝6

z＝(u＝10)/(v＝2) is 5

z＝5,u＝10,v＝2

2.2.4 类型转换

C 语言中不同类型的数据可以进行混合运算,例如：

20＋'b'－34.6/2＋5.1 * 3

不同类型数据间进行混合运算时,往往需要进行类型转换。在 C 语言中,可以进行两种类型转换。

1. 自动类型转换

当一个表达式中出现混合运算时,编译系统会自动将不同类型的数据转换为同一类型,然后再进行运算,转换规则为由低级向高级,如图 2-2 所示。

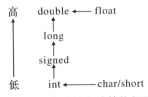

图 2-2 类型的自动转换规则

图 2-2 中,横向的箭头表示必定的转换。char、short 类型数据在运算中必先转换为 int 型数据,float 类型数据必先转换为 double 型数据。这是为了提高运算精度,即使两个 float 型数据进行运算,也是先转换为 double 型数据再进行运算。

图 2-2 中,纵向的箭头表示数据类型级别的高低。当两个不同类型的数据进行运算时,按照"就高不就低"的原则,即运算中,类型级别较低的数据的类型将转换成类型级别高的数据类型,然后再进行运算,运算结果的类型和类型级别较高的数据的类型一致。

例如,对于下面的表达式,假定 i 为整型变量,值为 2,f 为 float 型变量,值为 1.5,d 为 double 型变量,值为 15.5：

10＋'b'－i * f＋d/5

编译时,自左至右扫描,运算次序为：

(1)进行 10＋'b'的运算,'b'的值是 98,运算结果为 108。

(2)由于" * "比"－"优先级高,先进行 i * f 的运算。先将 i 与 f 都转换为 double 型,运算结果为 3.0。

(3)10＋'b'的结果为整数 108,与 i * f 的积相减。先将整数 108 转换为 double 型,然后相减得 105.0。

(4)进行 d/5 的运算,先将 5 转换为 double 型,结果为 3.1。

(5)将 10+′b′−i＊f 的结果 105.0 与 d/5 的商 3.1 相加,结果为 108.1。

2. 强制类型转换

在 C 语言中,有时需要将一种类型强制转换到另一种所需类型,这种转换叫作强制类型转换。例如,要进行 5/2 的运算,要得到结果 2.5,就必须将两个运算数进行强制类型转换,转换为浮点型数据进行运算。

强制类型转换的格式为:

(类型名)表达式

其中,类型名可以是 C 语言中的任何数据类型,表达式可以是 C 语言中的任何合法表达式,如果不是单个变量构成的表达式,就应该用括号括起来。例如:

    (int)(x+y)   //将(x+y)的值转换为 int 型
    (int)x+y   //将 x 的值转换为 int 型,然后与 y 相加

注意:无论是自动类型转换还是强制转换,仅仅是为了本次运算或赋值的需要而对变量的数据长度进行临时性的转换,变量本身的数据类型并没有改变。

2.2.5　关系运算符与关系表达式

1. 关系运算符

关系运算是指对两个数值进行比较,判断其比较的结果是否符合给定的条件。C 语言中提供了 6 种关系运算符,即<、<=、>、>=、==、! =。其含义和优先级见表 2-7。

表 2 - 7　关系运算符

优先级		运算符	名　称	使　用
高 ↑ 低	同级	>	大于	a>b
		>=	大于等于	a>=b
		<	小于	a<b
		<=	小于等于	a<=b
	同级	==	等于	a==b
		! =	不等于	a! =b

对表 2-7 的说明如下:

(1)在表 2-7 中,优先级别顺序是:自下而上,优先级由低到高。

(2)同级运算符的结合性是"左结合性",即按照自左至右的顺序进行。

(3)关系运算符的优先级低于算术运算符,高于赋值运算符。

(4)关系运算符(>=、<=、==、! =)在书写时,不要有空格将其分开。

2. 关系表达式

用关系运算符将两个表达式连接起来的式子称为关系表达式。其一般形式为:

表达式1　关系运算符　表达式2

该表达式执行时,先计算表达式1和表达式2的值,然后进行比较,比较的结果是一个逻辑值,即"真"或"假"。在C语言中,用1代表真,0代表假。

关系运算符的优先级和关系表达式的求值过程举例如下:

$3+5==2*4$　　//判断(3+5)和(2*4)是否相等,结果值为1

$3<=5!=4$　　//判断(3<=5),结果为1,再判断(1!=4),结果为1

$x=5>4>=3$　　//先求5>4,结果为1,再进行1>=3的比较,结果为0,将0赋给x

说明:

(1)不要用赋值运算符"="进行相等的比较。例如,若将判断x是否等于6的关系表达式写成"x=6",那么无论x取何值,结果永远为真。

(2)数学中的式子5≤x≤20表示"x的范围在5到20之间",在C语言中,不能写成5<=x<=20的形式,因为这种表达式的求值过程是先判断(5<=x),结果是1或者0,然后用这个结果再进行是否小于20的判断,结果一定是1。所以这样的表达式是一种语法上的错误,正确的写法应该是:

$5<=x\ \&\&\ x<=20$　　(&&表示逻辑与运算,见2.2.6节)

2.2.6　逻辑运算符

关系表达式可以描述单一的条件,如果要表示多个条件,如表示x≥5,并且x≤20,就要使用逻辑表达式。而逻辑表达式是由逻辑运算符将关系表达式或其他逻辑量连接起来的式子。

1.逻辑运算符

C语言中,提供了3种逻辑运算符,即与(&&)、或(||)、非(!)。表2-8列出了C语言中逻辑运算符的种类、功能和优先级别。

表2-8　逻辑运算符及其含义

运算符	含义	举例	说明	优先级
!	逻辑非	!a	若a为假,则结果为真,若a为真,则结果为假	高
&&	逻辑与	a&&b	若a和b都为真,则结果为真,否则为假	↑
||	逻辑或	a||b	若a和b都为假,则结果为假,否则为真	低

对表2-8的几点说明如下:

(1)"&&"和"||"是双目运算,它要求有两个运算对象,如(5<=x)&&(x<=20),而"!"是单目运算符,只有一个运算对象,如!(x==5)。

(2)优先级别:表2-8中自下而上,优先级由低到高。

(3)结合性:"!"为右结合,而"&&"和"||"是左结合。

2.逻辑表达式

使用逻辑运算符把关系表达式或其他逻辑量连接在一起的式子就是逻辑表达式。逻辑表达式的结果是一个逻辑值"真"或"假"。

对于逻辑表达式而言,参加运算的量可以是任意类型数据,在进行判断时,系统将非零值当作"真",0 代表"假"。而关系运算或逻辑运算的结果若为真,则其值为 1,若为假,其值为 0。

进行逻辑运算的两个操作数,既可以是 0 和非 0 的整数,也可以是其他类型的数据,如浮点型数据、字符型数据等。

在逻辑表达式求值中,要注意短路表达式的求值问题,即只有在必须执行下一个表达式时,才求解该表达式。

对于"&&"运算,若第一个操作数为"假",则结果为"假",系统不再判定或求解第二操作数。对于"||"运算,若第一个操作数为"真",则结果为"真",系统不再判定或求解第二操作数。

例如,对于下面的语句:

```
int n=3,m=6;
if ( n>4 && m++<10)
    n++;
printf("%d",m);
```

输出的结果为 6,因为条件 n>4 不成立,所以不再执行后面的表达式。因此 m 的值仍然为 6。算术运算符、关系运算符和逻辑运算符的混合使用举例如下:

(1)5<3&&2||8<4－！0 等价于

　　(5<3&&2)||(8<4－！0)

　＝(0&&2)||(8<(4－1))

　＝0||0

　＝0

(2)若有 int y=2000;,则表达式

　　y%4==0&&y%100!＝0||y%400==0

等价于

　　(y%4==0)&&(y%100!＝0)||(y%400==0)

　＝1&&0||1

　＝0||1

　＝1

2.2.7　位运算

在计算机中,数据是用二进制来表示的。每个二进制位只能存放 1 位二进制数"0"或"1"。通常把组成一个数据的最右边的二进制位称为第 0 位,从右到左依次称为第 1 位,第 2 位,…,最左边一位称为最高位。例如,在 VC++6.0 编译器中,整数 10 的二进制形式为 00000000 00000000 00000000 00001010。在实际数据处理过程中,往往需要对某个数据的某些二进制位进行操作,这称为位运算。

位运算是整数特有的操作,它有<<、>>、&、|、^、~六个操作。位操作符的种类、功能及优先级见表 2-9。

表 2-9　位操作符及其含义

运算符	含　义	举　例	说　明	优先级
~	位反	int a＝12； a＝~a；	将一个操作数的每一位取反，0 变 1，1 变 0。~a 的结果是－13	高
<<	左移	int a＝12； a＝a<<1；	将整数最高位移出，在右端补 0。a 左移 1 位，值为 24	
>>	右移	short int a＝－2； a＝a>>1；	对于有符号数，在整数的高位移入和符号位相同的值，将右端的 1 或 0 移出。对无符号数，一律在高位移入 0。a 右移 1 位，值为－1	
&	位与	int a＝12，b＝6； a＝a&b；	将两操作数的每一位做与操作。即当且仅当两操作数的对应二进制位都为 1 时，结果的对应二进制位为 1，否则为 0。a&b 的结果为 4	
^	位异或	int a＝12，b＝6； a＝a^b；	将两个操作数每一位做异或操作。若两个操作数对应位相等，其结果对应位的值为 0，否则为 1。a^b 的结果为 10	
|	位或	int a＝12，b＝6； a＝a|b；	将两个操作数每一位做或操作。即当且仅当两操作数的对应二进制位都为 0 时，结果的对应二进制位为 0，否则为 1。a|b 的结果为 14	低

对表 2-9 的几点说明如下：

(1)除"~"是单目运算符外，其他位运算符都是双目运算符。

(2)优先级别：表 2-9 中自下而上，优先级由低到高。其中，"<<"和">>"是同级别的。

(3)结合性："~"为右结合，其他位运算符均是左结合。

2.3　结　构　体

除系统定义好的数据类型外，C 语言还提供了一种根据用户需要自定义数据类型的机制，可以定义比较复杂的数据类型，满足应用的要求。例如，固体火箭发动机的性能参数主要包括推力、推力系数、比冲和特征速度，主要的结构参数包括燃烧室直径、燃烧室长度、喷管喉部直径和喷管面积比等，这些数据信息有内在联系，是属于某一个固体火箭发动机的信息。若分别使用简单变量定义，则难以反映它们之间的内在联系。如果能把这些数据组成一个组合数据，例如定义一个名为 engine_1 的变量，在这个变量中包括固体火箭发动机的性能参数和结构参数等项。这样使用起来就非常方便。

2.3.1　结构体类型的定义

结构体类型是若干类型相同或不同的数据项的集合。定义一个结构体类型的一般形式为：

```
struct 结构体名
{
    数据类型    数据项 1；
    数据类型    数据项 2
    ……
    数据类型    数据项 n；
};
```

说明：

(1)结构体名表示所定义的结构体类型的名字,其命名规则和变量的命名规则相同。

(2)结构体的各个数据项用花括号括起来,数据项的定义和命名规则与变量相同,相同类型的数据项,既可以逐个逐行分别定义,也可以合并成一行定义。其中,每个数据项称为结构体类型的成员。

(3)成员类型既可以是基本类型,也可以是构造类型,如数组(参见第 3 章)、结构体类型等。

结构体类型的名字由关键字 struct 和结构体名组合而成。

例如,固体火箭发动机的性能参数和结构参数分别可以定义为如下的结构体：

```
struct Performance
{
    float thrust；//推力
    float Cf；//推力系数
    float Isp；//比冲
    float Cstar；//特征速度
};
struct Dimension
{
    float Dc；//燃烧室直径
    float Lc；//燃烧室长度
    float Dt；//喷管喉部直径
    float Aratio；//喷管出口与喉部面积比
};
```

要定义一个固体火箭发动机,既需要包括性能参数和尺寸参数,还需要包括发动机的其他参数(如燃烧室压强、燃气温度等),可以定义如下结构体：

```
struct SolidRocketMotor
{
```

```
    float Pc；//燃烧室压强
    float Tf；//绝热燃烧温度
    struct Performance perform；//性能参数结构体
    struct Dimension dim；//尺寸参数结构体
};
```

结构体类型 struct SolidRocketMotor 的结构如图 2-3 所示。

Pc	Tf	perform				dim			
		thrust	Cf	Isp	Cstar	Dc	Lc	Dt	Aratio

图 2-3 struct SolidRocketMotor 的结构

2.3.2 结构体变量的定义

结构体类型的定义只是表示建立了一个用户自定义的一个类型,它和系统提供的基本类型(int,double 等)具有相似的作用。为了能在程序中使用结构体类型的数据,需要定义结构体类型的变量,并在其中存放实际的数据。定义结构体类型变量的方法有以下 3 种。

1. 先定义结构体类型,再定义该类型的变量

在结构体类型已经存在的情况下,定义结构体变量的一般形式为:

结构体类型名　变量名；

例如,用 2.3.1 节中定义的固体火箭发动机的结构体类型 struct SolidRocketMotor 可以定义结构体变量 engine_1。

```
    struct SolidRocketMotor engine_1；
```

同其他类型的变量定义一样,可以同时定义多个同类型的结构体变量,每个变量之间用逗号隔开,例如:

```
    struct SolidRocketMotor   motor1,motor2,motor3；
```

结构体变量的存储空间中,同一个结构体变量的成员占用连续空间,如图 2-4 所示。

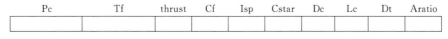

Pc	Tf	thrust	Cf	Isp	Cstar	Dc	Lc	Dt	Aratio

图 2-4 结构体变量 motor1 的存储空间

2. 在定义结构体类型的同时定义结构体变量

定义的一般形式如下:

```
    struct 结构体名
    {
        数据类型　数据项 1；
        数据类型　数据项 2；
        ……
        数据类型　数据项 n；
    }变量名表列；
```

例如:

```
struct Date
{
    int year;
    int month;
    int day;
}date1,date2;
```

这种定义结构体类型的好处是能直接看到结构体的结构,比较直观。但对于规模较大的程序常常采用类型定义和变量定义分离的方式,以使程序结构清晰,便于维护。

3. 不指定类型名而直接定义结构体类型的变量

定义的一般形式如下:

```
struct
{
    数据类型    数据项 1;
    数据类型    数据项 2
    ......
    数据类型    数据项 n;
}变量名表列;
```

上面指定了一个无名的结构体类型,因为它没有名字,所以只能使用一次来定义变量。

注意:结构体类型与结构体变量是不同的概念。结构体类型的定义只说明了结构体的组织形式,本身不占存储空间,只有定义的结构体变量,才占用存储空间。不同的结构体类型中的成员名可以相同,但它们互不相干。

2.3.3　结构体变量的初始化和引用

1. 初始化

在定义结构体变量时,可以对它进行初始化,即赋予初始值。初始化形式为采用花括号括起来的一些数值,这些数值依次赋给结构体变量中的各成员。要注意初始化数据的顺序、类型与结构体类型定义时相匹配。例如:

struct Date d1={2010,6,28};

结构体变量 d1 被初始化,分别给 year,month,day 三个成员赋值为 2010,6,28,即 d1 代表的日期为 2010 年 6 月 28 日。注意,这些初始值是对结构体变量的初始化,而不是对结构体类型的初始化。

C99 标准允许对某个成员初始化,如:

struct Date d={.year=2011};

如果花括号中给的初始值不足以将结构体变量的成员全部初始化,那么结构体变量中剩余的成员自动取 0 值,例如:

struct Performance perform1={12.5,0.78,1.8};

这样只对前三个成员显式赋值,最后一个成员自动设为 0.0。

也可以使用一个已经有初始值的结构体变量为本类的一个结构体变量赋初值,例如:

```
struct Date d2=d1;
```

2.引用

一个结构体变量建立后,就可以引用结构体变量成员了。引用方式为:

结构体变量名. 成员名

其中,"."是成员运算符,它在所有运算符中优先级是最高的。例如,结构体变量 perform1 中的成员可以表示为

```
perform1. thrust, perform1. Cf, perform1. Isp, perform1. Cstar
```

结构体变量的成员可以作为一个普通变量进行各种运算,如:

```
perform1. thrust=12.5;
```

若结构体成员本身又属于一个结构体类型,则要用多个成员运算符,一级一级地找成员。只能对最低级的成员进行运算。例如,对于结构体类型 SolidRocketMotor,对结构体变量 motor1 引用特征速度这个性能参数的方式为:

```
motor1. perform. Cstar
```

习   题

1.填空题。

(1)定义 int a=5,b=6;,则表达式(++a==b--)? ++a:--b 的值是_____。

(2)定义 int a=5,b;,则执行表达式 b=++a * --a 之后,变量 b 的值为_____。

(3)若有定义:int x=3,y=2;float a=2.5,b=3.5;,则表达式(x+y)%2+(int)a/(int)b 的值为_____。

(4)在位运算中,操作数每右移一位,其结果相当于_____。

2.写出下面程序的运行结果。

(1)

```
int main()
{
    char c1='a',c2='b',c3='c',c4='\101',c5='\116';
    printf("a%cb%c\tabc\n",c1,c2,c3);
    printf("\t b%c %c",c4,c5);
}
```

(2)

```
int main()
{
    int x,y,m,n;
    x=10;y=20;
    m=x++;n=++y;
    printf("x=%d,y=%d,m=%d,n=%d",x,m,n);
```

```
        m＝x－－;n＝－－y;
        printf("x＝%d,y＝%d,m＝%d,n＝%d",x,m,n);
    }
```

（3）

```
    int main()
    {
    char a＝0x95,b,c;
    b＝(a&0xf)<<4;
    c＝(a&0xf0)>>4;
    a＝b|c;
    printf("\n%x\n",a);
    }
```

3.编程练习。

(1)从键盘输入圆半径 r 和圆柱高 h,求圆周长、圆面积、圆球表面积、圆球体积、圆柱体积。输出计算结果,结果保留 2 位小数。

(2)将华氏温度转换为摄氏温度和绝对温度的公式分别为

$$c＝\frac{5}{9}(f－32) \quad （摄氏温度）$$

$$k＝273.16＋c \quad （绝对温度）$$

编制程序,给出华氏温度 f 时,计算相应的摄氏温度和绝对温度。

(3)写一个程序把极坐标 (r,θ)（θ 的单位为度)转换为直角坐标 (x,y)。转换公式为

$$x＝r×\cos\theta$$

$$y＝r×\sin\theta$$

(4)输入一个 3 位整数,求出该数每个位上的数字之和。如 123,每个位上的数字和就是 $1＋2＋3＝6$。

(5)定义一个表示日期的结构体类型,创建一个该类型的变量,从键盘输入年、月、日,然后按照"＊＊年＊＊月＊＊日"的格式输入这个日期。

(6)定义一个结构体,其中包括职工号、职工名、性别、年龄、工资、地址。按结构体类型定义一个结构体数组,从键盘输入每个结构体元素所需的数据,然后逐个输出这些元素的数据。

(7)编写一个程序,首先定义一个复数数据类型,即结构类型。然后按照复数的运算规则进行两个复数的相加,并按照复数表示的格式输出相加的结果。

4.根据 1.3 节介绍的发动机实验数据处理需求,定义与表 1－1 各参数对应的变量。

第3章 数组和流程控制

C程序是为了完成某个计算过程或实现某个任务的。有的过程是自上而下顺序执行的,这样的C程序结构就是顺序结构,由各种语句依次组成即可,执行完上一条语句自动执行下一条语句,是无条件的。而有的计算过程中需要根据某个条件来决定是否执行相应操作或从给定的多种操作中选择某一个,这样的C程序结构就是选择结构。还有的计算过程会在某种条件下重复执行某个操作过程。在C语言中,使用循环结构来处理这类问题。

3.1 选 择 结 构

C语言有两种选择结构:①if语句,用来实现两个分支的选择结构;②switch语句,用来实现多分支的选择结构。

3.1.1 基本 if 语句

1.基本 if 语句

基本 if 语句的一般形式如下:

if(表达式)语句;

基本 if 语句中的表达式可以是关系表达式、逻辑表达式,也可以是数值表达式。

语句的执行过程为:先计算表达式,若值为真,则执行语句,否则什么也不做。其执行过程如图 3-1 所示。

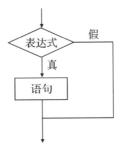

图 3-1 基本 if 语句流程图

【例 3.1】 输入三个数 a,b,c,要求将三个数按从小到大的顺序输出。

解题思路:假设最终 a 存最小的数,b 次之,c 存最大的数。需要经过下面的操作:

若 $a>b$,将 a 和 b 对换;

若 $a>c$,将 a 和 c 对换;

若 $b>c$,将 b 和 c 对换;

顺序输出 a,b,c 即可。

程序代码为:

```
//程序名称:example-3-1
//程序说明:本程序将 a,b,c 按从小到大的顺序输出
#include<stdio.h>
int main()
{
  int a,b,c,t;
  printf("input three numbers split with backspace:");
  scanf("%d%d%d",&a,&b,&c);
  if(a>b)
    {t=a;a=b;b=t;}
  if(a>c)
    {t=a;a=c;c=t;}
  if(b>c)
    {t=b;b=c;c=t;}
  printf("the sorted numbers are:%d,%d,%d\n",a,b,c);
}
```

程序的运行结果为:

input three numbers split with backspace:45　23　89　↙(回车)

the sorted numbers are:23,45,89

2. if-else 语句

基本 if 语句表达的是,如果条件成立,执行语句。当条件不成立时,如果要执行不同的操作,就需要使用 if-else 语句。

if-else 语句的语法格式为:

```
if(表达式)
    语句 1;
else
    语句 2;
```

if-else 语句的执行过程为:先计算表达式,若值为真,则执行语句 1,否则执行语句 2。其执行过程如图 3-2 所示。

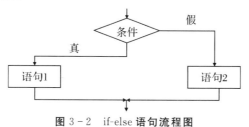

图 3-2　if-else 语句流程图

【**例 3.2**】 编程求解方程 $ax^2 + bx + c = 0$ 的根。由键盘输入 a、b、c。假设 a、b、c 的值任意,并不保证 $b^2 - 4ac \geqslant 0$。需要在程序中进行判别,如果 $b^2 - 4ac \geqslant 0$,就计算并输出方程的两个实根,否则就输出"方程无实根"的信息。

解题思路:先从键盘输入 a、b、c 的值,然后求 $b^2 - 4ac$ 的值,根据 $b^2 - 4ac \geqslant 0$ 条件是否成立,执行不同的操作,使用 if-else 语句完成。

程序代码:

```
/* * * * * * * * * * * * * * * * * * * * * * * * * * * * * * * * * * * * *
程序名称:example-3-2
程序说明:本程序求解方程 ax²+bx+c=0 的根
 * * * * * * * * * * * * * * * * * * * * * * * * * * * * * * * * * * * * */
#include<stdio. h>
#include<math. h>
int main ( )
{
    double a,b,c,disc,x1,x2,p,q;
    scanf("%lf%lf%lf",&a,&b,&c);
    disc=b * b-4 * a * c;
    if (disc<0)
       printf("has no real roots\n");
    else
      {
        p=-b/(2.0 * a);
        q=sqrt(disc)/(2.0 * a);
        x1=p+q;
        x2=p-q;
        printf("real roots:\nx1=%7.2f\n x2=%7.2f\n",x1,x2);
      }
    return 0;
}
```

运行结果:

    6   3   1
    This equation has no real roots

3. 嵌套的 if-else 语句

if-else 语句中的语句 1 和语句 2 可以是一条简单语句,也可以是复合语句。当语句 1 或语句 2 是另外的一个 if 语句的形式时,就构成嵌套的 if-else 语句,可以处理多个分支的情况。

嵌套的 if-else 语句的形式一般是:

if（表达式 1）　语句 1

else if（表达式 2）语句 2

…　　　　　　　…

else if（表达式 m）语句 m

else 语句 $m+1$

例如，将学生的百分制成绩用五分制表示，可以使用下面的语句：

if (grade>=90)　s='A';

else if(grade>=80) s='B';

else if(grade>=70) s='C';

else if(grade>=60) s='D';

else s='E';

关于 if 语句的说明：

(1)if 语句可以写在一行上，也可以写在多行上。

(2)语句 1、语句 2…语句 m 等都是 if 语句的内嵌语句。每个内嵌语句的末尾都应当有分号。

(3)if 语句无论写在几行上，都是一个整体，属于同一个语句。

(4)语句 1、语句 2…语句 m 既可以是一条简单语句，也可以是一个包括多个语句的复合语句，或者是 if 语句。如果是复合语句，就需要采用"{ }"将其包含起来。

3.1.2　switch 语句

使用 if 语句可以完成两个分支的选择，对于多路分支的情况，使用嵌套的 if 语句可以实现，但是如果嵌套的 if 语句层数多，程序冗长就会造成程序的可读性降低。C 语言提供了 switch 语句直接处理多分支选择。

switch 语句的一般形式如下：

switch(表达式)

{

　　case 常量 1:语句 1

　　case 常量 2:语句 2

　…

　　case 常量 n:语句 n

　　default:语句 $n+1$

}

关于 switch 语句的说明：

(1)switch 后面括号内的表达式，其值的类型应为整数类型(包括字符型)。

(2)switch 下面的花括号内是一个复合语句，由若干语句构成，是 switch 语句的语句体。语句体内包含多个以 case 开头的语句行和最多一个 default 开头的行。case 后面跟一个常量(或常量表达式)，它们和 default 都起到标号的作用，用来标记一个位置。

（3）switch 语句的执行过程：先计算 switch 后面的表达式的值，然后将它与各 case 标号比较。如果与某一个 case 标号中的常量相同，就转到此 case 标号后面的语句执行。如果没有与 switch 表达式相匹配的 case 常量，就执行 default 后面的语句。

（4）default 语句可以没有，此时若没有与 switch 表达式匹配的 case 常量，则不执行任何语句，流程转到 switch 语句的下一条语句。

（5）每个 case 常量不能重复出现，否则对于 switch 表达式的同一个值，不知该执行哪个 case 标号后面的语句。

（6）各个 case 标号出现次序不影响执行结果。

（7）case 标号只起到标号的作用，在语句内部，不再进行判断，所以一般在执行一个 case 子句后，应当使用 break 语句使流程跳出 switch 结构。

（8）多个 case 标号可以共用一组执行语句。

【例 3.3】 给出一百分制成绩，要求输出成绩等级'A'、'B'、'C'、'D'、'E'。90 分以上为'A'，80～89 分为'B'，70～79 分为'C'，60～69 分为'D'，60 分以下为'E'。

解题思路：使用 switch 多路分支语句实现。

程序代码：

```
/* * * * * * * * * * * * * * * * * * * * * * * * * * * * * * * * * * * *
程序名称:example-3-3
程序说明:本程序计算百分制成绩对应的成绩等级
 * * * * * * * * * * * * * * * * * * * * * * * * * * * * * * * * * * * */
#include<stdio.h>
int main()
{
    int score;
    char grade;
    printf("input a score:");
    scanf("%d",&score);
    switch(score/10)
    {
        case 10:
        case 9: grade='A';break;
        case 8:grade='B';break;
        case 7:grade='C';break;
        case 6:grade='D';break;
        default:grade='E';
    }
    printf("the grade is %c",grade);
}
```

3.2　循　环　结　构

日常生活中或是在程序所处理的问题中常常遇到需要重复处理的问题,这就需要用到循环结构。C 语言中提供了三种循环结构语句:while 语句、do-while 语句和 for 语句。

3.2.1　while 语句

while 语句的一般形式如下:

　　while (表达式)

　　　　语句

其中的语句就是循环体。循环体只能是语句,可以是一条简单语句,也可以是复合语句。执行循环体的次数是由循环条件控制,这个循环条件就是表达式,也称为循环条件表达式。在执行 while 语句时,先检查循环条件表达式的值,当其值为真时,就执行循环体语句,否则不执行循环体语句。其流程图如图 3－3 所示。

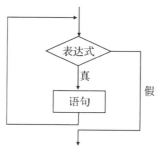

图 3－3　while 语句的执行流程

【例 3.4】　求 $1+2+3+\cdots+100$。

解题思路:该问题要将 $1\sim100$ 的整数相加,就是重复进行 100 次加法运算,需要用循环结构来实现。重复执行的操作是将一个数 i 加到和 sum 中。数 i 的变化规律,初始为 1,以后每次增 1。

程序代码:

```
/*********************************************************
程序名称:example-3-4
程序说明:本程序计算从 1 到 100 的整数和
*********************************************************/
#include<stdio.h>
int main()
{
  int i=1;sum=0;
  while(i<=100)
  {
```

```
        sum+=i;
        i++;
    }
    printf("sum=%d\n",sum);
    return 0;
}
```

运行结果:

　　　sum=5050

while 语句的使用说明:

(1)如果 while 语句中的循环体包含多条语句,就应该使用花括号把多条语句括起来,否则循环体只包含一条语句。

(2)若循环体是一条空语句,则表示不执行任何操作。

(3)循环体中应该有使循环趋于结束的语句,否则循环将会无休止的执行下去。例如,

　　　while(1)　sum+=i;

就是一个死循环。

【例 3.5】　求 $1+1/2+1/3+\cdots+1/50$ 的值,并打印结果。

解题思路:这是累加问题,需要先后将 50 个数相加;要重复 50 次加法运算,可用循环实现;加完上一个数 1/i 后,使 i 加 1 可得到下一个数。注意,进行 1/i 的计算时,要使用浮点数进行运算。

程序代码:

```
//程序名称:example-3-5
//程序说明:本程序计算 1+1/2+1/3+…+1/50 的值
#include <stdio.h>
int main()
{
    int i=1;
    float sum=0.0;
    while (i<=50)
    {   sum=sum+1/(float)i;
        i++;
    }
    printf("sum=%f\n",sum);
    return 0;
}
```

运行结果:

　　　sum=4.499206

3.2.2　do-while 语句

do-while 语句的一般形式如下：

```
do {
    语句
}while(表达式);
```

其中的语句就是循环体。它的执行过程是：先执行循环体，然后再检查表达式是否成立，若成立，再执行循环体，否则退出循环。其流程图如图 3-4 所示。

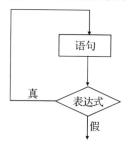

图 3-4　do-while 语句的执行流程

【例 3.6】　对于例 3.4，改用 do-while 循环来实现。

程序代码：

```
//程序名称:example-3-6
//程序说明:本程序计算从 1 到 100 的整数和
#include <stdio.h>
int main()
{   int i=1,sum=0;
    do
    {
        sum=sum+i;
        i++;
    }while(i<=100);
    printf("sum=%d\n",sum);
    return 0;
}
```

从例 3.4 和例 3.6 可以看到，对同一个问题既可以用 while 语句处理，也可以用 do-while 语句处理。二者完全等价。

do-while 语句的使用说明：

(1)do-while 循环中 while 后面的分号(;)不能省略；

(2)由于先执行循环体，然后再判断表达式的值，因此，无论开始时表达式的值为"真"还是"假"，循环体中的语句至少被执行一次，这一点同 while 语句是有区别的。

3.2.3　for 语句

for 语句的一般形式为：

for(初始表达式;循环条件表达式;变量增值表达式)

　　　　　　　语句

其中三个表达式的主要作用是：

(1)初始表达式:设置初始条件,只执行一次。可以为 0 个或多个变量赋初值。

(2)循环条件表达式:在每次执行循环体前先执行此表达式,决定是否进行执行循环。

(3)变量增值表达式:作为循环的调整,在执行完循环体后执行此表达式。

for 语句的执行过程如下：

(1)先计算初始表达式的值；

(2)计算循环条件表达式,若此条件表达式的值为真,则执行 for 语句中的循环体,然后执行第(3)步。若为假,则结束循环,转到第(5)步；

(3)计算变量增值表达式；

(4)转到第(2)步继续执行；

(5)结束循环,执行 for 语句下面的一条语句。

图 3-5 给出了 for 语句的执行过程。

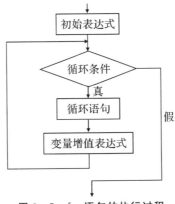

图 3-5　for 语句的执行过程

【例 3.7】　用 for 循环计算 $1+2+3+\cdots+100$。

程序代码：

```
//程序名称:example-3-7
//程序说明:本程序计算从 1 到 100 的整数和
#include <stdio.h>
int main()
{   int i,sum=0;
    for(i=1;i<=100;i++)
        sum+=i;
    printf("sum=%d\n",sum);
    return 0;
}
```

for 语句的使用说明：

(1)若 for 语句的语句体由多条语句组成,则必须用花括号括起来,形成复合语句。

(2)循环体可以为空语句,例如：

for(i＝1;i＜＝100;sum＋＝i,i＋＋) ; //分号也可写在下一行

(3)for 语句中的初始表达式和变量增值表达式既可以是一个简单表达式,也可以是由逗号运算符将多个表达式连接起来的形式。

(4)for 语句中的任何一个表达式都可以省略,但分号必须保留。省略的表达式部分的功能,可以用其他语句去完成。

1)省略初始表达式。例如：

```
int i＝1,sum＝0;              //把初始表达式移出到循环语句前面
for(;i＜＝100;i＋＋) sum＋＝i;
```

2)省略循环条件表达式。例如：

```
for(i=1; ;i＋＋)
{
    if(i＞100) break;
    sum＋＝i;
}
```

3)省略变量增值表达式。例如：

```
for(i=1;i＜＝100;)
{
    sum＋＝i;
    i＋＋;
}
```

4)初始表达式和循环条件表达式同时省略。例如：

```
i＝1;
for(; ; i＋＋)
{
    if(i＞100) break;
    sum＋＝i;
}
```

5)循环条件表达式和变量增值表达式同时省略。例如：

```
for(i＝1; ;)
{
    if(i＞100) break;
    sum＋＝i;
    i＋＋;
}
```

6)全部省略。例如：

```
i=1;
for( ; ; )
{
    if(i>100) break;
        sum+=i;
    i++;
}
```

3.2.4 循环的嵌套

一个循环的循环体内可以包含另一个循环语句,这样的编程方式称为"循环的嵌套"。循环嵌套时,外层循环执行一次,内存循环从头到尾执行一遍。三种循环(while 循环、do-while 循环和 for 循环)不仅可以自身嵌套,还可以相互嵌套。

【例 3.8】 打印九九乘法表。

解题思路:

(1)问题可以简化为打印第 1 行乘积、第 2 行乘积、…、第 i 行乘积、…、第 9 行乘积,可以使用 for 循环语句实现:

```
for(i=1;i<=9;i++)
        打印第 i 行;
```

(2)第 i 行乘积由 9 项组成,分别是 $1*i$、$2*i$、$3*i$、$4*i$、$5*i$、$6*i$、$7*i$、$8*i$、$9*i$,因此可以用循环语句实现:

```
for (j=1;j<=9;j++)
    printf("%5d", i*j);
```

程序代码:

```
//程序名称:example-3-8
//程序说明:本程序打印九九乘法表
#include<stdio.h>
int main()
{
    int i,j;
    for(i=1;i<=9;i++)
    {
        printf("\n");
        for(j=1;j<=9;j++)
            printf("%5d",i*j);
    }
    return 0;
}
```

3.2.5　break、continue 和 goto 语句

在循环操作中,当出现某种情况时,可能需要提前结束正在执行的循环操作,但这样事先不能确定循环执行的次数,这种情况下,可以使用 break 语句和 continue 语句来提前结束循环。

1. break 语句

break 语句的一般形式为:

　　break;

break 语句的作用:在循环语句或 switch 结构中使用,使流程跳到循环体或 switch 结构之外,接着执行循环体下面的语句。

3.1.2 节中给出了 break 语句在 switch 语句结构中的使用,下面给出 break 语句在循环体中的使用。

【例 3.9】　编写程序,计算满足 $1^2+2^2+3^2+\cdots+n^2<1\,000$ 的最大 n 值。

解题思路:这是一个不确定项的数列 $\{k^2\,|\,k=1,2,3,\cdots\}$ 求和问题。可以使用累加和是否超过 1 000 作为循环终止的条件。

程序代码:

```
//程序名称:example-3-9
//程序说明:本程序计算满足 1²+2²+3²+…+n²<1000 的最大 n 值
#include<stdio.h>
int main()
{
    int sum,k;
    for(k=1,sum=0; ; k++)
    {
        sum+=k*k;
        if(sum>=1000) break;
    }
    printf("\n n=%d",k-1);
    return 0;
}
```

运行结果:

　　n=13

2. continue 语句

continue 语句的一般形式为:

　　continue;

continue 语句的作用为结束本次循环,即跳过循环体中下面尚未执行的语句,转到循环终止条件的判断;而对 for 循环,则跳过循环体中剩余语句,转而执行循环变量增值表达式,再进行下次是否执行循环的判定。

【例 3.10】　要求输出 100～200 之间不能被 3 整除的数。

解题思路：对 100～200 之间的每一个整数进行检查，若不能被 3 整除，则输出，否则不输出，无论是否输出此数，都要接着检查下一个数（直到 200 为止）。程序流程如图 3-6 所示。

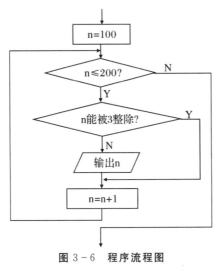

图 3-6　程序流程图

程序代码：

```
//程序名称:example-3-10
//程序说明:本程序输出 100～200 之间不能被 3 整除的数
#include<stdio.h>
int main()
{
    int n;
    for(n=100;n<=200;n++)
    {
        if(n%3==0)   continue;
        printf("%d ",n);
    }
    printf("\n");
    return 0;
}
```

运行结果：

100 101 103 104 106 107 109 110 112 113 115 116 118 119 121 122 124 125 127 128 130 131 133 134 136 137 139 140 142 143 145 146 148 149 151 152 154 155 157 158 160 161 163 164 166 167 169 170 172 173 175 176 178 179 181 182 184 185 187 188 190 191 193 194 196 197 199 200

3. goto 语句

goto 语句是无条件转移语句,使用的一般形式为：

goto 标号；

其中,标号是一个标识符,应按照标识符的命名规则来命名,标号表示了 goto 语句的转移目标。

goto 语句被执行时,无条件地转移到标号语句处。标号语句必须与 goto 语句同处于一个函数中。goto 语句一般用于同层跳转,或由内向外跳转,而不能用于由外层向内层跳转。

例如：

loop：sum＋＝i;　　//其中"loop"表示标号

　　　i++;

　　　if(i＜36) goto loop;//其中"goto loop"是 goto 语句

可以使用 goto 语句构成循环。

【例 3.11】　使用 goto 语句求 1～100 的整数之和。

程序代码：

```
//程序名称:example-3-11
//程序说明:本程序计算从 1 到 100 的整数之和
#include<stdio.h>
int main()
{
    int i=1,sum=0;
    loop:
        sum+=i;
        i++;
        if(i<=36) goto loop;
    printf("%d\n",sum);
    return 0;
}
```

注意：由于 goto 语句的使用会打乱各种有效的控制结构,造成程序结构不清晰,因此,在结构化程序设计中,一般不建议使用 goto 语句。

3.3　数　　　组

在解决实际问题时,常常需要处理同一类型的大批数据,例如,对某班学生成绩进行排序。这类问题,就算法而言非常简单,但是如何表示这些学生的成绩存在问题,如果对于每个学生成绩用一个简单变量来存放,那么就需要使用很多的简单变量,一方面使得程序烦琐,另一方面不能反映数据之间的内在联系,给程序设计带来极大的不便。

为了便于处理这类问题,C 语言提供了数组来表示同一类型的很多数据,即用同一个名字来表示这些数据,在名字的右下角加一个数字来表示第几个学生的成绩,如 $student_5$ 就代表第 5 个学生的成绩,这个右下角的数字称为下标,统一的名字就是数组名。

数组是一组同类型数据的有序集合,下标代表数据在数组中的序号,组成数组的数据称为数组元素。使用数组名（student）和下标（5）可以唯一的确定数组中的元素。由于上、下标在 C 语言中无法表示，所以 C 语言规定用方括号中的数字来表示下标，如用 student[5] 来表示 student₅，即第 5 个学生的成绩。

3.3.1　一维数组

数组中最简单的是一维数组，例如，要表示学生成绩的数组 student 就是一维数组，其中的一个数据元素只需要用数组名加一个下标，就能唯一地确定。

1. 一维数组的定义

要使用数组，必须在程序中先进行定义。定义一维数组的一般形式为：

　　类型标识符　数组名[常量表达式]；

说明：

(1)常量表达式说明数组的长度，即数组中元素的个数，可以包括常量和符号常量，不能包含变量。

(2)下标可以是整常数或整型表达式，取值范围从 0 开始，到元素个数-1。

(3)相同类型的数组和变量可以在同一个类型说明符下一起说明，用逗号隔开。

例如：

```
int a[10],b[20];       //定义有 10 个元素的整型数组 a 和有 20 个元素的整型数组 b
char buffer[255];      //定义有 255 个元素组成的字符数组 buffer
float base[40];        //定义有 40 个元素的 float 类型的数组 base
```

2. 一维数组元素的引用

定义数组之后，就可以引用数组中的每个元素了。引用数组元素的形式如下：

数组名[下标表达式]

其中，下标表示数组中某一个元素的序号，必须是整型常量、整型变量或整型表达式。例如：

```
int a[8];    //定义有 8 个元素的整型数组 a
a[3]=6;      //把 6 赋给数组 a 的第 4 个元素
a[i]++;      //将数组 a 中的第 i 个元素的值增 1，i 的取值范围为 0～7。
```

通过对一维数组元素的引用，数组元素就可以像普通变量一样进行赋值和算术运算以及输入/输出操作了。

【例 3.12】　从键盘顺序输入 10 名学生成绩，输出最高成绩。

解题思路：求解一组数据中的最大值，可以使用"打擂台"算法，即先找出任一人在台上，下面的人依次上台与之比武，胜者留台上，败者下台。直到所有人都上台比过为止，最后留在台上的就是冠军。假设 max 存放数组中最大元素的下标，那么用 student[i] 可以表示上台打擂的人，student[max] 就表示擂主。如果 student[i] 比 student[max] 大，那么擂主就要换人，即 max=i。

程序代码：

```
//程序名称:example-3-12
```

```
//程序说明:本程序输出 10 名学生成绩中的最高成绩
#include<stdio.h>
int main()
{
  int i,max,student[10];
  printf("\n Input   data:");
  for(i=0;i<=10;i++)
    scanf("%d",&student[i]);
  max=0;
  for(i=1;i<10;i++)
  if (student[i]>student[max]) max=i;
  printf("\n the %dth student has achieved the highest score %d",max+1,student[max]);
  return 0;
}
```

运行结果:

Input data:98　70　65　79　92　99　68　83　87　76

the 6th student has achieved the highest score 99

3.一维数组的初始化

前面介绍了数组的定义和引用,当定义数组时,意味着系统为要定义的数组在内存中开辟一串连续的存储单元,但这些存储单元没有确定的值。要使数组元素具有某个值,可以使用赋值语句或输入语句在程序运行时完成,但占用机器时间。如果已经知道数组元素的具体值,可以在定义数组时给各个元素指定初始值,这称为数组的初始化。

一维数组初始化的一般形式为:

数据类型　数组名[常量表达式]={初始化列表};

对数组元素的初始化,有以下几种形式:

(1)对数组的全部元素的初始化,如:

　　int a1[6]={0,1,2,3,4,5};

将数组元素的初值依次放在一对花括号内,数据间用逗号隔开,从左到右将花括号中的每个数与数组的每个元素相匹配,经过初始化后,各数组元素值为:

　　a[0]=0,a[1]=1,a[2]=2,a[3]=3,a[4]=4,a[5]=5

(2)对数组的部分元素的初始化,如:

　　int a2[6]={0,1,2,3};

这样只对前 4 个元素显式赋值,后 2 个元素值自动设为 0。

(3)对数组的全部元素赋初值时,可以不指定数组长度,如:

　　int a3[]={1,2,3,4,5};

等价于

　　int a3[5]={1,2,3,4,5};

如果在定义数值型数组时,指定数组的长度并对之初始化;如果初始化列表只能对数组的部分元素进行初始化,那么剩余没有被指定初值的数组元素,系统会自动把他们初始化为 0(如果是字符型数组,那么初始化为\0;如果是指针型数组,那么初始化为 NULL,即空指针)。

【例 3.13】 用数组来输出 Fibonacci 数列的前 20 项。

解题思路:每一个数组元素代表数列中的每一项,例如 f[0]代表第一项,依此类推,已经知道前两项的值 1 和 1,然后按照公式依次求出各数并存放在相应的数组元素中即可。

程序代码:

```
//程序名称:example-3-13
//程序说明:本程序输出 Fibonacci 数列的前 20 项
#include <stdio.h>
int main()
{
    int i;
    int f[20]={1,1};
    for(i=2;i<20;i++)
        f[i]=f[i-2]+f[i-1];
    for(i=0;i<20;i++)
    {
        if(i%5==0) printf("\n");
        printf("%12d",f[i]);
    }
    printf("\n");
    return 0;
}
```

3.3.2 二维数组及多维数组

一维数组可以看成是对单个变量的拓展,使人们能方便地处理同类型的多个变量。但是有些问题单靠一维数组是很难处理的,例如要处理 20 个学生的 5 门课的成绩,就需要使用二维数组,即要指定两个下标才能唯一确定数组元素,如表示第 1 个学生的第 3 门课的成绩。还可以有三维甚至多维数组,如 2 班第 8 名学生的第 4 门课的成绩就需要用到三维数组。

1. 二维数组的定义

二维数组定义的一般形式:

数据类型 数组名[常量表达式 1][常量表达式 2];

其中,常量表达式 1 和常量表达式 2 分别表示数组的行数和列数。

例如:

double score[3][4];

定义一个名为 score 的二维数组,用于存储 3 名学生的 4 门课的成绩,可以看作一个 3

行 4 列的数据表,共有 3×4＝12 个存储单元,逻辑上可以形象地用一个矩阵表示,如图 3－7
所示。

	第 0 列	第 1 列	第 2 列	第 3 列
第 0 行	score[0][0]	score[0][1]	score[0][2]	score[0][3]
第 1 行	score[1][0]	score[1][1]	score[1][2]	score[1][3]
第 2 行	score[2][0]	score[2][1]	score[2][2]	score[2][3]

图 3－7　二维数组的矩阵表示

其中,每一行表示某一个学生的所有课程的成绩,每一列表示所有学生的某门课的成绩。

说明:数组的最后一行是第(行数－1)行,最后一列是第(列数－1)列。

就存储形式而言,一维数组和二维数组是一样的。在 C 语言中,二维数组中元素的排列顺序是按行存放的,即在内存中先顺序存放第 1 行的元素,接着再存放第 2 行的元素,直到最后一行的元素。

二维数组可以看成是一维数组的扩展,即是由一维数组作为元素所组成的一维数组。例如,上面 3 行 4 列的二维数组 score,就可以看作是由 3 个元素组成的一维数组,这 3 个元素分别是原数组的 3 行,以 score[i]表示(i＝0,1,2),因此,每个元素又是一个由 4 个元素组成的一维数组,如图 3－8 所示。

图 3－8　二维数组可以看作一维数组的一维数组

C 语言中还允许使用多维数组。例如,可以定义三维数组:

　　　int a[3][4][2];　　　　　//定义三维数组 a,它有 3 页 4 行 5 列

多维数组元素在内存中的排列顺序为:最右边的下标变化最快,第一维的下标变化最慢。例如,上面的三维数组 a 的元素排列顺序为:

a[0][0][0]　a[0][0][1]　a[0][1][0]　a[0][1][1]　a[0][2][0]　a[0][2][1]
a[0][3][0]　a[0][3][1]　a[1][0][0]　a[1][0][1]　a[1][1][0]　a[1][1][1]
a[1][2][0]　a[1][2][1]　a[1][3][0]　a[1][3][1]　a[2][0][0]　a[2][0][1]
a[2][1][0]　a[2][1][1]　a[2][2][0]　a[2][2][1]　a[2][3][0]　a[2][3][1]

2.二维数组的初始化

和一维数组一样,二维数组也能够在定义时被初始化。二维数组初始化的一般形式为:

　　　　　数据类型 数组名[常量表达式 1][常量表达式 2]＝{初始化数据};

初始化形式表示,在花括号中给出各数组元素的初值,各初值之间用逗号分开。把花括号中的初值依次赋给各数组元素。

二维数组可以有以下几种初始化形式:

(1)分行初始化:在{}内部再用{}把各行元素的初值分开。

例如,下面定义一个 2 行 3 列的整型数组,并初始化。

  int a[2][3]={{1,2,3},{4,5,6}};

经过初始化后,数组中各元素的值为：

  a[0][0]=1 a[0][1]=2 a[0][2]=3 a[1][0]=4 a[1][1]=5 a[1][2]=6

(2)不分行初始化:把花括号中的数据依次赋给数组各元素(按行赋值)。

例如,上面数组 a 的初始化还可以写成如下形式：

int a[2][3]={1,2,3,4,5,6};

(3)部分数组元素初始化:{}中的初值数目少于数组元素个数,把{}中的初值依次赋给数组元素后,剩余数组元素初值为 0。

例如：

  int a[2][3]={{1,2},{4}}; //a[0][0]=1,a[0][1]=2,a[1][0]=4,其他元素
             初值均为 0

  int a[2][3]={1,2,3};   //a[0][0]=1,a[0][1]=2,a[0][2]=3,其他元素
             初值均为 0

(4)省略第一维长度的初始化:当{}中给出全部数组元素的初值时,定义数组的第一维的大小可以省略,但第二维的大小不能省。

例如：

  int a[ ][3]={ 1, 2, 3, 4, 5, 6};

系统根据初始化的数据个数和第 2 维的长度可以确定第一维的长度为 2。

在定义时如果使用分行初始化方式,即使是对部分元素赋初值也可以省略第一维的大小,例如：

  int a[][3]={{1,2},{4}};

3.二维数组的引用

二维数组元素引用的一般形式为：

数组名[下标 1][下标 2]

其中的下标只能为整型常量、整型表达式或为字符型表达式,且下标 1 的取值范围从 0 到行数−1,下标 2 的取值范围从 0 到列数−1。

例如:对于 3 行 4 列的二维数组 b。

b[2][3]=10; //将 10 赋给数组 b 中第 3 行第 4 列的数据元素

b[3][4]=5; //错误,数组 b 没有第 4 行第 5 列的元素

【例 3.14】 将 3×4 的矩阵 A 转置为 B。

解题思路:可以定义两个二维数组 a 和 b 分别表示矩阵 A 和 B,数组 a 为 3 行 4 列,存放矩阵 A 的数据元素,数组 b 为 4 行 3 列,存放转置后的矩阵 B。遍历数组 a 中的数据元素 a[i][j],存放到数组 b 中的 b[j][i]中,可以使用嵌套的 for 循环完成。

```
//程序名称:example-3-14
//程序说明:本程序计算矩阵的转置
#include<stdio.h>
```

```
int main()
{
    int i,j,b[4][3],a[3][4]={1,2,3,4,5,6,7,8,9,10,11,12};
    printf("array a:\n");
    for(i=0;i<3;i++)
        for(j=0;j<4;j++)
        {
            printf("%5d",a[i][j]);
            b[j][i]=a[i][j];
        }
    printf("array b:\n");
    for(i=0;i<4;i++)
    {
        for(j=0;j<3;j++)
            printf("%5d",b[i][j]);
        printf("\n");
    }
    return 0;
}
```

3.3.3　字符数组及字符串

用来存放字符数据的数组是字符数组,字符数组中的一个元素存放一个字符。

1. 字符数组的定义

字符数组的定义形式与前面的数值型数组的定义形式类似,例如:

　　char buffer[10];　//定义了一个名为 buffer,可以存放 10 个字符的字符数组

2. 字符数组的初始化

字符数组的初始化可以有以下几种方式:

(1)用字符常量逐个初始化数组,例如:

　　char a[8]={′i′,′l′,′o′,′v′,′e′,′y′,′o′,′u′};

这样经过初始化后,数组各数据元素取值为:a[0]=′i′,a[1]=′l′,a[2]=′o′,a[3]=′v′,a[4]=′e′,a[5]=′y′,a[6]=′o′,a[7]=′u′。

用逐个初始化的方法与数值型数组初始化本质上是一样的,同样也可以进行全部元素初始化及部分元素初始化,但是部分元素初始化时没有赋值的元素被赋为\0′。

当对全部元素初始化时也可以省去数组长度,系统会根据数据元素个数确定数组长度,例如:

　　char c[ ]={′C′,′ ′,′p′,′r′,′o′,′g′,′r′,′a′,′m′};

(2)用字符串常量初始化数组。用字符串常量来初始化字符数组主要有以下两种方法:

　　char str[10]= {"a string"};

或

```
char str[10] = "a string";
```

需要注意:当用字符串常量来初始化字符数组时,数组的长度至少要比字符串中的字符个数多 1,所多出的一个元素用来存放字符串的结束标志\0'(详见字符串和字符串结束标志部分)。因此,上面的数组 str 在内存中的实际存放情况如下:

a		s	t	r	i	n	g	\0	

也可以使用二维数组来存放字符串,例如:

```
char a[3][10]={"China","Japan","USA"};
```

表明 a 数组有三行,每行存放一个字符串。此时的{}不能省略。数组 a 在内存中的实际分配情况如下:

C	h	i	n	a	\0	\0	\0	\0	\0
J	a	p	a	n	\0	\0	\0	\0	\0
U	S	A	\0	\0	\0	\0	\0	\0	\0

3. 字符数组的引用

字符数组的引用和普通的数值型数组一样,也是通过下标引用数组元素的。

【例 3.15】 输出字符数组中的元素。

```
//程序名称:example-3-15
//程序说明:本程序输出字符数组中的元素
#include<stdio.h>
int main()
{
char str[20]="Welcome to C world!";
    int i;
    for(i=0;i<20;i++)
    printf("%c",str[i]);
    return 0;
}
```

4. 字符串和字符串结束标志

在 C 语言中没有专门的字符串变量,可以使用一个字符数组来存放一个字符串。前面介绍字符串常量时,已说明字符串总是以\0'作为串的结束符。因此,当把一个字符串存入一个数组时,也把结束符\0'存入数组,并以此作为该字符串是否结束的标志。

有了结束标志 \0' 后,字符数组的长度就显得不那么重要了,在程序中往往依靠检测\0'的位置来判断字符串是否结束,而不是根据数组的长度来决定字符串的长度。当然,在定义字符数组时应估计实际字符串长度,保证数组长度始终大于字符串实际长度,若在一个字符数组中先后存放多个不同长度的字符串,则应使数组长度大于最长的字符串的长度。

5. 字符数组的输入/输出

除了可以使用与数值型数组类似的方法进行单个字符的输入/输出外,在采用字符串赋值方式后,字符数组的输入/输出还可用 printf 函数和 scanf 函数一次性输入/输出一个字符数组中的字符串,而不必使用循环语句逐个地输入/输出每个字符。

(1)单个字符的输入/输出:可以在 scanf 和 printf 函数中使用格式符%c 进行逐个字符的输入/输出。

例如:

```
for(i=0;i<10;i++)
    scanf("%c",&a[i]);
for(i=0;i<10;i++)
    printf("%c",a[i]);
```

(2)整个字符串的输入/输出:可以在 scanf 和 printf 函数中使用格式符%s 进行整个字符串的输入/输出,例如:

```
char str[30];
scanf("%s",str);
printf("%s\n",str);
```

说明:

(1)输出字符不包括结束符‘\0’。

(2)用%s 格式符输出字符串时,printf 函数中的输出项是字符数组名,而不是数组元素名,例如:

```
printf("%s", c[2]);//这样是不正确的
```

(3)如果数组长度大于字符串的实际长度,也只输出到遇到‘\0’结束,例如:

```
char c[10] = "China";    //只输出"China" 5 个字符,而不是输出 10 个字符。
```

(4)若一个字符数组中包含一个以上的‘\0’,则遇到第一个‘\0’时输出结束。

(5)用 scanf 函数输入一个字符串时,输入项 c 是字符数组名,它应该在先前被定义,从键盘输入的字符串应短于已定义的字符数组的长度,且输入字符串时遇到空格或回车结束输入。

【例 3.16】 从键盘接收一个字符串,然后根据这个字符串复制一个新的字符串,并输出。

```
//程序名称:example-3-16
//程序说明:本程序从键盘接收一个字符串,并复制产生新字符串
#include<stdio.h>
int main()
{
    char s2[20];
    char s1[20];
    int i;
    printf("input a string:\n");
    scanf("%s",s2);
    for(i=0;s2[i]! =‘\0’;i++)
```

```
        s1[i]=s2[i];
     s1[i]='\0';
     printf("%s\n",s1);
     printf("%s\n",s1);
     return 0;
  }
```

习 题

1. 阅读程序,写出下面程序的输出结果。

（1）
```
    #include<stdio.h>
    int main()
    {
       int i,j;
       i=j=2;
       if(i= =1)
          if(j= =2)
             printf("%d",i=i+j);
          else
             printf("%d",i=i-j);
       printf("%d",i);
    }
```

（2）
```
    #include<stdio.h>
    int main()
    {
       int x=3;
       switch(x)
       {
          case 1:
          case 2:printf("x<3\n");
          case 3:printf("x=3\n");
          case 4:
          case 5:printf("x>3\n");
          default:printf("x unknow \n");
       }
    }
```

（3）
```
    #include <stdio.h>
    int main()
```

```
    {
        int i,j,k=0;
        for (j=11;j<=30;j++)
        {
            if (k%10==0)
             printf("\n");
            for (i=2;i<j;i++)
            {
                if (! (j%i))  break;
                if (i>=j-1)
                { printf("%d\t",j);k++;}
            }
        }
    }
```

（4）
```
    #include<stdio.h>
    int main()
    {
        int k=0;char c='A';
        do
        {
          switch(c++)
          {
              case'A':k++;break;
              case'B':k--;
              case'C':k+=2;break;
              case'D':k=k%2;continue;
              case'E':k=k*10;break;
              default:k=k/3;
          }
          k++;
        }while(c<'G');
        printf("%d\n",k);
    }
```

（5）
```
    #include<stdio.h>
    int main()
    {
        int a[4]={5,16,7,14};
        int i;
```

```
for(i=0;i<4;i++)
    a[i]+=i;
for(i=3;i>=0;i--)
    printf("%d",a[i]);
}
```

2.编写程序。

（1）输入一个数，判断它能否被 3 或者被 5 整除，如至少能被这两个数中的一个整除，则将此数打印出来，否则不打印。

（2）编写程序求分段函数 $y=f(x)$ 的值，$f(x)$ 的表达式如下：

$$y=\begin{cases} x+3 & (x \geqslant 5) \\ 0 & (0 \leqslant x < 5) \\ 2x+30 & (x < 0) \end{cases}$$

程序中对于输入的 x 的值，计算对应的 y 值。

（3）读入 1～7 之间的某个数，输出表示一星期中相应的某一天的单词，如 Monday、Tuesday 等，用 switch 语句实现。

（4）在通信资费调整前，某公司曾经推出的超级网聊套餐：本地拨打国内电话第 1 min0.2元，第 2 min 起 0.1 元/min；国内漫游情况下主叫国内电话 0.6 元/min，被叫 0.4 元/min。编程实现：输入通话地点（可以用数字或字符代替，如用 1 表示本地电话，用 2 表示国内漫游）、通话方式（主叫还是被叫，可以用数字代替），以及通话时长，输出相应的收费标准。

（5）从键盘中输入一个数字（不限位数），用循环语句编程判断并输出这个数字的位数。

（6）若有一个正整数从左向右和从右向左读都是一样的，则称为回文式数（简称回数），比如 101,32123,999 都是回数。数学中有名的"回数猜想"之迷，至今未解决。回数猜想：任取一个数，再把它倒过来，并把这两个数相加，然后把这个和数再倒过来，与原和数相加，重复此过程，一定能获得一个回数。例如，68 倒过来是 86，则

$$68+86= 154$$
$$154+541= 605$$
$$605+506=1\ 111（回数）$$

编程，输入任意整数，按上述方法产生一个回数，为简便起见，最多计算 7 步，看是否能得到一个回数。

（7）韩信有一队兵，他想知道有多少人，便让士兵排队报数：按从 1 至 5 报数，最末一个士兵报的数为 1；按从 1 至 6 报数，最末一个士兵报的数为 5；按从 1 至 7 报数，最末一个士兵报的数为 4；最后再按从 1 至 11 报数，最末一个士兵报的数为 10。编程求韩信至少有多少兵？

（8）编程计算自然对数的底数 e 的值。求 e 的近似公式为

$$e=1+\frac{1}{1!}+\frac{1}{2!}+\frac{1}{3!}+\cdots+\frac{1}{n!}$$

n 越大，越接近 e 的真值，要求到最后一项小于 1e−5 为止。

(9)用冒泡排序法对输入的 20 个数进行降序排列并存入数组中,然后输入一个数,查找该数是否在数组中存在,若存在,打印出数组中对应的下标值。

(10)找出一个二维数组中的鞍点,所谓鞍点指该位置上的数在该行最大,在该列最小。注意并不是所有的二维数组都有鞍点。

(11)若有三个字符串 s1,s2,s3,其中:s1 = "abcdef",s2 = "123456",要求用字符数组实现将 s1 的内容复制到 s3 中,并将 s2 的内容添加在 s3 后面,最后输出字符串 s3。

3.解决 1.3 节数据处理任务的相关问题。

(1)需要利用数组存储压强等数据,假定数组的最大长度为 10 000,请定义出该任务所用的全部数组。

(2)截至本章,还未涉及文件读写相关内容,故只能使用任意假定的数据进行程序编写调试。请练习利用循环结构对压强数组进行赋值,共 6 000 个压强点,第 i 个点的压强利用下式计算:

$$p = 5\left[-\left(\frac{i}{6\,000}\right)^2 + \frac{2i}{6\,000}\right] \quad (\text{单位:MPa})$$

第4章 函数和指针

4.1 函　　数

学习了程序的控制结构、语句和基本的数据类型之后,就可以编写简单的 C 程序了。但是如果程序的功能比较多,规模比较大,把所有的程序代码都写在一起,就会使得 main 函数变得复杂,阅读程序和维护程序都变得困难。如果程序中要反复实现某个功能,就要多次编写一段相同的程序代码,从而使得程序代码不简洁。因此,人们考虑将完成某个功能的代码提取出来,单独编写,将来在使用的时候直接"安装"到程序中,如同组装一台计算机一样,主板、CPU、硬盘、内存等都是事前生产好的,在组装时,只需要把各个部件装在一起就可以了。这就是模块化程序设计的思想。

对于大型复杂问题,常常是将其按功能分成若干个较小的子任务,每个子任务就是一个模块,每个模块用来实现一个特定的功能。在 C 程序中,用于实现某个功能模块的程序代码以函数的形式来组织。

4.1.1 函数的概念和定义

1. 函数的概念

在 C 程序中,把实现某种功能的相关的语句组织在一起,并给它们注明相应的名称,利用这种方法把程序分块,这种形式的组合就称为函数,函数名就是给该功能起的名字。函数的使用是通过函数调用来实现的。

在设计一个较大程序时,通常将其分成若干程序模块,每个模块包括一个或多个函数,每个函数实现一个特定的功能。一个 C 程序可由一个主函数(main)和若干个其他函数构成。由主函数调用其他函数,其他函数也可以相互调用。同一个函数可以被一个或多个函数调用任意多次。图 4 - 1 反映了 main 函数与其他函数之间的调用关系。

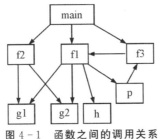

图 4 - 1　函数之间的调用关系

在 C 语言中,系统已经编写了一些函数,实现相应的功能,用户可以在任何程序中使用,这样的函数就是标准库函数。为满足某个特定的需要而由用户自行编写的程序是用户自定义函数。本节主要介绍的都是用户自定义函数的编写。

【例 4.1】 编写一个程序,输出以下结果。

```
* * * * * * * * * * * * * * * * * * * * * * * * * * * * * * * * *
Hello! Welcome to C world!
* * * * * * * * * * * * * * * * * * * * * * * * * * * * * * * * *
```

解题思路:在输入的文字上下分别有一行"＊"号,可以使用一个函数 print_star 来实现输出一行"＊"号的功能。再写一个 print_hello 函数来输出中间一行文字信息。用主函数 main 分别调用者两个函数即可。

程序代码:

```
/ * * * * * * * * * * * * * * * * * * * * * * * * * * * * * * * * * * * * * *
  程序名称:example-4-1
  程序说明:本程序根据要求输出相应的结果
  * * * * * * * * * * * * * * * * * * * * * * * * * * * * * * * * * * * * * * * */
#include<stdio. h>
  void print_star();
  void print_hello();
int main()
{
  print_star();
  print_hello();
  print_star();
}
void print_star()
{
  printf(" * * * * * * * * * * * * * * * * * * * * * * * * \n");
}
void print_hello()
{
  printf(" Hello! Welcome to C world! \n");
}
```

说明:

(1)一个完整的 C 语言程序可以由一个或多个函数组成,但必须有一个且只有一个名为 main 的函数(主函数)。无论 main 函数在什么位置,C 程序总是从 main 开始执行。如果在 main 函数中调用其他函数,在调用结束后流程返回到 main 函数中继续执行。

(2)C 语言中的函数没有从属关系,不能嵌套定义,各函数之间相互独立。

(3)函数在使用过程中,包括以下 3 个步骤:

1)函数声明:函数需要先定义后使用,如果函数的定义位于调用之后,就需要进行声明。

2)函数定义:用 C 语句,或调用其他函数实现它的设计功能。

3)函数调用:对函数的使用。

4.1.2　函数的定义

C语言中的函数是一个独立完成某个功能的语句块,函数与函数之间通过输入参数和返回值(输出)来联系。

从是否给函数传递值来看,可以把函数分为两类:

(1)无参函数:在调用无参函数时,调用函数并不向被调用函数输入数据。

无参函数定义的一般形式:

类型名　函数名()
{
函数定义体
}

(2)有参函数:在调用函数时,在调用函数和被调用函数之间有数据传递。调用函数可以向被调用函数输入数据,也可以从被调函数带回数据。

有参函数定义的一般形式:

类型名　函数名(形式参数列表)
{
函数定义体
}

其中,函数名是一个用户自定义的标识符,命名规则和变量一样。类型名指定了函数值的类型,即函数需要向调用它的函数传递的数据的类型,若函数没有返回值,则类型名为 void。形式参数列表说明需要向函数传递的数据的个数和类型;函数定义体由声明部分和语句部分两部分组成,声明部分用于对函数内所使用的变量进行定义以及对要调用的函数进行声明,语句部分由实现函数功能的语句组成。

例 4.1 中定义了两个无参函数。下面定义的 max 函数是有参函数:

```
float max(float a,float b)
{
    if (a>b) return a;
    else return b;
}
```

4.1.3　函数的调用

定义函数后,就可以使用函数来完成相应的功能了,对函数的使用就是调用函数。

1.函数调用的形式

根据函数是否返回值可以把函数分为有返回值函数和无返回值函数。两种函数的调用形式不同。

(1)无返回值函数的调用。调用无返回值的函数时,把函数调用单独作为一条语句,表示函数只完成相应功能,不返回值。调用的一般形式为:

函数名(实参列表);

若调用的是无参函数,则实参列表也是空的,但()不能省略。若实参列表包含多个实参,则各参数以,分隔。

例如,例 4.1 中定义的 print_star(),就是一个返回值类型为 void 的函数,调用形式就是

print_star();

(2)有返回值函数的调用。因为有返回值的函数会带回一个值,这个值可以参加表达式的运算,也可以作为另一个函数调用的实参,所以有返回值函数调用的形式为:

函数名(实参列表);

而调用的结果还可以继续进行运算。例如,4.1.2 节定义的 max 函数的调用形式可以有以下形式:

c=max(a,b);   //c 为 a 和 b 中的较大者

m=max(max(a,b),c);   //max(a,b),是 a 和 b 中的较大者

2.函数调用时的参数传递

当定义的函数为有参函数时,说明调用的时候需要给这个函数输入数据,即传递数据。定义函数时的参数称为形式参数,简称形参。定义函数时,必须说明形参的类型,即使多个形参类型相同,也要分别进行说明,且参数之间以逗号分隔。形参在该函数未被调用时没有确定的值。发生函数调用时,传递给该函数的数据称为实际参数(即函数名后面括号中的数据),简称实参。实参可以是变量、常量或表达式,有确定的值。

在调用函数的过程中,系统会根据实参的值创建被调函数中的形参,即为形参分配内存单元,并把实参的值传递给形参,形参的值在被调函数运行期间一直有效,可以参加该函数中的运算。

函数的形参和实参要求个数相等,顺序一致,对应类型相同或赋值兼容。

【例 4.2】 编写函数实现打印输出 x 的 n 次方的值,其中 n 是整数,在主函数中调用此函数。

解题思路:由于 x 和 n 都是可变的,所以应该把 x 和 n 都作为函数的参数。而函数中要求打印输出计算结果,函数不需要返回值,因此,函数类型为 void。将函数命名为 power。

程序代码:

```
/***************************************************
程序名称:example-4-2
程序说明:本程序编写函数实现打印输出 x 的 n 次方的值,并在 main 函数中调用
***************************************************/
#include<stdio.h>
void power(int x,int n)
{
    int i;
    int p=1;
```

```
        for(i=1;i<=n;i++)
            p*=x;
        printf("%d 的 %d 次方=%d",x,n,p);
    }
    int main()
    {
        int m;
        int y;
        printf("to compute y^m,please input y and m:");
        scanf("%d %d",&y,&m);
        power(y,m);
        return 0;
    }
```

运行结果:

to compute y^m, please inputy and m:3 7(回车)

3 的 7 次方=2187

程序分析:先定义了函数 power,指定形参为 x 和 n,均为 int 类型。主函数中包含一个函数调用 pow(y,m)。()中的 y 和 m 是实参,是在 main 函数中定义的变量,而 x 和 n 是在 power 函数中定义的参数名称。通过函数调用,main 函数和 power 函数间发生数据传递,实参 y 和 m 的值分别传递给形参 x 和 n,然后在 power 函数中进行计算,打印输出计算结果,函数执行结束返回。

3.函数调用的过程

发生函数调用时,系统完成下面的工作:

(1)执行被调函数的一些初始化工作,并保护调用函数的运行状态和返回地址。

(2)被调函数中的形参,在未被调用时,它们并不占内存中的存储单元。在发生函数调用时,函数的形参被临时分配内存单元。

(3)程序转到被调函数执行。

(4)被调函数执行结束后,若有返回值则保存返回值,并释放形参单元。

(5)程序转到调用函数继续执行,执行调用语句的下一条指令继续执行。

【例 4.3】 编写程序,调用函数 Fact 来计算 m!。其中,m 的值由用户从键盘输入。

/**
程序名称:example-4-3
程序说明:本程序编写函数计算 m!,并在主函数中调用
**/
```
(1)    #include<stdio.h>
(2)    int Fact(int n)
(3)    {
(4)        int i;
(5)        int result=1;
(6)        for(i=2;i<n;i++)
```

(7)　　　result * =i;

(8)　　return result；

(9)}

(10)　int main()

(11)　{

(12)　　int m;

(13)　　int ret;

(14)　　scanf("％d",&m);

(15)　　ret=Fact(m);

(16)　　printf("％d! ＝％d\n",m,ret);

(17)　}

对上面的程序,执行过程可以分为 5 步：

(1)程序从 main 函数开始执行；

(2)当执行到第(15)行 ret＝Fact(m);时,程序转到 Fact 函数执行,先使用 m 的值创建形参 n,为其分配空间；

(3)顺序执行 Fact 函数的各条语句；

(4)当执行完 Fact 函数的 return result;语句时,Fact 函数执行结束,保存返回值,释放形参单元；

(5)程序返回到 main 函数中的第(15)行,将保存的返回值赋值给 ret,然后继续执行下面的语句,直至 main 函数执行结束。

图 4 - 2 给出了函数调用的过程。

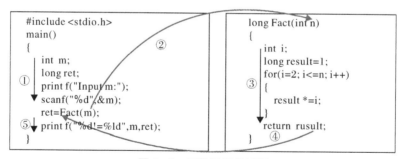

图 4 - 2　函数调用的过程

4. 函数的返回值

函数是完成特定功能的程序段,有的时候通过函数调用完成一系列的操作,而有时调用函数的目的是为了得到一个计算结果,这个计算结果就是函数的返回值,返回值可以由常量、变量、表达式或函数调用的结果构成。

如果函数调用需要返回一个值,那么需要在函数定义中使用 return 语句来返回值。return 语句的格式如下：

return （表达式）；

return 语句的执行过程是先计算表达式的值,再将计算的结果返回给调用函数。

【例 4.4】 编写函数,求 $1+1/2+1/3+\cdots+1/n$ 的值。

解题思路:由于计算结果与 n 有关,并且 n 为可变的,所以应该把 n 作为函数的参数。而计算的结果一定是 double 型的,因此,函数的返回值是 double 型的。而整个计算过程就是一个重复将 $1/i(1\leqslant i\leqslant n)$ 加到累加和的过程。

程序代码:

```
//程序名称:example-4-4
double sum(int n)
{
    int i;
    double s=0.0;
    if(n<=0){printf("The %d is invalid\n",n); return 0;}
    for(i=1;i<=n;i++) s+=1.0/(double)i;
    return s;
}
```

说明:

(1)定义函数时指定的函数类型应和 return 语句中的表达式类型一致。若函数值的类型与 return 中表达式值的类型不一致,则以函数值类型为准。对数值型数据,可以自动进行类型转换。

(2)若一个函数不需要返回值,则定义为 void 类型。对于不需要返回值的函数,函数中可以省略 return 语句,或者写成 return;的形式。

(3)执行 return 语句的结果除了返回值外,还会结束被调函数的运行,返回到调用函数中继续执行后面的语句。

(4)函数的返回值只能有一个,函数返回值的类型可以是除数组之外的任何类型。函数中的 return 语句可以有多个,但并不代表函数有多个返回值。例如,4.1.2 节定义的 max 函数有两条 return 语句,只是表示在不同情况下,函数的返回值不同而已。

4.1.4 函数的声明和函数原型

函数同其他的变量一样,要先定义后使用,如果函数调用的位置在函数定义之前,就需要在调用函数之前对被调用函数进行声明。声明的作用是把函数名、函数参数的个数和参数类型等信息通知编译系统,以便在遇到函数调用时,编译系统能正确识别函数并检查调用是否合法。

函数声明的一般形式为:

    类型名 函数名(参数列表);

例如,对于例 4.2 中的 Fact 函数,可以在 main 函数后面进行定义,但需要在调用函数之前进行函数声明。可以如下的函数声明:

    int Fact(int n);

从函数声明的形式可以看出,函数声明和函数定义的第一行(函数首部)基本相同,只是函数声明比函数首部多了一个分号。而函数的首行(函数首部)称为函数原型。

因为函数声明是为了便于对函数调用的合法性进行检查,所以编译系统只关心和检查参数个数和参数类型,而不检查参数名,因为在调用函数时只要求保证实参类型与形参类型一致,而不必考虑形参名。因此,函数声明中的形参名可以和函数定义中的形参名称不同,甚至可以不写。

例如,Fact 函数的函数声明还可以写成:

　　int Fact(int);

在实际应用中,以下情况可以省略对被调函数的声明:

(1)被调函数的定义在调用函数之前。

(2)在所有函数定义之前,在函数的外部已经对被调函数进行了声明,则调用函数内部不必再次进行声明。

在一个函数中调用另一个函数需要具备如下条件:

(1)被调函数必须是已经定义的函数(库函数或者用户自定义函数)。

(2)如果是库函数,应在文件开头使用 ♯ include 指令将调用的库函数所需要的信息包含到本文件中来。

(3)如果是用户自定义的函数,应有函数声明。

【例 4.5】　输入两个数,求这两个数的较小者。

程序代码:

```
/ * * * * * * * * * * * * * * * * * * * * * * * * * * * * * * * * * * * * * * * *
程序名称:example-4-5
程序说明:本程序计算两个数的较小者
 * * * * * * * * * * * * * * * * * * * * * * * * * * * * * * * * * * * * * * * */
♯ include<stdio. h>
int min(int a,int b);        //函数声明
int main()
{
  int minimum,x,y;
  scanf("%d%d",&x,&y);
  minimum=min(x,y);
  printf("min=%d",minimum);
}
int min(int a,int b)
{
  if(a<b) return a;
  else return b;
}
```

4.1.5 函数的嵌套调用与递归调用

1.函数的嵌套调用

C语言是不支持函数的嵌套定义的，即在一个函数的定义体内不能再定义另一个函数。因此，所有函数的定义都是平行的。但是C语言支持嵌套的函数调用，即在调用一个函数的过程中，又调用另一个函数。函数之间的嵌套调用关系如图4-3所示。

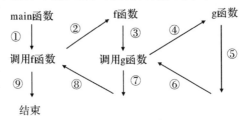

图 4-3 函数的嵌套调用

图4-3表示了两层嵌套的情形。其执行过程是：程序从main函数开始执行，当执行到调用f函数的语句时，即转去执行f函数，在f函数中调用g函数时，又转去执行g函数，g函数执行完毕返回f函数中调用g函数的位置，继续执行f函数剩余的部分，f函数执行完毕后，返回main函数中调用f函数的位置，继续执行main函数的剩余部分直至结束。

【例4.6】 计算 1! ＋2! ＋3! ＋…＋10!。

解题思路：对于这个问题，可编写两个函数，一个是用来计算阶乘的函数fact，另一个是用来计算阶乘和函数factsum。主函数调用factsum求累加的阶乘和，在函数factsum中要循环调用函数fact(i)求数i(1≤i≤10)的阶乘。

程序代码：

```
//程序名称:example-4-6
//程序说明:本程序计算计算1到10的阶乘和
#include<stdio.h>
int fact(int n);
void factSum(int n);
int main()
{
    int num;
    printf("\nInput a number(<=12):");
    scanf("%d",&num);
    factSum(num);
}
void factSum(int n)
{
    int i;
    int s=0;
```

```
    for(i=1;i<=n;i++)
       s+=fact(i);
    printf("\n1! +2! +3! +…+%d! =%d\n",n,s);
}
int fact(int n)
{
    int i;
    int f=1;
    for(i=1;i<=n;i++)
        f=f*i;
    return f;
}
```

2.函数的递归调用

一个函数在调用过程中,又直接或间接地调用该函数本身,称为函数的递归调用。被递归调用的函数称为递归函数。递归调用是一种特殊的嵌套调用,在调用与返回的流程上与函数嵌套调用没有什么区别。例如,图 4-4 中的 f 函数在执行过程中,又调用了 f 函数,这是直接调用。图 4-5 中的函数 f1 在执行过程中,调用 f2 函数,而 f2 函数在执行过程中又调用了 f1 函数,就是间接调用。

从图 4-4 和图 4-5 可以看出,这两种递归调用都是无终止的自身调用。程序中不应该出现这种情况,应该在某种条件下,结束递归调用。因此,所有的递归函数应该有一个递归的终止条件,当条件满足时,结束递归调用。

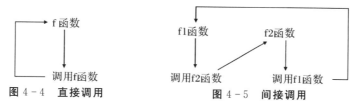

图 4-4 **直接调用**   图 4-5 **间接调用**

【例 4.7】 用递归的方法计算 n 的阶乘。

解题思路:例 4.6 中用循环的方法计算了 $n!$,即从 1 开始,乘 2,再乘 3,一直乘到 n。这种方法称为递推法。下面用递归函数来计算 n 的阶乘。根据阶乘定义,$5! =4! \times 5, 4! =3! \times 4, \cdots, 1! =1$,可以用下面的递归公式表示:

$$n! = \begin{cases} 1 & (n=0,1) \\ n \times (n-1)! & (n>1) \end{cases}$$

可以看出,当 $n>1$ 时,求 n 的阶乘的公式是相同的。图 4-6 表示了求 5! 的过程。

从图 4-6 可以看出,递归的执行可以分为两个阶段:

(1)回溯阶段:原始问题不断转化为规模小一级的新问题,即不断地调用递归函数,不断地由复杂到简单,一直到递归的终止条件,计算函数的值。

(2)递推阶段:从已知条件出发,沿回溯的逆过程,逐一求值返回,直到递归到初始处。计算工作是在返回的过程中逐层进行的。

因此,递归过程不是无限制地进行下去,必须具有一个结束递归过程的条件。

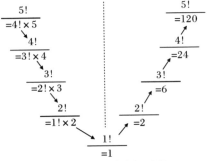

图 4-6　5! 的求解过程

程序代码:

```
/ * * * * * * * * * * * * * * * * * * * * * * * * * * * * * * * * * * * * * * *
程序名称:example-4-7
程序说明:本程序用递归的方法计算 n 的阶乘
 * * * * * * * * * * * * * * * * * * * * * * * * * * * * * * * * * * * * * * */
# include <stdio. h>
int main()
{
    int fac(int n);
    int n;
    int y;
    printf("input an integer number:");
    scanf("%d",&n);
    y=fact(n);
    printf("%d! =%d\n",n,y);
    return 0;
}
int fact(int n)
{
    int f;
    if(n<0)
       printf("n<0,data error!");
    else if(n==0|| n==1)
        f=1;
    else   f=fact(n-1) * n;
    return(f);
}
```

从程序设计的角度考虑,递归算法涉及两个问题:一是递归公式,二是递归的终止条件。递归的过程可以表述为:

　　　　if (递归终止条件)

```
        return (终止条件下的值或操作);
    else
        return(递归公式);
```

递归是一种非常有用的程序设计技术,特别是当事物本身蕴含着递归关系时,采用递归算法是一种最佳的选择。递归的缺点是当递归层次较多时,要占用较多的系统资源,而且递归的进入和退出使系统的执行效率降低。因此,可能情况下,一个问题尽量使用递推算法来代替递归算法。

4.1.6　main 函数

1. main 函数的形式

C 程序是由许多的函数构成的,其中整个程序中必须有一个名为 main 的函数,这个函数是程序的入口,也就是当程序启动时所执行的第一个函数,当这个函数返回时,程序也将终止,并且这个函数的返回值被看作程序成功或失败的标志,如果在到达 main 函数体的末尾时没有遇到返回语句,它就被看成是执行了 return 0;语句。一个 C 程序总是从 main 函数开始执行的。

在 C99 标准中,main 函数有两种标准形式:

```
    int    main(void )    {    }
    int    main(int    argc ,char    argv[][]) { }
```

或

```
    int    main(int    argc ,char    * * argv) { }
```

2. main 函数的参数

在第一种形式中,main 函数是不带参数的,而在第二种形式中,main 函数可以有两个参数,而这两个参数是由操作系统调用程序的时候,将从命令行获得的字符串作为参数传递给 main 的,第一个参数 argc 表示传递给 main 函数的参数的个数,argv 表示传递给 main 的字符串数组。

【例 4.8】　下面的程序打印命令行参数,从中可以看到命令行参数在 argc 和 argv 中的体现。

```
/ * * * * * * * * * * * * * * * * * * * * * * * * * * * * * * * * * * * * * * * * * *
程序名称:example-4-8
程序说明:本程序打印命令行参数
* * * * * * * * * * * * * * * * * * * * * * * * * * * * * * * * * * * * * * * * * */
#include<stdio. h>
int main(int argc,char argv[][])
{
    int iCount=0;
    for(;iCount<argc;iCount++)
        printf("arg%d: %s",iCount,argv[iCount]);
```

```
        return 0；
    }
```

运行结果：

  C＞example-4-8 hello my friend

  arg0：example-4-8

  arg1：hello

  arg2：my

  arg3：friend

从结果可以看出，操作系统会将运行的程序名作为第一个字符串传递给 main 函数，然后各个字符串之间以空格分隔，所有字符串的个数 4 就是 argc 的值。argv 里面存放的就是命令行中输入的各个字符串。

3. main 函数的返回值

一般说来，main 函数返回程序运行的状态，通常程序返回 0，表示程序是正常执行结束的，也可以返回其他值来表示程序终止。例如：

```
        int main()
        {
            //…
            return 1；
        }
```

程序执行到最后，返回 1。用户也可以使用 exit 函数终止程序的执行，可以返回用户设定的值。例如：

```
        exit(1)；
```

程序结束，返回状态 1。exit 函数的调用，意味着程序终止，返回到操作系统。而 return 语句表示从当前函数返回，退到上一层调用处。

4.2 指 针

程序中定义变量的含义是为其分配内存单元，而这些内存单元是有地址的，说明变量的存储单元的位置。而用于操纵地址的特殊类型的变量就是指针。正确使用指针，可以有效地表示复杂的数据结构，可以访问内存单元和堆内存，可以对各种不同的数据结构进行快速处理，也为函数间各类数据的传递提供了简捷的方法。使用指针，可以编制出简洁明了、功能复杂、高效的程序。

4.2.1 指针的概念

在计算机中，所有的数据都是存放在存储器中的。一般把存储器中的一个字节称为一个内存单元，不同的数据类型所占用的内存单元数不等，Visual C＋＋为整型变量分配 4 个单元,为字符变量分配 1 个单元。为了正确地访问这些内存单元,必须对每个内存单元进行编号,每个内存单元都有唯一的编号,这个编号就是内存单元的地址。因为根据地址就可以找到所需的内存单元,所以也把这个地址称为指针。

　　内存单元的指针和内存单元的内容是两个不同的概念。可以用一个通俗的例子来说明它们之间的关系。我们到商场存包时,对应于存包的柜子会给出一张带条码的纸,上面还记录了柜子的位置。在这里,带条码的纸上标明的柜子的位置就是柜子的指针,我们存的东西是柜子的内容。对于一个内存单元来说,单元的地址即为指针,其中存放的数据才是该单元的内容。

　　在 C 语言中,允许用一个变量来存放指针,这种变量称为指针变量。因此,一个指针变量的值就是某个内存单元的地址或称为某内存单元的指针。图 4-7 中,有字符变量 C,其内容为“K”(ASCII 码为十进制数 75),C 占用了 011A 号单元(地址用十六进制数表示)。设有指针变量 P,内容为 011A,这种情况称为 P 指向变量 C,或说 P 是指向变量 C 的指针。严格地说,一个指针是一个地址,是一个常量。而一个指针变量却可以被赋予不同的指针值,是变量。但通常把指针变量简称为指针。为了避免混淆,人们约定:“指针”是指地址,是常量,“指针变量”是指取值为地址的变量。定义指针的目的是通过指针去访问内存单元。

图 4-7　变量 C 和 P 在内存中的存储示意图

4.2.2　指针变量的定义和使用

从 4.1 节可以知道,存放地址的变量是指针变量,它用来指向另一个对象。

1.指针变量的定义

与简单变量一样,指针变量也是先定义,后使用。定义指针变量的一般形式为:

　　　类型名　 * 指针变量名;

例如:

　　　int * ip;　　　//ip 是一个整型指针变量

　　　char * cp;　　　//cp 是一个字符型指针变量

其中,指针变量定义中的“ * ”表示该变量的类型为指针类型,类型名用来规定此指针变量可以指向的变量的类型。例如,ip 只能指向整型的变量,cp 只能指向字符型变量。

2.指针变量的初始化

上面的定义并没有指定 ip 和 cp 两个指针指向什么位置,因此两个指针变量中所存放的地址是随机的,与变量一样,也可以在定义时对其初始化。例如:

　　　int a＝8;

```
        int * ip＝&a;     //定义指针变量 ip,指向变量 a
        char ch＝′A′;
        char * cp＝&ch;      //定义指针变量 cp,指向变量 ch
```

其中:"&"为取地址运算;&a 表示取变量 a 的地址值;&ch 表示取变量 ch 的地址值。

3.指针变量的使用

指针变量的使用包括给指针变量赋值,引用指针变量指向的变量和移动指针。

(1)给指针变量赋值。如果在定义指针变量的时候,没有指定其指向的位置,也可以在定义指针变量之后,对指针变量进行赋值,来规定指针变量指向的位置。例如:

```
        int a＝10, * ip;
        ip＝&a;
        char ch＝′A′, * cp;
        cp＝&ch;
```

(2)引用指针变量指向的变量。ip 指向 a 后,就可以通过指针 ip 间接访问它所指向的变量 a 了。例如:

```
        * ip＝30;
```

等价于

```
        a＝30;
```

同样地,下面两条语句的输出结果是一样的。

```
        printf("%d", * ip);   //间接访问,输出变量 a 的值
        printf("%d",a);       //直接访问,输出变量 a 的值
```

(3)移动指针。指针的移动主要体现在通过指针引用数组时指针变量的变化,详见4.2.3节。

【例 4.9】 使用指针的间接访问方式,将键盘输入的两个整数分别存入变量 a 和 b 中,然后按由小到大的顺序输出。

解题思路:使用两个指针变量分别指向两个变量,不交换两个变量的值,而是交换两个指针变量的值。

程序代码:

```
//程序名称:example-4-9
//程序说明:本程序通过指针的间接访问按从小到大顺序输出两个整数
#include<stdio. h>
int main()
{
    int a,b, * pa, * pb, * p;
    printf("please input two intergers:");
    scanf("%d,%d",&a,&b);
    pa＝&a;
    pb＝&b;
    if( * pa＜ * pb)
```

```
{ p＝pa;pa＝pb;pb＝p;}
pritnf("max＝%d,min＝%d\n", * pa, * pb);
return 0;
}
```

程序分析:假设从键盘输入 a＝6,b＝9,则交换过程如图 4-8 所示。

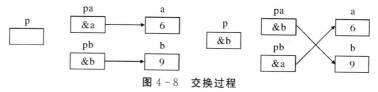

图 4-8　交换过程

关于指针使用的说明:

(1)指针变量中只能存放地址,不能将一个整数赋予一个指针变量。例如:

　　int * p＝2000;

或

　　int * cp; cp＝2008;

这些都是不正确的赋值。

(2)对指针变量的赋值,赋值号左边的应该是指针变量名,而不能对指针变量进行间接访问操作。例如:

　　p＝&a;　//正确的赋值

　　int * p;　* p＝100;　//这是指针的间接访问,而不是赋值操作

(3)一个指针变量只能指向同类型的变量。

4.指针变量作函数参数

函数的参数不仅可以是整型、浮点型、字符型数据,还可以是指针类型数据。指针变量作为函数的实参时,传递的是指针所指向的变量的地址。

【例 4.10】　题目要求同例 4.9,即对输入的两个整数按由小到大顺序输出。现用函数处理,而且用指针类型的数据作函数参数。

解题思路:定义函数 swap,使用两个指向整数的指针变量作为函数参数,函数体中通过指针实现两变量的交换。然后在主函数中,将两个整型变量的地址传递给 swap 函数作实参。

程序代码:

```
//程序名称:example-4-10
//程序说明:本程序编写函数 swap 通过指针实现两变量的交换
#include<stdio. h>
void swap(int * p,int * q);
int main()
{    int a,b;
     printf("please input two integers:");
```

```
        scanf("%d,%d",&a,&b);
        if(a<b) swap(&a,&b);
        printf("max=%d,min=%d\n",a,b);
        return 0;
}
void swap(int * p,int * q)
{
        int t= * p;
        * p= * q;
        * q=t;
}
```

运行结果:

    please input two integers:6,9

    max=9,min=6

程序分析:程序运行时,先执行 main 函数,输入 a 和 b 的值,分别为 6 和 9。因为 6<9,所以调用函数 swap,将变量 a 和 b 的地址作为实参传递给形参 p 和 q,即指针变量 p 的值为 &a,q 的值为 &b。接着执行 swap 的函数体,使 * p 和 * q 的内容互换,也就是使 a 和 b 的值互换。因此,在 main 函数中输出的 a 和 b 的值经过了交换。交换情况如图 4-9 所示。

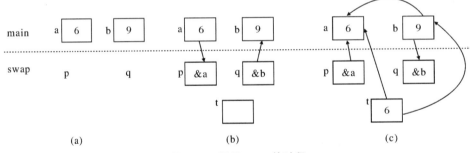

图 4-9　调用 swap 的过程

(a)调用 swap 之前;(b)调用 swap 时的参数传递;(c)在 swap 中进行交换

如果 swap 函数不使用指针类型作函数参数,那么是否能够将 main 函数中的变量 a 和 b 交换呢? 看下面的程序。

```
/ * * * * * * * * * * * * * * * * * * * * * * * * * * * * * * * * * * * * * *
程序名称:example-4-10-2
程序说明:本程序编写函数 swap 使用传值参数进行两变量的交换
 * * * * * * * * * * * * * * * * * * * * * * * * * * * * * * * * * * * * * * */
#include<stdio.h>
void swap(int x,int b);
int main()
{   int a,b;
    printf("please input two integers:");
```

```
    scanf("%d,%d",&a,&b);
    if(a<b ) swap(a,b);
    printf("max=%d,min=%d\n",a,b);
    return 0;
}
void swap(int x,int y)
{
    int t=x;
    x=y;
    y=t;
}
```

运行结果为：

　　please input two integers：6,9

　　max＝6,min＝9

为什么会出现这样的结果呢？因为程序运行时,先执行 main 函数,输入 a 和 b 的值,分别为 6 和 9。因为 6<9,所以调用 swap 函数,将变量 a 和 b 的值作为实参传递给形参 p 和 q,即变量 x 的值为 6,y 的值为 9。接着执行 swap 函数的函数体,使 x 和 y 的内容互换,但是 a 和 b 的值并没有发生变化。因此,在 main 函数中输出的 a 和 b 的值没有经过交换。交换情况如图 4-10 所示。

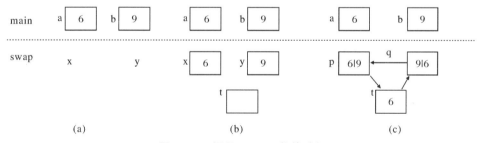

图 4-10　调用 swap 函数的过程

(a)调用 swap 函数之前;(b)调用 swap 函数时的参数传递;(c)在 swap 函数中进行交换

从上面的例 4.8 可以看出,当函数的形参为值的形式(如 int x)时,因为发生函数调用时参数传递是根据实参的值创建形参(int x＝a),形参单元和实参单元之间除了值相同外没有关联,这样函数中修改的只是形参所对应的内存单元,实参单元不会发生任何改变,这种数据的传递是单向的,这种参数的传递方式称为"传值"。单向传递的"传值",形参值的改变不能改变实参值。当函数的形参为指针的形式时(如 int &p),参数传递时根据实参创建形参(如 int &p＝a),形参指针变量指向实参单元,因此程序中出现对 *p 的修改就是对实参 a 的修改。这种数据的传递是双向的,称这种参数的传递方式为"传地址"。

为了使在函数中改变了的变量值能被 main 函数所用,应该使用指针变量作为函数参数,在函数执行过程中使指针变量所指向的变量值发生变化,函数调用结束后,这些变量值的变化仍然保留下来,从而实现了通过在被调函数中改变变量值以达到在调用函数中同样被修改的目的。

注意:函数使用"传地址"的参数传递时,函数体中不能通过修改指针值来达到实参单元的变化。

若交换函数 swap 的代码写成下面的形式,则依然改变不了实参单元的值:

```
/ * * * * * * * * * * * * * * * * * * * * * * * * * * * * * * * * * * * * * *
程序名称:example-4-10-3
程序说明:本程序演示错误的两变量的交换
* * * * * * * * * * * * * * * * * * * * * * * * * * * * * * * * * * * * * * */
#include<stdio.h>
void swap(int * p,int * q);
int main()
{
    int a,b;
    printf("please input two integers:");
    scanf("%d,%d",&a,&b);
    if(a<b ) swap(&a,&b);
    printf("max=%d,min=%d\n",a,b);
    return 0;
}
void swap(int * p,int * q)
{
    int * t=p;
    p=q;
    q=t;
}
```

程序运行时,先执行 main 函数,输入 a 和 b 的值,分别为 6 和 9。因为 6<9,所以调用 swap 函数,将变量 a 和 b 的地址作为实参传递给形参 p 和 q,即指针变量 p 的值为 &a,q 的值为 &b。接着执行 swap 函数的函数体,使 p 和 q 的值互换,而实参 a 和 b 的值没有发生改变。因此,在 main 函数中输出的 a 和 b 的值没有经过交换。交换情况如图 4-11 所示。

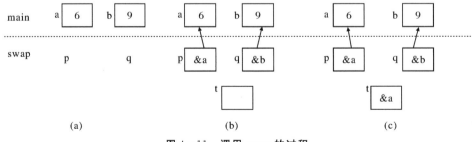

图 4-11　调用 swap 的过程

(a)调用 swap 函数之前;(b)调用 swap 函数时的参数传递;(c)在 swap 函数中进行交换

由此,我们得到要想在函数调用时通过形参的改变修改实参的值,首先要使用指针作为被调函数的形参,然后在被调函数中修改指针指向单元的内容,而不是修改指针的值,这样才能在调用函数中得到修改后的实参。

4.2.3 指针与数组

C语言中指针和数组关系非常密切,引用数组元素可以使用数组下标,也可以使用数组元素的地址,即数组元素的指针。

1.数组元素的指针和数组的指针

一个变量的指针代表该变量的地址,每个数组元素在内存中也都占有存储空间,都有相应的地址,数组元素的地址也叫数组元素的指针。

我们可以用一个指针变量指向某个变量,也可以用指针变量指向某个数组元素。例如:

  int arr[5]={1,3,5,7,9};

  int * ip=&arr[3];

同样地,一个数组在内存中存放时有一个起始地址,称为数组的首地址,C语言中用数组名来表示数组的首地址,也是第一个数组元素的起始地址。例如,arr 代表数组的首地址,也是 arr[0]的首地址。也可以用一个指针变量指向一个数组,就代表该指针变量指向的是数组中的第一个元素。因此,语句 int * ip=arr;与 int * ip=&arr[0];是等价的。

2.引用数组元素时指针的运算

因为指针代表一个地址,所以指针能够进行的操作是与数值型数据不同的。数值型数据可以进行加、减、乘、除等算术运算,而对一个地址进行乘、除运算是没有什么意义的。但是可以在一定条件下,对指针进行加、减运算。

C语言规定,arr+i 表示数组元素 arr[i]的地址,即 arr+i 指向数组元素 arr[i]。若有指针 p 的初值为 &arr[0],则 p+i 就是 arr[i]的地址 &arr[i](i=0,1,2,…,4),p+i 表示的地址实际上是 p+i×d,其中 d 为一个数组元素所占的字节数。因此,如果 p 指向数组中的一个元素而且不是最后一个元素,p+1 就指向该数组中的下一个元素,如图 4-12 所示。

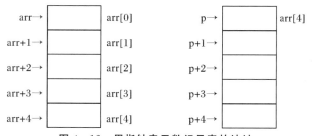

图 4-12 用指针表示数组元素的地址

当指针变量指向数组元素时,可以对指针变量进行如下的运算:

(1)p+n 或者 p−n;

(2)自增运算或自减运算,如 p++,++p, −−p, p−−;

(3)上述运算和间接访问操作的混合,如 *(p++), *(++p)等;

(4)两指针变量相减,要求两个指针指向同一个数组的元素。

关于指针变量进行的运算,分别说明如下:

(1)若指针变量 p 指向数组中的一个元素,则 p+n 表示将指针从当前位置下移 n 个数组元素后的位置,p−n 表示将指针从当前位置上移 n 个元素后的位置。需要注意的是,指针变量 p 没有发生变化。

(2)p++的含义是先取 p 的值作表达式的值,然后 p 指针移动到数组中下一个元素的位置。而++p 的含义是先将 p 指针移动到数组中下一个元素的位置,然后取 p 的值作表达式的值。当增量运算与间接访问操作(" * ")结合时要特别注意。 * (p++)表示先对 p 进行" * "操作,再使 p 移动到数组中下一个元素的位置; * (++p)表示先使 p 移动到数组中下一个元素的位置,再对 p 进行" * "操作。

需要注意的是,虽然数组名代表数组的首地址,是数组的指针,但是它是一个固定的地址,不能进行修改。例如,不能进行 arr++这样的运算。

3.使用指针引用数组元素

引入指针后,引用数组中的元素可以有两种方法:

(1)下标法:如 arr[i]的形式,使用下标法简单、直观。

(2)指针法:如指针 p 指向数组 arr 中的第 i 个元素,则 * p 就表示 arr[i]。指针法比较灵活,运算速度快。

例如,有数组定义如下:

    int arr[5];

    int * p=arr;

则指针和数组之间有如下关系:

    arr+i==&arr[i]==p+i   (i=0,1,…4)

    arr[i]== * (arr+i)== * (p+i)==p[i] (i=0,1,…4)

【例 4.11】 有一个整型数组 data,含有 6 个元素,使用各种方法输出数组中的全部元素。

解题思路:可以使用如下方法访问数组元素:数组名下标法、指针变量下标法、数组名指针法、指针变量指针法、指针变量移动法。

程序代码:

```
/* * * * * * * * * * * * * * * * * * * * * * * * * * * * * * * * * * * * * *
程序名称:example-4-11
程序说明:本程序使用各种方法访问数组元素
 * * * * * * * * * * * * * * * * * * * * * * * * * * * * * * * * * * * * * */
#include<stdio. h>
int main()
{
    int data[6]={0,3,6,9,12,15};
    int * p=data,i;
    for(i=0;i<6;i++)
      printf("%d   ",data[i]);        //数组名下标法
```

```
        printf("\n");
        for(i=0;i<6;i++)
          printf("%d  ",*(data+i));    //数组名指针法
        printf("\n");
        for(i=0;i<6;i++)
          printf("%d  ",p[i]);         //指针变量下标法
        printf("\n");
        for(i=0;i<6;i++)
          printf("%d  ",*(p+i));       //指针变量指针法
        printf("\n");
        for( ;p<(data+6);p++)
          printf("%d  ",*p);           //指针变量移动法
        printf("\n");
        return 0;
    }
```

运行结果:

```
0  3  6  9  12  15
0  3  6  9  12  15
0  3  6  9  12  15
0  3  6  9  12  15
0  3  6  9  12  15
```

程序分析:从结果可以看出,几种访问数组的方法都可以遍历数组中的元素,但是这几种方法的执行效率不同,其中前 4 种方法的执行效率相同,因为 C 编译系统就是将 data[i] 转换为 *(data+i)来处理的。而最后方法中,通过指针的移动来访问数组元素,不需要每次都重新计算地址,所以程序的运行效率较高。

4. 数组名作函数参数

前面的函数定义中,我们看到,函数参数可以是整型数据、字符型数据等基本类型数据,也可以是指针类型数据。当我们需要给函数传递一组数据的时候,就需要使用数组名作函数参数,这样在函数调用时,实际传递给函数的是该数组的起始地址。而被调函数的形参,既可以是数组,也可以是指针。

函数形参和实参形式可以有如下几种:

(1)实参和形参都用数组名。

```
    void printArray(int arr[],int size)
    {
        for(int i=0;i<size;i++)
          printf("%d  ",arr[i]);
        printf("\n");
```

```
    }
    int main()
    {
        int data[6]={1,3,5,7,9,11};
        printArray(data,6);
    }
```

(2)实参用数组名,形参用指针。

```
    void printArray(int * arr,int size)
    {
        for(int i=0;i<size;i++)
            printf("%d   ", * (arr+i));
        printf("\n");
    }
    int main()
    {
        int data[6]={1,3,5,7,9,11};
        printArray(data,6);
    }
```

(3)实参用指针,形参用数组名。

```
    void printArray(int arr[],int size)
    {
        for(int i=0;i<size;i++)
            printf("%d   ",arr[i]);
        printf("\n");
    }
    int main()
    {
        int data[6]={1,3,5,7,9,11};
        int * p=data;
        printArray(p,6);
    }
```

(4)形参和实参都用指针。

```
    void printArray(int * arr,int size)
    {
        for(int i=0;i<size;i++)
            printf("%d   ", * (arr+i));
```

```
        printf("\n");
    }
    int main()
    {
        int data[6]={1,3,5,7,9,11};
        int * p=data;
        printArray(p,6);
    }
```

使用数组作函数参数是非常有用的,如果某个函数要对一组数据进行处理(如查找、排序等),就需要将数组传递给函数,此时传递的是数组的首地址。但是要注意的是,参数中的数组名只是告诉了编译器要处理的这组数据的首地址,所以还需要传递一个数组长度,告诉编译器要处理的这组数据的个数。

【例 4.12】 定义一个函数,对 10 个整数按由小到大的顺序排序。

解题思路:定义函数 sort 使用第 3 章讲过的冒泡排序法对整数进行排序。在主函数中定义数组 a 存放 10 个整数,调用 sort 函数进行排序,排序之后输出数组元素。

程序代码:

```
//程序名称:example-4-12
//程序说明:本程序对 10 个整数按由小到大的顺序排序
#include<stdio.h>
void sort(int v[],int n);
int main()
{
    int i, * p,a[10];
    printf("please input 10 integers: ");
    for(i=0;i<10;i++)
        scanf("%d ",a[i]);
    p=a;
    sort(p,10);
    printf("the sorted integers: ");
    for(p=a;p<(a+10);p++)
        printf("%d   ", * p);
    printf("\n");
    return 0;
}
void sort(int v[],int n)
{
    int i,j,k,t;
    for(i=0;i<n-1;i++)
```

```
        for(j=0;j<n-1-i;j++)
          if(v[j]>v[j+1])
          {
              t=v[j]; v[j]=v[j+1]; v[j+1]=t;
          }
      }
```

运行结果：

please input 10 integers:12 29 87 34 65 0 -13 8 42 73

the sorted integers:-13 0 8 12 29 34 42 65 73 87

程序分析：sort 函数中用数组名作为形参，用下标法引用形参数组元素，也可以使用指针作为形参。sort 函数的函数首部可以改为

void sort(int * v,int n);

而函数体不变，这种形式和上面的程序等价。

5.使用指针引用字符串

前面介绍了字符串，可以使用字符数组来表示字符串。而数组可以用指针进行访问，因此通过指针，可以更加灵活方便地使用字符串。

(1)用字符指针指向一个字符串。第 3 章介绍了字符串和字符数组，我们知道，可以使用字符数组存放一个字符串，可以通过数组名和下标引用字符串中的一个字符。在 C 语言中，还可以定义一个字符指针变量，指向一个字符串常量，通过该字符指针变量来引用字符串中的字符。

【例 4.13】 通过字符指针变量引用一个字符串。

程序代码：

```
/* * * * * * * * * * * * * * * * * * * * * * * * * * * * * * * * * * * * *
程序名称:example-4-13
程序说明:本程序通过字符指针变量引用一个字符串
* * * * * * * * * * * * * * * * * * * * * * * * * * * * * * * * * * * * */
#include<stdio.h>
int main()
{
    char * str="This is a C program";
    printf("%s\n",str);
    for(int i=0;str[i]! ='\0';i++) printf("%c",str[i]);
    printf("\n");
    for (;* str! ='\0';str++) printf("%c", * str);
    printf("\n");
}
```

运行结果：

This is a C program

This is a C program

This is a C program

程序分析：

程序中定义了一个字符指针变量 str,用字符串常量对其进行初始化。C 语言对字符串常量是按字符数组处理,在内存中开辟了一个字符数组存放该字符串常量,但这个字符数组没有名字,不能通过数组名来引用,只能通过指针变量来引用。

字符指针变量 str 的初始化,实际上是把字符串中第一个字符的地址赋给指针变量 str,如图 4-13 所示。

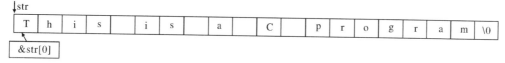

图 4-13　字符指针变量

字符指针变量的初始化,也可以采用先定义字符指针变量,后赋值的形式。上面的字符指针变量 str 的初始化语句等价于下面的两条语句：

```
char * str;
str="This is a C program";
```

也可以对指针变量进行再次赋值,例如：

```
str="you are my friends!";
```

上面的语句表示 str 指向字符串"you are my friends!",而不再指向"This is a C program"了,即不能通过 str 引用字符串"This is a C program"了。

通过字符指针变量可以输出该指针变量所指向的字符串,例如：

```
printf("%s\n",str);
```

系统输出字符指针变量时,会从该字符指针变量所指向的字符串的第一个字符开始,依次输出,直到遇到字符串结束标志'\0'为止。

注意：只有字符指针指向的字符序列以'\0'结尾时,才可以使用"%s"的方式进行输出。

(2)字符指针作函数参数。如果想把一个字符串从一个函数传递到另一个函数,可以使用字符指针作函数参数,在函数调用时,实际传递给被调函数的是该字符串的起始地址。这样,在被调用函数中可以对字符串进行处理,在主调函数中可以引用改变后的字符串。

【例 4.14】　编写函数 str_compare 实现字符串的比较。

解题思路：两个字符串的比较过程是,首先取出两个字符串的第 1 个字母,比较其 ASCII 码,ASCII 码值大的字符串大,若第 1 个字符相同,则比较第 2 个字符……,直到遇到不相同的字符,得出其大小。若第 1 个字符串所有字符和第 2 个字符串对应字符相等,长度相同,则两字符串相等,否则较长的字符串比较大。

程序代码：

```
/ * * * * * * * * * * * * * * * * * * * * * * * * * * * * * * * * * * * * * * * * * * * * * * * * * *
程序名称:example-4-14
程序说明:本程序实现字符串的比较
```

```
**********************************************/
#include <stdio. h>
#include <stdlib. h>
int str_compare(char * s1,char * s2);//声明变量及函数
int main()
{
        int ret;
        char str1[80],str2[80];
        printf("请输入一个字符串:");
        scanf("%s",str1);      //输入字符串 1
        printf("请输入另一个字符串:");
        scanf("%s",str2);      //输入字符串 2
        ret=str_compare(str1,str2);         //比较字符串
        if (ret>0)        //根据结果,输出
        {
            printf("第 1 个字符串大于第 2 个字符串! \n");
        }
        else if (ret<0)
        {
            printf("第 1 个字符串小于第 2 个字符串! \n");
        }
        else
        {
            printf("第 1 个字符串等于第 2 个字符串! \n");
        }
        return 0;
    }
    int str_compare(char * s1,char * s2)      //自定义函数
    {
        while( * s1! ='\0'&& * s2! ='\0')
          if( * s1- * s2)
              return * s1- * s2;
          else
          {
              s1++;   s2++;
          }
        if( * s1! ='\0') return 1;
        else if( * s2! ='\0') return -1;
        else return 0;
    }
```

运行结果:

　　请输入一个字符串：hello

　　请输入另一个字符串：hell

　　第 1 个字符串大于第 2 个字符串！

　　程序分析：形参用字符指针变量，在 main 函数中，str1 和 str2 是字符指针变量，分别指向输入的字符串"hello"和"hell"的首字符，然后通过移动指针变量，找到字符串中的字符进行比较。若比较的当前字符不同，则当前字符 ASCII 码值大的对应字符串大，若比较到其中一个字符串结束，则剩余的字符串较大，若两个字符串长度相同且比较到两字符串结束，则说明两个字符串相等。

4.2.4　指针与函数

　　指针与函数的关系主要包括：①函数的返回值为指针类型；②指向函数的指针。

　　1. 函数的返回值为指针类型

　　一个函数的返回值不仅可以是整型、浮点型、字符型和结构类型的数据，还可以是指针类型的数据。返回指针类型的函数定义格式为：

　　　　类型名 ∗　函数名（［参数表］）

　　　　{

　　　　函数定义体

　　　　}

　　例如：

```
int * func()
{
    int * p;
    ......
    return p;
}
```

　　【例 4.15】　编写函数实现，对于一个整数数组，查找数组中的最大值，并返回最大元素的地址。

　　解题思路：在主函数中定义一个包含 10 个整数的数组，然后定义函数 max，利用打擂台的方法求解整数数组的最大值，最后返回最大值的地址。

　　程序代码：

```
/ * * * * * * * * * * * * * * * * * * * * * * * * * * * * * * * * * * * * * * * * *
程序名称：example-4-15
程序说明：本程序查找数组中的最大值，并返回最大元素的地址
/ * * * * * * * * * * * * * * * * * * * * * * * * * * * * * * * * * * * * * * * * */
#include<stdio. h>
int * search(int arr[],int size);
int main()
```

```
    {
        int a[]={12,65,32,-14,7,19,28,79,96,33};
        int * p=search(a,10);
        printf("the max in the array is:%d\n", * p);
    }
    int * search(int arr[],int size)
    {
        int k=0;
        for(int i=1;i<size;i++)
            if(arr[i]>arr[k]) k=i;
        return &arr[k];
    }
```

2. 指向函数的指针

函数在内存中也占据一定的存储空间并有一个入口地址(函数开始运行的地址),这个地址称为函数的指针。可以用一个指针变量来存放该函数的入口地址,此时称该指针指向这个函数,并称该指针变量为"指向函数的指针变量",简称"函数指针"。

同函数类似,函数指针也有不同类型,可以说有多少种类型的函数,就有多少种类型的函数指针。例如:

```
        int f(int);
        double max(double,double);
        void g(char);
        void fun();
```

函数是以参数个数、参数类型、参数顺序甚至返回类型的不同来区分的。因此,函数的类型表示就是函数声明去掉函数名。上面的函数,f 函数的类型为 int (int),max 函数的类型为 double (double,double)。声明一个 int (int)类型的 f1 函数,就是把函数名放在返回类型和括号之间"int f1(int)"。因此,声明一个 int(int)类型的函数指针 gp,就是把指针名放在返回类型和括号之间,语句为:

```
        int( * gp)(int);
```

注意,上面是定义函数指针的语句,不是函数声明,函数指针一定要用括号括起来。* gp 是一个整体,它描述一个指针。而

```
        int * gp(int);
```

表示声明一个含有一个整数参数,返回一个整数指针的函数。

与其他指针的定义一样,函数指针定义后,必须给它赋值,即让它指向一个函数,才能使用这个指针。在 C 语言中,规定函数名代表函数的入口地址,因此,可以用函数名给指向函数的指针变量赋值,但要注意二者的类型一致。

例如,对函数指针 gp,可以指向 f 函数,语句为:

```
        gp=f;
```

也可以在定义时进行初始化,语句为:

```
int( * gp)(int)＝f;
```

因为函数指针是用来表示函数的入口地址的,所以可以使用函数指针来调用函数。通过函数指针来调用函数的一般形式如下:

```
( * 函数指针)(实参表);
```

例如,调用 f 函数,一种方式是用函数名的方式调用,另一种方式是用指向该函数的函数指针调用,调用语句分别为:

```
f(n);        //n 为整型数,以函数名方式调用
( * gp)(n); //n 为整型数,以函数指针方式调用
```

【例 4.16】 使用函数指针进行功能选择。

程序代码:

```
/ * * * * * * * * * * * * * * * * * * * * * * * * * * * * * * * * * * * * * * * * * * * *
程序名称:example-4-16
程序说明:本程序使用函数指针进行功能选择
* * * * * * * * * * * * * * * * * * * * * * * * * * * * * * * * * * * * * * * * * * * * */
void FileFunc();
int main()
{
    void ( * funcp)();
    funcp＝FileFunc;
    ( * funcp)();
    funcp＝EditFunc;
    ( * funcp)();
}
void FileFunc()
{
    printf("FileFunc\n");
}
voidEditFunc()
{
    printf("EditFunc\n");
}
```

运行结果:

```
FileFunc
EditFunc
```

数据指针除了进行参数传递外,还可以用于动态内存的分配和回收,而函数指针的主要用途就是作为函数参数把函数的地址传递到其他函数。这样,就可以根据不同的输入执行不同的操作。

【例 4.17】 根据用户输入运算符的不同,对两个整数执行不同的运算。

解题思路:这个例子主要说明怎样使用函数指针变量。定义两个函数 add 和 substract,分别用来进行加法和减法运算。在主函数中根据用户输入的运算符是'+'还是'-',使指针变量分别指向 add 函数和 substract 函数。

程序代码:

```
/* * * * * * * * * * * * * * * * * * * * * * * * * * * * * * * * * * * * * * *
程序名称:example-4-17
程序说明:本程序根据用户输入运算符的不同,对两个整数执行不同的运算
* * * * * * * * * * * * * * * * * * * * * * * * * * * * * * * * * * * * * * */
#include <stdio.h>
int add(int x, int y);
int subtract(int x, int y);
int domath(int ( * mathop)(int, int), int x, int y);
//加法
int add(int x, init y) {
    return x+y;
}
//减法
int subtract(int x, int y) {
    return x-y;
}
//根据输入执行函数指针
int domath(int ( * mathop)(int, int), int x, int y) {
    return ( * mathop)(x, y);
}
int main(){
    char ch;
    scanf("%c", &ch);
    switch(ch)
    {
      case '+': int a = domath(add, 10, 2);
                printf("Add gives: %d\n", a);
                break;
      case '-':  int b = domath(subtract, 10, 2);
                printf("Subtract gives: %d\n", b);
                break;
    }
}
```

运行结果:

(1)输入'+',调用 add 函数:

　　Add gives: 12

(2)输入'+',调用 substract 函数:

Subtract gives：8

程序分析：在定义函数 domath 时，其中的第一个参数 int（＊mathop）(int，int)是指向函数的指针，该函数是整型函数，有两个整型形参。add，substract 是已定义的两个函数，分别用来实现求两数之和、两数之差的功能。当输入 ch 为′＋′时，调用 domath 函数，除了将10，2 作实参，将两个整数传给 domath 函数的形参 x 和 y 外，还将函数名 add 作实参将入口地址传送给 domath 函数中的形参 mathop。此时，domath 函数中的(＊mathop)(x，y)相当于 add(x，y)。若输入 ch 为′－′，则调用 domath 函数，将函数名 substract 作实参将入口地址传送给 domath 函数中的形参 mathop。此时，domath 函数中的(＊mathop)(x，y)相当于 substract(x，y)。

4.3　预编译指令

C 语言中的编译预处理扩充了语言的功能，它包括文件包含、宏替换和条件编译等。所谓预处理是指在对源程序进行编译之前，先对源程序中的编译预处理命令进行处理，然后再将处理的结果和源程序一起进行编译，以得到目标代码。

4.3.1　文件包含♯include 命令

文件包含是指一个源文件可以将另一个源文件包括进来。前面章节中我们已经使用过这个功能，如 ♯include＜stdio. h＞。

文件包含的一般形式如下：

　　　♯include ＜文件名＞　　　或　　　♯include "文件名"

其功能是用相应文件中的全部内容替换该预处理语句。一般将该控制行放在源文件的起始部分。

例如，图 4－14(a)表示预处理前两文件的情况：文件 file1. c，它有一条 ♯include"file1. h"命令及其他内容 A，另一文件 file1. h，文件内容为 B。在编译预处理时，对 ♯include 命令进行"文件包含"处理：用 file1. h 的全部内容替换文件 file1. c 中的 ♯include"file1. h"命令，得到图 4－14(b)所示的结果，然后由编译系统对"包含"以后的 file1. c 作为一个源文件单位进行编译。

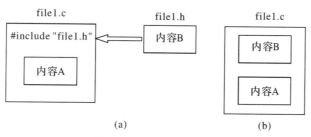

图 4－14　♯include 命令

(a)预处理前两文件的情况；(b)预处理后两文件的情况

文件包含命令可以减少程序设计人员的重复劳动，便于程序维护。

(1)文件包含命令每行写一条，只能写一个文件名，结尾不加分号";"。被包含的文件必须是源文件而不能是目标文件。

(2)文件包含可以嵌套，即在一个被包含的文件中可以包含另一个被包含的文件，但要注意避免重复包含和重复定义问题。

(3)当一个文件中有多条 include 命令将自己编写的文件包含进来时，应注意它们的先后次序。

在 include 命令中，文件名可以用尖括号或双引号括起来，二者都是合法的，其区别是用尖括号时，系统查找要包含的文件的路径是存放 C 库函数头文件的所在目录，而用双引号时，系统先在用户当前目录中寻找要包含的文件，若找不到，再到系统目录中进行查找。

4.3.2 宏定义♯define 命令

1. 不带参数的宏定义

不带参数的宏定义是指用一个指定的标识符来代表一个常量，其一般格式为：

♯define 标识符 字符串

其含义是将程序中该命令以后出现标识符的地方均用字符串来替代。其中，标识符习惯上用大写字母表示。

【例 4.18】 不带参数的宏定义的应用。

```
//程序名称:example-4-18
//程序说明:本程序演示不带参数的宏定义的使用
#define PI 3.1415926
int main()
{
    float r,circle,area;
    printf("\nPlease input radius:");
    scanf("%f",&r);
    circle=2*PI*r;
    area=PI*r*r;
    printf("\ncircle=%f area=%f",circle,area);
}
```

♯define 是宏定义命令，宏定义使用户能以一个简单而有意义的名字代替一个长的字符串。在程序中使用宏定义可以提高程序的易读性和通用性，便于程序的修改、调试和移植。

说明：

(1)为了与变量名区别，宏名一般用大写字母表示。

(2)宏定义不是 C 语句，书写时行末不应加分号。

(3)在进行宏定义时，可以引用已定义的宏名，例如：

♯define PI 3.1415926

♯define R 10

　　♯ define L 2 * PI * R

　　(4)当宏体是表达式时，一般用()括起来。

　　(5)若宏名字出现在字符串内，则预处理时它将不被宏替换。

　　(6)若宏名字出现在标识符内，则预处理时它也不被宏替换。

　　(7)同一个宏名不能重复定义，除非两个宏定义命令行完全一致。

　　(8)当宏定义在一行中写不下时，可在行尾用\进行续行。

　　(9)宏定义通常放在源程序文件的开头，其作用范围是整个源程序。也可以在函数内部作宏定义，这时宏名字的作用范围只在本函数。可以用♯undef终止宏定义的作用域。

　　(10)与变量定义不同，宏定义只作字符替换，不分配内存空间，也不做正确性检查。

　　(11)宏定义时可以不包含宏体。

　　2.带参数的宏定义

　　不带参数的宏定义是一种简单的字符串常量替换，C 语言还提供了带参数的宏定义，可以进行更灵活的替换。带参数的宏定义的一般形式为：

　　　　♯define 宏名(参数表) 宏体

　　例如：

　　　　♯define MAX(A,B)　A＞B？A:B

　　上述定义中的 MAX(A,B)称为"宏"，其中的 A 和 B 为宏的形参，在调用带参数的宏时，与调用函数类似，调用形式为：宏名(实参表)。其中，圆括号中实参个数应与形参个数相同，多个参数之间以,分隔。例如：

　　　　m＝MAX(x,y);

　　在编译时预处理程序用宏体来替换宏，并以相应的实参来替换宏体中的形参。上述语句经过预处理后为：

　　　　m＝x＞y？x:y;

　　这样，当实参取不同值时，宏替换将取得不同的值。

　　说明:定义带参数的宏时，宏体中一般应含有参数，以便宏体的值能随参数的变化而变化。另外，宏名与圆括号之间不能留空格。

　　例如，若上述定义改为：

　　　　♯define MAX　(A,B)　A＞B？A:B

则语句 m＝MAX(x,y);将被替换为：

　　　　m＝(A,B) A＞B？A:B(x,y);

这样的替换是错误的。

　　一般地，宏定义字符串中的参数都要用()括起来。整个字符串部分也应该用()括起来。这样，才能够保证在任何替换情况下，总是把宏定义作为一个整体看待，并能获得一个合理的计算顺序，否则可能会出现错误。

　　例如：

　　　　♯define AREA(R) R * R

　　若在程序中有下面的赋值语句：

z＝AREA(2＋2);

则经过预处理程序的宏展开后,将变为如下的形式:

z＝2＋2＊2＋2;

这很显然与期望不符,应该将宏定义改为如下形式:

♯define AREA(R) ((R) ＊ (R))

C 语言提供了两个预处理操作符:♯和♯♯。这两个操作符用于宏体中,♯操作符使跟在它后面的实参转换为带引号的字符串,♯♯操作符用于连接两个符号。例如:

```
♯define PT(param) printf(♯param"＝%d\n",param)
♯define JOIN(A,B) A♯♯B
int main()
{
    int a＝5,b＝6,var1＝100;
    PT(a＋b);
    printf("var1＝%d\n",JOIN(var,1));
}
```

上述程序中,宏调用"PT(a＋b)"展开后成为:

printf("a＋b""＝%d\n",a＋b);

相当于

printf("a＋b＝%d\n",a＋b);

而宏调用"JOIN(var,1)"展开为 var1,所以 printf 语句成为:

printf("var1＝%d\n",var1);

因此,程序运行的最终结果为:

a＋b＝11;

var1＝100

带参数的宏和函数很相似,但二者有着本质的区别:

在宏的定义和使用中,宏名和参数都没有类型的要求,使用宏时不会进行类型检查,而函数中的函数名、形参和实参都有类型要求,调用时要进行类型检查。

函数调用时先求出实参表达式的值,然后代入形参。而带参数的宏在使用时只是进行简单的字符替换。

函数调用是在程序运行时处理的,分配临时的内存单元。而宏展开则是在编译时进行的,展开时并不分配内存单元,不进行值的传递。

宏展开只占用编译时间,不占运行的时间,而函数在调用过程中需要占用一系列的处理时间(分配单元、保留现场、值传递、返回)。

函数调用只得到一个返回值,用宏可以得到多个结果。

【例 4.19】 使用宏得到多个结果。

//程序名称:example-4-19

//程序说明:本程序使用宏得到多个结果

♯define PI 3.1415926

```
#define CIRCLE(R,C,S) C=2*PI*R;S=PI*R*R;
int main()
{
    float r,c,s;
    printf("Input the radius:");
    scanf("%f",&r);
    CIRCLE(r,c,s);
    printf("r=%f,c=%f,s=%f",r,c,s);
}
```

上面程序中,宏调用语句 CIRCLE(r,c,s);经预编译宏展开后变成:

c=2*3.1415926*r; s=3.1415926*r*r;

成为两条语句,将产生两个结果。

宏展开一般会使源程序增长,而函数调用不使源程序变长。

宏体中同一形参若出现多次,则可能导致不希望的结果。例如,上面的宏调用若为:

CIRCLE(r++,c,s);

则宏展开后 r++出现 3 次,即重复计算 3 次 r++,结果与期望不符;若是函数,则只计算一次 r++。

3. 终止宏定义

可以使用宏命令 #undef 终止宏定义的作用域。一般形式为:

#undef 宏名

例如:

```
#define AREA(R) ((R)*(R))
int main()
{
    …
}
#undef AREA(R)
void f()
{
    …
}
```

由于在 f 函数之前,使用 #undef 终止了宏定义 AREA(R),所以在 f 函数中,不能再调用 AREA(R)。#undef 也可以在函数内部使用。

4.3.3　条件编译

为了便于程序的调试与移植,C 语言还提供了条件编译预处理命令,可以控制在满足某一条件时才对某一段程序代码进行编译,条件不满足时不进行编译,或对另一段程序进行编译,因此,可以使程序在不同条件下,完成不同的功能。条件编译有以下几种形式。

1.条件编译形式一

#ifdef 标识符

程序段 1

#else

程序段 2

#endif

它的功能是,若标识符已被#define 命令定义过,则对程序段 1 进行编译;否则对程序段 2 进行编译。如果没有程序段 2(它为空),本格式中的#else 命令可以没有,即可以写为:

#ifdef 标识符

程序段

#endif

2.条件编译形式二

#ifndef 标识符

程序段 1

#else

程序段 2

#endif

与第一种形式的区别是将"ifdef"改为"ifndef"。它的功能是,若标识符未被#define 命令定义过,则对程序段 1 进行编译,否则对程序段 2 进行编译。这与第一种形式的功能正相反。

3.条件编译形式三

#if 常量表达式

程序段 1

#else

程序段 2

#endif

它的功能是,如常量表达式的值为真(非 0),则对程序段 1 进行编译,否则对程序段 2 进行编译。

4.条件编译形式四

#if 常量表达式 1

程序段 1

#elif 常量表达式 2

程序段 2

…

#else

　　　　程序段 n

　　#endif

该命令的功能是,若表达式 1 的值为真,则编译程序段 1,若表达式 2 的值为真,则编译程序段 2,若所有表达式的值都为假,则编译程序段 n。此处的#elif 命令的含义是"else if"。本格式中的#else 命令也可以没有,表示当所有表达式的值都为假时,不对任何程序段进行编译。

5.条件编译形式五

　　#if defined(标识符)

　　　　程序段 1

　　#else

　　　　程序段 2

　　#endif

该命令等价于第一种形式中的#ifdef 标识符,但该命令可以判断多个宏名的定义情况,而第一种形式中的#ifdef 命令只能判断一个宏名的定义情况。如果将#if defined(标识符)写成#if！defined(标识符)的形式,等价于第二种形式中的#ifndef 标识符命令。

例如,自己写了一个 printf 函数,想通过一个宏 MY_PRINTF_EN 实现条件编译,可以使用#if defined(标识符)来实现。

```
#define MY_PRINTF_EN 1
#if defined(MY_PRINTF_EN)
int printf(char * fmt, char * args, ...)
{
    ...
}
#endif
```

【例 4.20】　编写具有三个版本的输出字符串的函数,用条件编译进行控制版本的选择。

```
/ * * * * * * * * * * * * * * * * * * * * * * * * * * * * * * * * * * * * * * * * *
程序名称:example-4-20
程序说明:本程序用条件编译进行控制版本的选择
/ * * * * * * * * * * * * * * * * * * * * * * * * * * * * * * * * * * * * * * * * */
#include "config.h"
#if！defined(MY_PRINTF_VERSION)
#define MY_PRINTF_VERSION 1
#endif
#if MY_PRINTF_VERSION == 1
void printf( * str) //向终端简单地输出一个字符串
{...
}
```

```
# elif MY_PRINTF_VERSION == 2
int printf(char * fmt, char * args, ...)
{...
}
# elif MY_PRINTF_VERSION == 3
int printf(unsigned char com_number, char * str)
{
}
# endif
```

如果要选择版本 2 或者版本 3,那么只需要修改 MY_PRINTF_VERSION 宏定义的数字就可以了。

<h1 align="center">习　　题</h1>

1. 填空题。

(1)下面的函数调用语句中,实参的个数为_____。

exce((v1,v2),(v3,v4,v5),v6);

(2)当调用函数时,实参是一个数组名,则向函数传送的是_____。

(3)函数 fn 的作用是求整数 num1 和 num2 的最大公约数,并返回该值。请将下面的程序填写完整。

```
int fn(int num1,int num2)
  {
      int temp,a,b;
      if(_____ < _____)
      {  temp=num1;num1=num2;num2=temp;}
      a=num1;b=num2;
      while(_____)
      {temp=a%b;a=b;b=temp;}
      return a;
  }
```

(4)下列函数的功能是_____。

```
int fun1(char * x)
  {
      char * y=x;
      while ( * y++);
      return (y-x-1);
  }
```

2. 程序阅读。

（1）

```
#include <stdio.h>
long fun(int n)
{
    long s;
    if(n==1||n==2)
        s=2;
    else
        s=n+fun(n-1);
    return s;
}
int main()
{
    printf("%ld\n",fun(4));
}
```

（2）

```
#include<stdio.h>
int main()
{
    char fun(char,int);
    char a='A';
    int b=13;
    a=fun(a,b);
    putchar(a);
}
char fun(char a,int b)
{
    char k;
    k=a+b;
    return k;
}
```

（3）

```
#include<stdio.h>
int main()
{
    int a=30,b=20,z;
    z=fun(a+b,a-b);
```

```
        printf("%d\n",z);
    }
    int fun(int a,int b)
      {int z;
       z=a/b;
       return z;
    }
```

(4)
```
    int main()
    {  int a[]={2,4,6,8,10};
       int y=1,x,*p;
       p=&a[1];
       for(x=0;x<3;x++)   y+=*(p+x);
       printf("y=%d\n",y);
    }
```

(5)
```
    #include<stdio.h>
    void fun (int *s,int n1,int n2)
    {   int i,j,t;
        i=n1;   j=n2;
        while(i<j)
        { t=*(s+i);
          *(s+i)=*(s+j);
          *(s+j)=t;
          i++;   j--;
        }
    }
    int main()
    { int a[10]={1,2,3,4,5,6,7,8,9,0},i,*p=a;
      fun(p,0,3);
      fun(p,4,9);
      fun(p,0,9);
      for(i=0;i<10;i++) printf("%d",*(a+i));
      printf("\n");
    }
```

3.编程。

(1)输入 10 个整数,将其中最小的数与第一个数对换,把最大的数与最后一个数对换。

写 3 个函数:①输入 10 个数;②进行处理;③输出 10 个数。

(2)有 n 个整数,使前面各数顺序向后移 m 个位置,最后 m 个数变成最前面 m 个数,写一函数实现以上功能,在主函数中输入 n 个整数,输出调整后的 n 个数。

(3)写一函数,求一个字符串的长度。在 main 函数中输入字符串,并输出其长度。

(4)写一函数,将一个 3×3 的矩阵转置。

(5)编一程序,输入月份号,输出该月的英文月名。例如,输入"3",则输出"March",要求用指针数组处理。

(6)编写函数,实现从一个字符串 s1 中查找指定的一个字符串 s2 第一次出现的位置,若找到则返回串 s2 在 s1 中出现的起始地址。

4.针对火箭发动机实验数据处理软件,分别编写如下函数。

(1)查找区间最大最小值:输入一维数组、数组索引号(两个)、时间零点和时间步长,在两个索引号指定的区间内查找最大值和最小值及其对应的时刻序号,将这四个值返回供上一级代码调用。(提示:可用结构体或指针返回多个参数)

(2)计算区间积分与均值:输入一维数组、数组索引号(两个)、时间零点和时间步长,在两个索引号指定的区间内计算其积分与平均值,将这两个值返回供上一级代码调用。

(3)查找上升下降沿时刻:输入一维数组、目标值、参数变化方向(1 或 -1)、时间零点和时间步长,计算参数上升或下降到指定数值的时刻(前一时刻小于/大于指定值,下一时刻大于等于/小于等于指定值)。返回值包括数组中第一个满足条件的数值、在数组中对应的索引号、利用插值法计算出的时刻。

(4)数据变换:输入一维数组 x、转换多项式系数(二次关系式),利用二次关系式对输入的数据进行运算 $y=ax^2+bx+c$,返回新数组 y。

第5章 文件读写与输入/输出

前面章节中,几乎每一个 C 程序都包含输入/输出。因为 C 程序主要就是要对数据进行处理,而数据需要用户输入,处理的结果需要输出,供人们查看。所以,输入/输出是程序的基本操作。

所谓输入/输出是针对计算机内存而言的,数据从输入设备(如键盘、磁盘等)流向计算机内存称为输入,而从计算机内存流向输出设备(显示器、打印机、磁盘等)称为输出。C 语言中,标准的输入设备是键盘,标准的输出设备是显示器。针对这一组标准的输入/输出设备,C 语言本身没有提供相应的输入/输出语句,而是通过标准库函数来实现的。

当输入数据来源于磁盘文件或处理后的数据要写到磁盘文件时,此时的输入/输出就与文件相关,C 语言也是通过标准库函数来实现对文件的读写的。

5.1 格式化输入/输出函数

C 标准库中提供了两个控制台格式化输入/输出函数 printf 和 scanf,这两个函数可以在标准输入/输出设备上以各种不同的格式读写数据。printf 函数用来向标准输出设备(屏幕)写数据,scanf 函数用来从标准输入设备(键盘)上读数据。这两个库函数在头文件 stdio. h 中定义,所以在使用时一般应该使用预编译命令"♯include <stdio. h>"(因为使用频繁,系统允许使用时省略该编译命令)。下面详细介绍这两个函数的用法。

5.1.1 scanf 函数

1. scanf 函数的一般形式

scanf 函数的功能是用来格式化输入数据,即按用户指定的格式从键盘上把数据读入到指定的变量中。其函数原型为:

    int scanf (char * format [,argument, …]);

其中,format 为格式化控制字符串,是用双引号括起来的字符串,也称为"转换控制字符串",它是由字符"%"、格式字符和普通字符组成的,其中前两项称为格式说明符。argument 为需要读入的所有变量的地址列表。如果是一般的变量,通常要在变量名前加上"&"取得地址,但输出时是用变量名;如果是数组,数组名就代表该数组的首地址,输出时也是用数组名;如果是指针,直接用指针名本身,不要加上"*",输出时也用该指针即可。

2.格式说明符

格式说明符,用%开头后跟有一个字母,它规定了输入格式。如前面几章程序中出现的%d,表示以整数形式进行输入。常用的格式说明符见表5-1。

表 5-1　scanf 函数中常用的格式说明字符

格式说明符	说　明
%a 或%A	读入一个浮点值(C99 有效)
%c	读入一个字符
%d	读入十进制整数
%i	读入十进制,八进制,十六进制整数
%o	读入八进制整数
%x 或%X	读入十六进制整数
%u	读入一个无符号十进制整数
%s	读入一个字符串
%f,%e,%E,%g 或%G	读入一个浮点数,可以用小数形式或指数形式输入

此外,还有附加格式说明字符,用于追加在上面的格式说明符后面,附加格式说明字符见表5-2。

表 5-2　scanf 函数中的附加格式说明字符

格式说明符	说　明
L/l	长度修饰符,输入"长"数据
h	长度修饰符,输入"短"数据
W	整型常数,指定输入数据所占宽度
*	空读一个数据,即读入数据不赋给相应变量
hh	长度修饰符,输入"短"数据,C99 有效
ll	长度修饰符,输入"长"数据,C99 有效

在格式化控制字符串中还可以包含空白字符和非空白字符。空白字符会使 scanf 函数在读操作中略去输入中的一个或多个空白字符,空白符可以是 space,tab,newline 等,直到第一个非空白符出现为止。非空白字符会使 scanf 函数在读入时剔除掉与非空白字符相同的字符。

【例 5.1】 使用 scanf 读取各种类型的数据。

```
/ * * * * * * * * * * * * * * * * * * * * * * * * * * * * * * * * * * * * * * *
程序名称:example-5-1
程序说明:本程序使用 scanf 读取各种类型的数据
* * * * * * * * * * * * * * * * * * * * * * * * * * * * * * * * * * * * * * * */
#include<stdio. h>
int main()
{
```

```
        char str [80];
        int i,hnum;
        double grade;
        printf ("Enter your family name：");
        scanf ("%s",str)；
        printf ("Enter your age：");
        scanf ("%d",&i)；
        printf ("Enter your score：");
        scanf ("%f",&grade)；
        printf("%f\n",grade)；
        printf ("Enter a hexadecimal number and a decimal number：");
        scanf ("%x%d",&hnum,&dnum)；
        return 0；
    }
```

运行结果：

  Enter your family name：zhang(回车)

  Enter your age：22(回车)

  Enter your score：93.5(回车)

93.5000

Enter a hexadecimal number and a decimal number：FF 123(回车)

说明：

(1)语句"scanf ("%d",&i)；"的作用是将从键盘接收到的数 22 送到变量 i 所在的内存单元中。"%d"是格式控制字符串，"&i"是地址列表，"&"表示取地址运算，"&i"表示变量 i 在内存中的地址。

(2)"%x%d"表示分别按十六进制整数形式和十进制整数形式输入的数据。在输入时，两个数据之间用一个或多个空格分隔，也可以用回车键、跳格键(Tab)进行分隔。

(3)如果在%后面有一个" * "，就表示跳过它指定的列数。例如：

  int a,b;

  scanf("%2d % * 3d%2d",&a,&b)；

如果输入 1234567 后回车，那么系统先将 12 赋给变量 a 后，跳过 3 列数据，即"345"被跳过，然后将 67 赋给变量 b。

(4)输入数据时不能规定精度。例如：

  float a;

  scanf("%6.2f",&a)；

上面输入数据的方法是错误的。

(5)如果在格式控制中除了格式说明符外，还有其他字符，那么在输入时应将这些字符一起输入。例如：

  int a;

  float b;

scanf("a＝%d,b＝%f",&a,&b);

函数中的"a＝""b＝"都是普通字符,因此在运行时,应输入:

a＝3,b＝3.4(回车)

从而使得变量 a 获得赋值 3,变量 b 获得赋值 3.4。

在使用%c 格式输入字符时,空格字符和转义字符都作为有效字符输入。例如:

scanf("%c%c",&ch1,&ch2);

若在运行时输入:

a 空格 b(回车)

则字符 a 赋给了字符变量 ch1,空格字符赋给了字符变量 ch2。因为%c 只要求读入一个字符,后面不需要用空格作为两个输入数据的分隔,所以空格字符作为有效字符被读入。

在输入数据时,遇到以下情况时认为一个数据项输入结束。

1)空格;

2)回车;

3)跳格(Tab);

4)按指定的宽度读取结束;

5)非法输入。

例如:

scanf("%d,%c,%f",&a,&b,&c);

若在运行时输入:

123M3.1415(回车)

则整数 123 赋给整型变量 a,字符 M 赋给字符变量 b,浮点数 3.1415 赋给浮点型变量 c。

5.1.2　printf 函数

1. printf 函数的一般形式

printf 函数是最常用的格式化输出函数,其原型为:

int printf(char * format, [,argument, …]);

其中,format 为转换控制字符串,是用双引号括起来的字符串,类似于 scanf 函数中的转换控制字符串,argument 是一些需要输出的数据,可以是变量或表达式。

printf 会根据参数 format 字符串来转换并格式化数据,然后将结果输出到标准输出设备(显示器)。

参数 format 字符串可包含下列三种字符类型:

(1)一般文本,将会直接输出;

(2)ASCII 控制字符,如\t、\n 等有特定含义;

(3)格式说明符。

2. 格式说明符

格式说明符为一个%后跟格式字符所组成。一般而言,每个%符号在其后都必须有一个参数与之相呼应(只有当%%转换字符出现时,才会直接输出%字符),而要输出的数据类型必须与其相对应的转换字符类型一致。表 5-3 中列出了格式说明符的几种形式。

表 5-3   printf **格式说明符**

数据类型	格式说明符	功能描述
整型	%d 或 %i	以有符号的十进制形式输出整数(正数不输出符号)
	%md 或(%-md)	以十进制形式按指定宽度 m 输出整型数据,若数据的位数小于 m,则左(或右)端补以空格,若大于 m,则按实际位数输出
	%ld	以十进制形式按数据的实际长度输出长整型数
	%mld 或(%-mld)	以十进制形式按指定宽度 m 输出长整型数据,若数据位数小于 m,则左(或右)端补以空格,若大于 m,则按实际位数输出
	%u	以无符号的十进制形式输出整数
	%o	以无符号的八进制形式化输出整数(不输出前导符 0)
	%x	以无符号的十六进制形式输出整数,字母以小写表示(不输出前导符 0x)
	%X	以无符号的十六进制形式输出整数,字母以大写表示(不输出前导符 0X)
字符型	%c	以单个字符形式输出字符数据
	%mc 或(%-mc)	按指定宽度 m 和右(左)对齐方式输出 char 型数据
	%s	输出字符串数据
	%ms 或(%-ms)	按指定的长度和右(左)对齐方式输出字符串
	%m.ns 或(%-m.ns)	从字符串中截取 n 个字符右(左)对齐方式输出,输出域宽为 m
浮点型	%f	以小数形式输出浮点数,小数位数取 6 位
	%m.nf(或%-m.nf)	指定输出的数据共占 m 列,其中小数占 n 列,按右(左)对齐方式输出
	%e,%E	以指数形式输出浮点数,小数点前保留 1 位数字,小数点后保留 6 位数字,用 e 时在指数部分会以小写的 e 来表示,用 E 时指数部分以大写的 E 来表示
	%m.ne(或%-m.ne)	指定输出数据共占 m 列,数值部分的小数部分占 n 列,按右(左)对齐方式输出
	%g,%G	自动选择以%f 或%e 的格式中输出宽度较短的一种格式来输出,如用 g 时,如用指数形式输出以小写 e 表示,用 G 时,如用指数形式输出以大写的 E 表示

【例 5.2】   分别输出整数、浮点数和字符串。

```
/***********************************************************
程序名称:example-5-2
程序说明:本程序输出整数、浮点数和字符串
***********************************************************/
#include<stdio.h>
```

```
int main()
{
    int a=1;
    float b=5.0;
    char ch='a';
    char str[100]= "";
    scanf("%d %f %d",&a,&b,str);
    printf("int is:%d\n",a);
    printf("float is:%f\n",b);
    printf("char is:%s\n",str);
    return 0;
}
```

运行结果：

　　1 4.4 fs

　　int is:1

　　float is:4.400000

　　char is:fs

说明：

(1)printf 函数输出时，必须注意输出对象的类型应与上述格式说明匹配，否则会出现错误。

(2)除了 X,E,G 外，其他格式字符必须是小写字母。

(3)格式控制字符串中可以包含转义字符，如"\n""\t"等。

(4)如果想输出字符"%"，可以表示为"%%"。例如：

　　printf("%f%%\n",10.0/3);

输出：

　　3.333333%

5.2　从字符串中输入和输出到字符串

　　人们使用的数据不仅可以来源于键盘的输入，也可以来源于内存中的字符串，而且有的时候还需要以某种格式把数据存到字符串中。这就需要用到两个与字符串输入/输出相关的函数：sscanf 和 sprintf。

5.2.1　sscanf 函数

sscanf 函数用于从字符串中读取指定格式的数据，其函数原型如下：

　　int sscanf (char * str, char * format [, argument, …]);

其中，参数 str 为要读取数据的字符串，format 为用户指定的格式，argument 为地址列表，用来保存读取到的数据。函数的功能是将参数 str 的字符串根据参数 format(格式化字符串)来转换并格式化数据(格式化字符串请参考 scanf,转换后的结果存于对应的变量中。

【例 5.3】 从指定的字符串中读取整数和小写字母。

```
/ * * * * * * * * * * * * * * * * * * * * * * * * * * * * * * * * * * * * * * * * *
程序名称:example-5-3
程序说明:本程序从指定的字符串中读取整数和小写字母
* * * * * * * * * * * * * * * * * * * * * * * * * * * * * * * * * * * * * * * * * */
#include <stdio.h>
int main()
{
    char str[100] = "123568qwerSDDAE";
    char lowercase[100];
    int num;
    sscanf(str,"%d %[a-z]", &num, lowercase);
    printf("The number is:%d.\n", num);
    printf("The lowercase is:%s.", lowercase);
    return 0;
}
```

输出结果:

The number is:123568.

The lowercase is:qwer.

说明:

(1)sscanf 函数与 scanf 函数的用法类似,都是用于输入的,只是 scanf 以键盘(stdin)为输入源,sscanf 以固定字符串为输入源。

(2)sscanf 函数的返回值是读取的参数个数。

(3)可以使用 sscanf 函数读取指定长度的字符串,例如:

```
char string1[20] = "123456789";
sscanf(string1, "%5s", buf1);
```

(4)可以使用 sscanf 函数取到指定字符为止的字符串,例如:

```
char string2[20] = "123/456";
sscanf(string2, "%[^/]", buf1);
printf("buf1=%s\n\n", buf1);
```

语句执行后,输出结果:

buf1=123

(5)可以使用 sscanf 函数取仅包含指定字符集的字符串。例如,取仅包含 1 到 9 和小写字母的字符串:

```
sscanf("123456abcdedfBCDEF","%[1-9a-z]",str);
printf("str=%s",str);
```

运行结果:

str=123456abcdedf

(6)使用 sscanf 函数可以取到指定字符集为止的字符串。例如:取遇到大写字母为止的字符串:

```
sscanf("123456abcdedfBCDEF","%[^A-Z]",str);
printf("str=%s",str);
```

语句执行后,输出结果:

```
str=123456abcdedf
```

从上面的使用可以看出,sscanf 可以支持格式字符%[],表示要读入一个字符集合,[]中可以使用的符号有以下几种:

(1)"-":表示范围,例如:%[1-9]表示只读取 1～9 这几个数字;%[a-z]表示只读取 a～z 小写字母;%[A-Z]只读取大写字母。

(2)"^":表示不取,例如:%[^1]表示读取除'1'以外的所有字符,%[^/]表示读取除/以外的所有字符。

(3)",":表示条件相连接,例如:%[1-9,a-z]表示同时取 1～9 数字和 a～z 小写字母。使用原则:从第一个在指定范围内的数字开始读取,到第一个不在范围内的数字结束。%s 可以看成%[] 的一个特例 %[^](注意^后面有一个空格)。

5.2.2 sprintf 函数

sprintf 函数用于将格式化的数据写入字符串,其函数原型为:

```
intsprintf(char * str, char * format [, argument, ...]);
```

其中:str 为要写入的字符串;format 为格式控制字符串,与 printf 函数相同;argument 为要输出的一系列变量。

除了前两个参数类型固定外,后面可以接任意多个参数。printf 和 sprintf 都使用格式化字符串来指定串的格式,在格式串内部使用一些以"%"开头的格式说明符来占据一个位置,在后边的变参列表中提供相应的变量,最终函数就会用相应位置的变量来替代那个说明符,产生一个调用者想要的字符串。

例如:

```
sprintf(s, "%d", 123);     //把整数 123 打印成一个字符串保存在 s 中
sprintf(s, "%8x", 4567);   /* 将整数 4567 以小写十六进制,宽度占 8 个位置,右
                              对齐形式打印到字符串 s 中 */
sprintf(s,"%8.6f",3.1415926);   /* 把浮点数 3.1415926 以域宽 8 位,小数点
                                   后 6 位的形式打印到字符串 s 中 */
```

sprintf 的作用是将一个格式化的字符串输出到一个目的字符串中,而 printf 是将一个格式化的字符串输出到屏幕。sprintf 的第一个参数应该是目的字符串,如果不指定这个参数,那么有的编译器(如 GCC)会提示编译错误"该函数调用时参数类型不匹配",有的编译器可能会编译成功,但在程序执行时出现错误。

sprintf 会根据参数 format 字符串来转换并格式化数据,然后将结果复制到参数 str 所指的字符数组。关于参数 format 字符串的格式请参考 printf 函数。

【例 5.4】 打印字母 a 的 ASCII 值。

```
/ * * * * * * * * * * * * * * * * * * * * * * * * * * * * * * * * * * * * * *
程序名称:example-5-4
程序说明:本程序打印字母 a 的 ASCII 值
/ * * * * * * * * * * * * * * * * * * * * * * * * * * * * * * * * * * * * * */
#include <stdio. h>
int main()
{
    char a = 'a';
    char buf[80];
    sprintf(buf, "The ASCII code of a is %d. ", a);
    printf("%s", buf);
}
```

运行结果:

The ASCII code of a is 97.

sprintf 函数的返回值为本次函数调用最终打印到字符缓冲区中的字符数目。

【例 5.5】 产生 10 个[0，100)之间的随机数,并将它们打印到一个字符数组 s 中。

```
/ * * * * * * * * * * * * * * * * * * * * * * * * * * * * * * * * * * * * * *
程序名称:example-5-5
程序说明:本程序将产生的 10 个随机数打印到字符数组
/ * * * * * * * * * * * * * * * * * * * * * * * * * * * * * * * * * * * * * */
#include <stdio. h>
#include <time. h>
#include <stdlib. h>
int main()
{
    srand(time(0));
    char s[64];
    int offset = 0;
    for(int i = 0; i < 10; i++)
        offset += sprintf(s + offset,"%d,", rand() % 100);
    s[offset - 1] = '\n';//将最后一个逗号换成换行符。
    printf(s);
    return 0;
}
```

运行结果:

47,66,92,15,42,80,79,99,2,28

程序分析:要产生随机数,需要 stdlib. h 头文件中的 srand 和 rand 函数配合使用。在产生随机数前,需要系统提供的生成伪随机数序列的种子,使用 srand(unsigned seed)函数通过参数 seed 改变系统提供的种子值,从而可以使得每次调用 rand 函数生成的伪随机数序列不同。通常可以利用系统时间来改变系统的种子值,即 srand(time(0))。rand 函数根据这个种子的值产生一系列随机数。产生随机数后,使用 sprintf 函数将随机数以十进制形式打印到字符数组 s 中,但是每次打印的地址不同,可以使用 sprintf 函数的返回值得到每次已经打印的字符数目,从而得到下次打印的起始地址。注意程序多次运行会产生不同的结果。

5.3 文 件

在前面程序中处理的数据一般来自用户输入,经过处理后,将结果输出到终端显示器。实际上,常常需要将一些数据处理后输出到磁盘上保存起来,以后需要时再从磁盘中输入到计算机内存中。数据在磁盘上以文件形式保存。程序从文件中读取数据,数据经过处理后写到磁盘文件就是文件的输入/输出。

5.3.1 文件的基本知识

1.文件的概念

文件是指存储在外部介质上的数据集合。数据是以文件的形式存放在外部介质(如磁盘)上的。操作系统以文件为单位对数据进行管理。例如,在 C 语言中,可以有源程序文件、目标文件、可执行文件等程序文件,还可以包含文件内容为程序运行时读写数据的数据文件。因为文件是放在外部介质上的,所以读取文件中的数据时需要先按文件名找到指定文件,将其调入内存,然后再进行读取操作。从操作系统的角度来看,每一个与主机相连的输入/输出设备都可看作是一个文件。

2.文件名

一个文件通过一个文件名来唯一地标识,方便用户的使用。文件名由三部分组成:

文件路径 文件名主干 文件后缀

其中,文件路径表示文件在外部存储设备中的位置,文件名主干为在该路径下一个唯一的文件名,命名规则与标识符的命名规则相同,文件后缀表示文件的性质(如可以是 doc,txt,c,obj,exe 等)。例如:

3.文件分类

文件有很多种,从不同的角度可以将文件分为不同的种类。

根据文件中数据的组织形式,可以将数据文件分为 ASCII 文件(文本文件)和二进制文件。

(1)ASCII 文件也称为文本文件,这种文件在磁盘中存放时每个字符对应一个字节,用于存放对应的 ASCII 码。例如,数 5 678 的存储形式为:

ASCII 码:00110101 00110110 00110111 00111000

十进制码: 5 6 7 8 共占用 4 个字节

(2)二进制文件是按二进制的编码方式来存放文件的。例如,数 5 678 的存储形式为

00010110 00101110，只占两个字节。

ASCII 文件处理字符时，一个字节代表一个字符，比较方便，但占用存储空间较多，而且要花费时间进行转换；而用二进制形式存储文件时，可以节省存储空间，不需要转换，存取速度快，但因为一个字节并不对应一个字符，所以不能直接输出字符形式。

根据操作系统对磁盘文件的读写方式，文件系统又可以分为"缓冲文件系统"和"非缓冲文件系统"。

(1)缓冲文件系统：操作系统在内存中为每一个正在使用的文件开辟一个读写缓冲区。从内存向磁盘输出数据必须先送到内存中的缓冲区，装满缓冲区后才一起送到磁盘上。若从磁盘向内存读入数据，则一次从磁盘文件将一批数据输入到内存缓冲区，然后再从缓冲区逐个地将数据送到程序数据区。这种文件系统与具体机器无关，通用性好，功能强，使用方便。

(2)非缓冲文件系统：操作系统不自动开辟确定大小的读写缓冲区，而由程序为每个文件设定缓冲区。因此，这种文件系统与机器有关，使用较为困难，但节省内存，执行效率较高。

C 语言中只采用缓冲文件系统处理数据文件。

4. 文件类型指针

在缓冲文件系统中，每一个使用的文件都在内存中开辟一个"文件信息区"，用来存放文件的相关信息(文件的名字、文件当前的读写位置、文件操作方式等)，直至文件关闭。为此，系统定义了一个结构体类型 FILE，使用该类型的变量来存放一个文件的相关信息。例如，Turbo C 3.0 在 stdio.h 文件中有以下文件类型的声明：

```
typedef struct
{
    int level;              / * 缓冲区"满"或"空"的程度 * /
    unsigned flags;         / * 文件状态标志 * /
    char fd;                / * 文件描述符 * /
    unsigned char hold;     / * 如无缓冲区不读取字符 * /
    int bsize;              / * 缓冲区的大小 * /
    unsigned char * buffer; / * 数据缓冲区的位置 * /
    unsigned char * curp;   / * 指针,当前的指向 * /
    unsigned istemp;        / * 临时文件,指示器 * /
    short token;            / * 用于有效性检查 * /
} FILE;
```

而在 GCC4.9 中定义的 FILE 结构体如下：

```
typedef struct _iobuf
{
    char * _ptr;
    int_cnt;
    char * _base;
```

　　　　　int_flag；

　　　　　int_file；

　　　　　int_charbuf；

　　　　　int_bufsiz；

　　　　　char ＊ _tmpfname；

　　　　｝FILE；

　　C 语言对文件的操作并不是直接通过文件名进行的，而是根据文件名生成一个指向
FILE 结构类型的指针，然后通过该指针使用结构体变量中的文件信息访问文件。定义文
件指针变量的一般形式为：

　　　　FILE　　＊ 文件结构指针变量名

　　例如：

　　　　FILE　　＊ fp；

　　注意：只有通过文件指针，才能调用相应的文件。

　　5. 文件的操作步骤

　　对缓冲文件进行操作时，必须按照以下四个步骤：

　　(1)定义一个文件类型的指针变量：FILE ＊ fp；

　　(2)通过文件名打开文件，并为文件指针赋值：

　　　　　fp＝fopen("文件名","操作方式")；

　　(3)通过文件指针对文件进行读(或写)操作；

　　(4)通过文件指针关闭文件：fclose(fp)。

　　上述步骤中，对于文件的打开、关闭和对文件的读写等操作，都是通过库函数来实现的。
下面几个小节分别介绍这些库函数的使用。

5.3.2　文件的打开与关闭

　　对文件进行读写操作之前，必须要先打开该文件；使用结束后，应立即关闭，以免数据丢
失。文件的打开和关闭都是通过函数来实现的。

　　打开文件是使一个文件指针变量指向被打开文件的结构变量，以便通过该指针变量访
问打开的文件。

　　关闭文件则是把缓冲区的数据输出到磁盘文件中，同时释放文件指针变量，断开文件指
针变量和文件之间的关联。此后，不能再通过该文件指针变量来访问该文件，除非再次打开
了该文件。

　　1. 用 fopen 函数打开文件

　　C 语言中，使用 fopen 函数来打开文件。fopen 的函数原型为：

　　　　FILE ＊ fopen(const char ＊ , const char ＊)；

其中，第一参数为文件名，第二个参数为文件打开模式。打开成功，fopen 返回一个 FILE 结
构指针地址，否则返回一个 NULL。若没有指定文件路径，则默认为当前工作目录。其中，

文件打开方式,指对打开文件的访问形式,取值及含义见表 5-4。

表 5-4　文件打开模式

文件打开模式	含　义	指定文件不存在时的操作
"r"(只读)	为输入打开一个文本文件	出错
"w"(只写)	为输出打开一个文本文件	建立新文件
"a"(追加)	为追加打开一个文本文件	出错
"rb"(只读)	为输入打开一个二进制文件	出错
"wb"(只写)	为输出打开一个二进制文件	建立新文件
"ab"(追加)	为追加打开一个二进制文件	出错
"r+"(读写)	为读/写打开一个文本文件	出错
"w+"(读写)	为读/写创建一个文本文件	建立新文件
"a+"(读写)	为读/写打开一个文本文件	出错
"rb+"(读写)	为读/写打开一个二进制文件	出错
"wb+"(读写)	为读/写创建一个二进制文件	建立新文件
"ab+"(读写)	为读/写打开一个二进制文件	出错

关于表 5-4 的几点说明:

(1)用"r"方式打开的文件只能用于从数据文件读入数据而不能用作向该文件输出数据,而且该文件应该已经存在,不能用"r"方式打开一个不存在的文件,否则出错。

(2)用"w"方式打开的文件只能用于向该文件写数据(即输出文件),而不能从该文件中读入数据。若原来不存在该文件,则在打开时新建一个文件,若该文件存在,则先删除该文件,然后重新建立一个新文件。

(3)若希望向文件尾添加新数据(不删除原有数据),则应该用"a"方式打开。但要求此时文件必须存在,否则出错。

(4)用"r+"、"w+"、"a+"方式打开的文件既可以用来输入数据,也可以用来输出数据。

(5)如果不能打开文件,那么 fopen()函数将带回一个出错信息。用带"r"的方式("r"、"rb"、"r+"、"rb+")打开文件时,若文件不存在,则返回 NULL 指针。例如:

```
FILE * fp;
if ((fp=fopen("file1.dat", "r")) ==NULL )
{
    printf("cannot open this file\n");
    exit(0);
}
```

即如果打开文件失败就在终端上输出"cannot open this file"。exit 函数的作用是关闭所有文件,终止正在执行的程序。

(6)在从文本文件中读入数据时,将回车换行符转换为一个换行符,在向文本文件输出数据时把换行符转换为回车和换行两个字符。在用二进制文件进行读写时,不进行转换。

2. 用 fclose 函数关闭文件

在使用完一个文件后,应该及时关闭,以防止被误用。"关闭"文件就是使文件指针与文件脱离,此后不能再通过该指针对原来与其相联系的文件进行读写操作,除非再次打开该文件。C 语言中使用 fclose 函数关闭文件。fclose 函数的函数原型为:

   int fclose(FILE * fp);

若关闭成功则返回值 0,否则返回非零值。

注意:在执行完文件的操作后,务必要进行"关闭文件"操作。虽然程序在结束前会自动关闭所有的打开文件,但文件打开过多会导致系统运行缓慢,这时就要自行手动关闭不再使用的文件,来提高系统整体的执行效率。

【例 5.6】 打开文件并进行判断和关闭文件。

```
/ * * * * * * * * * * * * * * * * * * * * * * * * * * * * * * * * * * * * * * * * * *
程序名称:example-5-6
程序说明:本程序打开文件并进行判断和关闭文件
 * * * * * * * * * * * * * * * * * * * * * * * * * * * * * * * * * * * * * * * * */
# include<stdio. h>
int main()
{
    FILE * fp;
    fp = fopen("D:\\temp\\file1. txt", "r");
    if(fp == NULL)
        printf("fail to open the file! \n");
    else
    {
        printf("The file is open! \n");
        fclose(fp);
    }
}
```

5.3.3　文件的顺序读写

文件打开之后,就可以进行读写操作了。文件读写包括文本文件的字符或字符串读写、二进制文件的读写和文本文件的格式化读写等方式,这些读写都是通过函数来实现的。

1. 文本文件的读写

C 语言提供以字符方式读写文件的函数有:①写字符函数 int fputc(char c,FILE * fp);②读字符函数 int fgetc(FILE * fp);③写字符串函数 int fputs(char * string,FILE * fp);④读字符串函数 char * fgets(char * string,int n,FILE * fp)。

(1)写字符函数 int fputc(char c,FILE * fp):功能为把字符 c 的值写入 fp 所指向的文件中去。成功时返回字符 c 的 ASCII 码,失败时返回 EOF(在 stdio. h 中,符号常量 EOF 的值等于－1)。其一般的调用方式为：

　　　　fputc(c,fp);

注意：打开文件的方式必须是"w"或"w＋"的。顺序写总是从文件首部开始，随机写从文件制定位置开始写，写完一个字符，文件指针下移一个字节的位置。

【例 5.7】 从键盘输入一行字符，然后写出到磁盘文件 file1.dat 中。

解题思路：可以使用 getchar 函数从键盘逐个输入字符，然后用 fputc 函数写到磁盘文件，遇到换行符结束。

程序代码：

```
/* * * * * * * * * * * * * * * * * * * * * * * * * * * * * * * * * * * * * * *
程序名称:example-5-7
程序说明:本程序从键盘输入一行字符,然后写出到磁盘文件
* * * * * * * * * * * * * * * * * * * * * * * * * * * * * * * * * * * * * * */
#include<stdio.h>
#include<stdlib.h>
int main()
{
    FILE * fp;
    char ch;
    if((fp=fopen("file1.dat","w"))==NULL)
    {
        printf("Cannot open file strike any key exit!");
        getchar();
        exit(1);
    }
    printf("input a string:\n");
    ch=getchar();
    while (ch! ='\n')
    {
        fputc(ch,fp);
        ch=getchar();
    }
    fclose(fp);
    return 0;
}
```

(2)读字符函数 int fgetc(FILE * fp)：功能为从 fp 所指向的文件中读一个字符，返回读得的字符给变量 c。对于文本文件，遇文件尾时返回文件结束标志 EOF。对于二进制文件，用 feof(fp) 判别是否到达文件尾，feof(fp)＝1 说明已到达文件尾。fgetc 函数的调用形式为：

　　　　c=fgetc(fp);

【例 5.8】 从文本文件 file1.dat 中顺序读入文件内容，并在屏幕上显示出来。

解题思路:可以使用 fgetc 函数从文件中逐个输入字符,然后用 putchar 函数输出到屏幕。

程序代码:

```
/******************************************
程序名称:example-5-8
程序说明:本程序从文本文件中顺序读入文件内容显示到屏幕
******************************************/
#include<stdio.h>
#include<stdlib.h>
int main()
{
    FILE * fp;
    char ch;
    if((fp=fopen("file1.dat","r"))==NULL)
    {
        printf("Cannot open file strike any key exit!");
        getchar();
        exit(1);
    }
    ch=fgetc(fp);
    while(ch!=EOF)
    {
        putchar(ch);
        ch=fgetc(fp);
    }
    printf("\n");
    fclose(fp);
    return 0;
}
```

(3)写字符串函数 int fputs(char * string,FILE * fp):功能为将字符串 string 写入文件指针 fp 所指的文件中。该函数带回一个返回值,若输出成功,则返回值为 0,否则返回值为 EOF。注意:串结束符将不被写入文件。

【例 5.9】 在例 5.6 中建立的文件 file1.dat 中追加一个字符串。

解题思路:以"a+"方式打开文件,然后用 fputs 函数写入一个字符串。

程序代码:

```
/******************************************
程序名称:example-5-9
程序说明:本程序向文件中追加一个字符串
******************************************/
#include<stdio.h>
#include<stdlib.h>
int main()
```

— 129 —

```
{
    FILE * fp;
    char ch[50];
    if((fp=fopen("file1.dat","a+"))==NULL)
    {
        printf("Cannot open file strike any key exit!");
        getchar();
        exit(1);
    }
    printf("input a string:\n");
    scanf("%s",ch);
    fputs(ch,fp);
    fclose(fp);
    return 0;
}
```

(4)读字符串函数 char * fgets(char * string,int n,FILE * fp)：功能为从文件指针 fp 所指的文件中，读字符到字符串 string 中，当读了 n−1 个字符或遇到换行符时，函数停止读过程，并在字符串 string 的最后一个字符后面加上一个串结束符'\0'。需要注意的是，如果遇到换行符，fgets 将会保留换行字符。该函数返回值为 string 的首地址。若读到文件尾或出错，则返回空指针 NULL。

【例 5.10】 从文件 file1.dat 中读取字符串，并显示在屏幕上。

解题思路：可以使用 fgets 函数从文件中读入字符串，然后输出到屏幕。

程序代码：

```
/*************************************************
程序名称：example-5-10
程序说明：本程序从文件中读取字符串，并显示在屏幕上
*************************************************/
#include<stdio.h>
int main()
{
    FILE * fp;
    char str[80];
    if((fp=fopen("file1.dat","r"))==NULL)
    {
        printf("Cannot open file file1.dat! \n");
        exit(0);
    }
    while(fgets(str,80,fp)! =NULL)
        printf("%s\n",str);
    fclose(fp);
}
```

2.二进制文件的读写

fputc,fgetc,fputs 和 fgets 是用于文本文件读写的一系列函数。也有很多的数据文件是以二进制方式存储的,因为二进制文件的效率较高,适宜存储图形、声音等文件,所以 C 语言还允许按"记录"(数据块)来读写文件。数据块是指各种类型的数据,如浮点型、结构类型变量的值,以及成段输入/输出的各种数据。C 语言用函数 fread 和 fwrite 读写二进制文件。其函数原型为:

```
unsigned fread(void * buffer, unsigned size, unsigned count,FILE * fp);
unsigned fwrite(const void * buffer, unsigned size, unsigned count, FILE * fp);
```

当要求一次存取一组数据(如一个数组、一个结构体变量的值)时,fread 和 fwrite 函数可以解决该类问题。它们的调用形式一般为:

```
fread(buffer, size, count, fp);
fwrite(buffer, size, count, fp);
```

其中:buffer 是一个指针,对于 fread 来说,指的是读入数据的存放地址,对于 fwrite 来说,是要输出数据的地址;size 是读写数据时每次读入数据的大小;count 是读写数据块的数目;fp 是文件类型指针。

fread 函数是从文件指针 fp 所指的文件中读 count 块数据(每块数据长 size 个字节)到 buffer 所指向的内存区域,读入的字节总数为 count * size。

fwrite 函数将 buffer 所指向的内存区域中的数据写入文件指针 fp 所指向的文件中。这些数据共有 count 块,每块长度为 size 个字节,因此字节总数为 count * size。

当这两个函数调用成功时,各自返回实际读或写的数据块数。

例如:

```
double arr[50];
fread(arr,4,5,fp);    /* 从 fp 所指的文件中,每次读 4 个字节(一个浮点数)送入数
                         组 arr 中,连续读 5 次,即读 5 个浮点数放到数组 arr 中 */
fwrite(arr,4,50,fp);  /* 从数组 arr 向 fp 所指的文件写数据,每次写 4 个字节,共
                         写 50 次 */
```

【例 5.11】　从键盘输入两个学生数据,写入一个文件中,再读出这两个学生的数据显示在屏幕上。

解题思路:学生信息应该是结构体类型的数据,要向文件中写入结构体类型的数据,使用 fwrite 函数,从该文件读取信息使用 fread 函数。

程序代码:

```
/ * * * * * * * * * * * * * * * * * * * * * * * * * * * * * * * * * * * * * * * *
程序名称:example-5-11
程序说明:本程序从键盘输入学生数据写入文件,再读出学生数据显示到屏幕
* * * * * * * * * * * * * * * * * * * * * * * * * * * * * * * * * * * * * * * * */
#include<stdio. h>
struct stu
{
```

```
    char name[10];
    int num;
    int age;
    char addr[15];
}boya[2],boyb[2], * pp, * qq;
int main()
{
    FILE * fp1, * fp2;
    char ch;
    int i;
    pp=boya;
    qq=boyb;
    if((fp1=fopen("stu_list","wb"))==NULL)
    {
        printf("Cannot open file strike any key exit!");
        getchar();
        exit(1);
    }
    printf("\ninput data\n");
    for(i=0;i<2;i++,pp++)
        scanf("%s%d%d%s",pp->name,&pp->num,&pp->age,pp->addr);
    pp=boya;
    fwrite(pp,sizeof(struct stu),2,fp1);
    fclose(fp1);
    if((fp2=fopen("stu_list","rb"))==NULL)
    {
        printf("Cannot open file stu_list!");
        getchar();
        exit(1);
    }
    fread(qq,sizeof(struct stu),2,fp2);
    printf("\n\nname\tnumber age addr\n");
    for(i=0;i<2;i++,qq++)
        printf("%s\t%5d%7d%s\n",qq->name,qq->num,qq->age,qq->addr);
    fclose(fp2);
}
```

注意,上面程序中,一共要读写两个学生的信息,每个学生信息所占的字节数为 sizeof(struct stu),因此进行读写的语句分别为:

```
fread(qq,sizeof(struct stu),2,fp2);
fwrite(pp,sizeof(struct stu),2,fp1);
```

3.文本文件的格式化读写

fputc,fgetc,fputs 和 fgets 是用于文本文件读写的一系列函数,主要是针对字符数据进行的输入/输出,实际上,向文件中写的数据可以是多种多样的。我们可以使用 printf 和 scanf 函数向终端进行各种数据类型的格式化输入/输出。C 语言中还提供了 fprintf 和 fscanf函数向文件中进行各种数据类型的格式化输入/输出。fprintf 函数、fscanf 函数与 printf 函数、scanf 函数的作用相仿,都是格式化读写函数。fprintf 和 fscanf 函数的读写对象是磁盘文件,而 printf 和 scanf 函数的读写对象是终端。

（1）格式化读函数 int fscanf(FILE * fp,char * format,[,argument,…])。该函数的功能是从文件指针 fp 所指的文件中按 format 规定的格式把数据读入参数 argument 中。其中,format 参数的含义与 scanf 是相同的。实际上,fscanf 与 scanf 在用法上基本相同,区别在于 scanf 从键盘读入数据,而 fscanf 从文件读入数据。

（2）格式化写函数 int fprintf(FILE * fp,char * format[,argument,…])。该函数的功能是按 format 规定的格式把数据写入文件指针 fp 所指的文件中。其中,format 参数的含义与 printf 是相同的。实际上,fprintf 与 printf 用法基本相同,区别在于 printf 向控制台输出数据,而 fprintf 向文件中输出数据。

【例 5.12】　将各种类型的数据格式化输出到文件,再从文件中读入数据,输出到屏幕。

解题思路:使用 fprintf 函数进行数据的格式化输出,然后再使用 fscanf 函数进行数据的格式化输入。

程序代码:

```
/ * * * * * * * * * * * * * * * * * * * * * * * * * * * * * * * * * * * * * * * * * * *
程序名称:example-5-12
程序说明:本程序演示各类数据输出到文件和从文件读入的操作
 * * * * * * * * * * * * * * * * * * * * * * * * * * * * * * * * * * * * * * * * * * */
# include <stdio. h>
int main()
{
    FILE * fp;
    int num = 10;
    char name[10] = "Leeming";
    char gender = 'M';
    if((fp = fopen("info. txt", "w+")) == NULL)
        printf("can't open the file! \n");
    else
        fprintf(fp, "%d, %s, %c", num, name, gender); //将数据格式化输出到文件 info. txt
    fscanf(fp, "%d, %s, %c", &num, name, &gender); //从文件 info. txt 格式化读取数据
    printf("%d, %s, %c \n", num, name, gender); //格式化输出到屏幕
    fclose(fp);
}
```

用 fprintf 和 fscanf 函数对磁盘文件操作,由于在输入时要将 ASCII 码转换为二进制形式,在输出时又要将二进制转换为字符,花费时间比较多,因此,在内存与磁盘频繁交换数据的情况下,最好不用 fprintf 和 fscanf 函数,而用 fread 和 fwrite 函数。

5.3.4　文件的定位与随机读写

前面介绍的对文件的读写方式都是顺序读写，即读写文件只能从头开始，顺序读写数据。如果想一次读出文件指定位置的某个数据，应该如何进行处理呢？为了解决这个问题，C 语言提供了文件读写的另一种方法，移动文件内部的位置指针到需要读写的位置，再进行读写，这种读写称为随机读写。

实现随机读写的关键是要按要求移动位置指针，这称为文件的定位。C 语言使用标准库中提供的几个函数来完成文件的定位与随机读写。

1. 重置文件位置指针的函数 rewind

rewind 函数的功能是使文件的位置指针移到文件的开头处。rewind 函数的原型定义为：

```
void rewind(FILE * fp);
```

其中，参数 fp 是文件型指针，指向当前操作的文件。rewind 函数没有返回值。

rewind 函数的作用在于：如果要对文件进行多次读写操作，可以在不关闭文件的情况下，将文件位置指针重新设置到文件开头，从而能够重新读写此文件。如果没有 rewind 函数，每次重新操作文件之前，需要将该文件关闭后再重新打开，这种方式不仅效率低下，而且操作也不方便。使用 rewind 函数便能克服这一缺陷。

例如，在例 5.11 中的程序中，向文件输入数据结束后，关闭文件，然后重新打开以使文件指针返回到文件头，可以使用 rewind 函数来实现。代码改写为：

```
/ * * * * * * * * * * * * * * * * * * * * * * * * * * * * * * * * * * * * * * * * * * *
程序名称:example-5-11-2
程序说明:本程序从键盘输入学生数据写入文件,再读出学生数据显示到屏幕
 * * * * * * * * * * * * * * * * * * * * * * * * * * * * * * * * * * * * * * * * * * */
# include<stdio. h>
struct stu
{
    char name[10];
    int num;
    int age;
    char addr[15];
}boya[2],boyb[2], * pp, * qq;
int main()
{
    FILE * fp;
    char ch;
    int i;
    pp=boya;
    qq=boyb;
    if((fp=fopen("stu_list","wb+"))==NULL)
```

```
    {
        printf("Cannot open file strike any key exit!");
        getchar();
        exit(1);
    }
    printf("\ninput data\n");
    for(i=0;i<2;i++,pp++)
        scanf("%s%d%d%s",pp->name,&pp->num,&pp->age,pp->addr);
    pp=boya;
    fwrite(pp,sizeof(struct stu),2,fp);
    rewind(fp);
    fread(qq,sizeof(struct stu),2,fp);
        printf("\n\nname\tnumber age addr\n");
    for(i=0;i<2;i++,qq++)
    printf("%s\t%5d%7d%s\n",qq->name,qq->num,qq->age,qq->addr);
    fclose(fp);
    }
```

2. 随机定位函数 fseek

函数 fseek 可以实现改变文件位置指针到指定位置的操作。fseek 函数的原型定义为：

int fseek(FILE * fp,long offset,int origin);

其中,fp 为打开的文件指针,参数 offset 为文件位置指针移动的位移量(单位为字节),参数 origin 指示出文件位置指针移动的起始点(或称基点)位置。在执行 fseek 函数后,文件位置指针新的位置是以起始点为基准,向后(offset 为正值)/或向前(offset 为负值)移动 offset 个字节。文件位置指针的新位置可以用公式"origin+offset"来计算得出。

二进制文件的基点 origin 可以取以下三个常量值之一：
(1)SEEK_SET(也可用数字 0 表示):此时文件位置指针从文件的开始位置进行移动;
(2)SEEK_CUP(对应值为 1):此时文件位置指针从文件的当前位置进行移动;
(3)SEEK_END(对应值为 2):此时文件位置指针从文件的结束位置进行移动。

文本文件的基点 origin 只能取 SEEK_SET 常量值(或取 0 值),而 origin 的值应为 0。

fseek 函数常用于二进制文件中,对于文本文件则不常使用,因为文本文件要进行字符的转换,这会为文件位置指针的计算带来混乱。

fseek 函数返回一个整型值。如果函数执行成功,就返回 0 值;否则,返回一个非 0 值。

例如,要读取第 i 个学生的信息,可以使用下面的语句先将文件指针定位到第 i 个学生的位置后,再使用 fread 函数进行读取：

fseek(fp, i * sizeof(struct stu), 0);

fread(qq,sizeof(struct stu),1,fp);

【例 5.13】　在学生文件 stu_list 中读出第二个学生的数据。
```
/ * * * * * * * * * * * * * * * * * * * * * * * * * * * * * * * * * * * * * * * * * * * * *
    程序名称:example-5-13
```

程序说明：本程序使用 fseek 函数读出第二个学生的数据

* */

```c
#include<stdio.h>
struct stu{
    char name[10];
    int num;
    int age;
    char addr[15];
}boy, *qq;
int main()
{
    FILE *fp;
    char ch;
    int i=1;
    qq=&boy;
    if((fp=fopen("stu_list","rb"))==NULL)
    {
        printf("Cannot open file strike any key exit!");
        getch();
        exit(1);
    }
    rewind(fp);
    fseek(fp,i*sizeof(struct stu),0);
    fread(qq,sizeof(struct stu),1,fp);
    printf("\n\nname\tnumber  age  addr\n");
    printf("%s\t%5d   %7d  %s\n",qq->name,qq->num,qq->age,qq->addr);
}
```

3. 定位当前位置指针函数 ftell

ftell 函数的作用是返回当前文件位置指针的位置，用相对于文件开头的位移量来表示。函数原型为：

long ftell(FILE *fp);

若函数调用失败，则返回值为 $-1L$。例如：

i=ftell(fp);

if(i==-1L) printf("error\n"); /* 变量 i 存放当前位置，如调用函数时出错（如不存在 fp 文件），则输出"error"。 */

4. 判断文件结束函数 feof

feof 函数用于判断文件是否结束，函数原型为：

int feof(FILE *fp);

对于文本文件，使用"EOF"作为文件的结束标记，因为 EOF 的值为 -1，而字符的 ASCII 码不可能为 -1，所以可以使用 EOF 作为文本文件的结束标记。而二进制文件中数据可能为－1,不能使用"EOF"作为文件的结束标记。为此,ANSI C 提供了 feof 函数来判定文件是否结束。例如,如果把一个指定的二进制文件从头到尾按顺序读入并在屏幕上显示出来,可以使用下面的语句:

```
while(! (feof(fp)))
    putchar(fgetc(fp));
```

feof 函数判定文件是否结束的方法同样适用于文本文件。

习　　题

1. 填空题。

(1)若 fp 是指某文件的指针,且已读到文件的末尾,则表达式 feof(fp)的返回值是_____。

(2)库函数 fgets(str,n,fp)的功能是_____。

(3)函数调用语句 fseek(fp,－20L,2);的含义是_____。

(4)二进制文件和文本文件的不同之处是_____。

2. 阅读程序,写出运行结果。

(1)
```
#include<stdio.h>
int main()
{
    FILE * fp; int i, k, n;
    fp=fopen("data.dat", "w+");
    for(i=1; i<6; i++)
    {
    fprintf(fp,"%d ",i);
    if(i%3==0) fprintf(fp,"\n");
    }
    rewind(fp);
    fscanf(fp, "%d%d", &k, &n); printf("%d %d\n", k, n);
    fclose(fp);
}
```

(2)下面的程序运行后,文件 t1.dat 中的内容是什么?
```
void WriteStr(char * fn,char * str)
{
    FILE * fp;
    fp=fopen(fn,"W");
    fputs(str,fp);
    fclose(fp);
```

```
    }
    int main()
    {
        WriteStr("t1.dat","start");
        WriteStr("t1.dat","end");
    }
```

3.编写程序。

(1)从键盘输入一个字符串,把它输出到磁盘文件 f1.dat 中(用字符'♯'作为结束输入的标志)。

(2)统计一篇文章中的小写字母个数和文章中句子个数(句子的结束标志是句点后跟一个或多个空格)。

(3)将 10 个整数写入数据文件 f2.dat 中,再从文件 f2.dat 中读入数据并求其和。

(4)将 10 名职工的数据从键盘输入,然后送入磁盘文件 worker1.rec 中保存。设职工数据包括:职工号、职工名、性别、年龄、工资,再从磁盘调入这些数据,依次打印出来(用 fread 和 fwrite 函数)。

4.针对火箭发动机实验数据处理软件,编写如下函数。

(1)从给定的数据文件中读入压强和推力数据、时间零点和时间步长。提示:数据文件第一行参数名称,文件所存储的数据可能包括时间、推力和压强之外的更多数据,读取时需要予以考虑。例如,图 5-1 中还列出了测温用的热电偶测试数据。

(2)调用第 4 章习题编写的数据变换函数,利用公式 $y=0.01x^2+2.0x+1.005$ 分别对压强和推力进行变换,并将变换后的数据写入新的文本文件。

```
Time [s]  推力 [kN] 压强 [MPa]   温度 [V]
0.000 -0.22081585 0.1940918   0.00030212401
0.001 -0.22220401 0.20095825  0.00010986328
0.002 -0.22636852 0.19790649  0.00024108887
0.003 -0.22220401 0.19561768  0.0002532959
0.004 -0.22127856 0.19866943  0.00029296876
0.005 -0.22127856 0.19485474  9.1552734E-5
0.006 -0.22312947 0.19409180  0.00018005371
0.007 -0.22127856 0.19409180  0.00028991699
0.008 -0.22127856 0.19790649  0.00026855469
0.009 -0.21942768 0.19714355  0.0001159668
0.010 -0.21711406 0.18417358  9.7656251E-5
0.011 -0.21803951 0.20401001  -0.00016174317
0.012 -0.22683124 0.18493652  -6.1035156E-5
0.013 -0.22266674 0.19561768  0.00010070801
0.014 -0.22127856 0.20019531  -2.746582E-5
```

图 5-1　试验数据文件示例

5.根据 1.3 节列出的数据处理任务要求,将各章习题中所完成的相关功能进行综合,完成火箭发动机实验数据处理程序。

第6章 Fortran 语言概述

6.1 Fortran 语言代码的基本格式

Fortran 程序代码的编写格式有两种：Free Format(自由格式)及 Fixed Format(固定格式)。简单说，Fixed Format(固定格式)是属于旧式的写法，它在编写版面上有很多限制。Free Format(自由格式)是自 Fortran 90 开始的写法(仍保留了固定格式)，取消了许多旧的限制。两者的代码内容基本上完全一样，一个必须严格遵守固定格式源代码的书写规范，另一个的代码书写方式则非常灵活。对于 Fortran 语言程序的结构，同样以计算圆球体积的程序为例进行介绍。

6.1.1 固定格式

在"固定格式"中，规定了程序代码每一行中每个字段的意义，见表 6-1。第 7~72 个字符，是可以用来编写程序的字段。每一行的前 5 个字符只能是空格或是数字，数字用来作为"行标号"。每一行的第 6 个字符只能是空格或"0"以外的字符。

表 6-1 程序代码字段的意义

字 符	意 义
第 1 个字符	如果是字母 C、c 或星号＊，这一行文本会被当成说明批注，不会被编译
第 1~5 个字符	如果是数字，就是用来给这一行程序代码取个代号。不然只能是空格
第 6 个字符	如果是"0"以外的任何字符，表示这一行程序会接续上一行
第 7~72 个字符	Fortran 程序代码的编写程序
第 73 个字符之后	不使用，超过的部分会被忽略，有的编译器会发出错误信息

图 6-1 显示了计算圆球体积的固定格式代码。除了以 C 开头的注释行之外，在第 6 列标注成深色。这是由 IDE 的关键字高亮(Highlight)功能所设置的，Fortran 语言本身并没相应规定，这样可以很清楚地定位到第 7 列开始编写代码。在第 12 行的第 6 列有一个"&"字符，它表示该行与上一行是相连的，即编译时当成一行处理。

第 11、13 行的最前面都有一个数字，这个数字用来给第 11、13 行各取一个标号。行标号可以是任何数字，只要数值大小在 5 位数范围即可。这个数字纯粹是用来给定一个标号，和程序代码执行的先后顺序没有关系。例如，该程序第 11 行的标号就比第 13 行的标号大，却先执行。

程序代码命令之间的空格，不会有任何意义，例如：

    write（＊，＊）"volume＝ "，V

    write（＊，＊）   "volume＝ "，   V

上面的两行程序代码，write 命令跟后面的字符串和变量 V 之间插入了不同数目的空格，不过这两行程序代码的含义是相同的，因为空格在程序代码命令间没有意义。

Fixed Format 是为了配合早期使用穿孔卡片输入程序所发明的格式。随着穿孔卡片的淘汰，Fixed Format 也没有必要再继续使用下去。现在都应该使用 Free Format 来编写程序。不过还是需要了解 Fixed Format 的使用规则，因为现在仍然可以找到很多使用这种格式来编写的旧程序。

图 6-1　固定格式代码

6.1.2　自由格式

Free Format 基本上允许非常自由的编写格式，它没有规定每一行的第几个字符有什么作用。需要注意的事项只有以下几点：

（1）叹号"！"后面的文本都是注释。

（2）每行可以编写 132 个字符。

（3）行号放在每行程序的最前面。

（4）一行程序代码的开头（最后）如果是符号 ＆，代表上一行（下一行）程序会和这一行连接。

图 6-2 显示了采用自由格式编写的代码。可以发现自由格式已经不需要在每一行前面都留空格。第 1~5 行整行都是注释,第 10 和 14 行只有叹号后的部分是注释。第 11 行的最后是连接符号 &,因此第 12 行会连接在它后面。第 13 行最后与第 14 行最前面都是连接符,它把 print_volume 分成了两半。尽管这不是一个很好的编写风格,但在语法上是允许的。

```
1     !*****************************************************************
2     !  程序名称: example-6-1_F95
3     !  程序说明: 本程序计算圆球的体积,采用自由格式书写(Free Format)
4     !  程序编写: 吕翔
5     !*****************************************************************
6     program main
7         implicit none
8         real radius,vol,volume
9         write (*,*) "Please input the radius:"
10        read (*,*) radius  ! 读入半径
11        vol = &
12         volume(radius)
13        call print_&
14    &volume(vol) !调用subroutine输出体积
15        stop
16    end program
17
18    function volume(R)
19        real R
20        volume=3.14159*4.0/3*R*R*R;
21    end function
22
23    subroutine print_volume(V)
24        write (*,*) "volume= " , V
25    end subroutine
```

图 6-2　自由格式代码

6.1.3　Fortran 程序基本结构分析

(1)Fortran 程序中大小写不敏感(除了字符和字符串里的内容),这一点是与 C 语言有很大的差别。

(2)要生成可执行程序,源代码中可以用 program 描述来作为开头,也可省略不写。在 program 之后还要跟随一个自定义的程序名称。程序名称只要符合 Fortran 的变量、函数和子程序的命名规范即可,与生成的可执行文件名称没有任何关联,通常习惯写成 main。在 end 之后的 program 也可以省略。在程序起始位置的 program 可以省略,但在尾部的 end 却不可省略。可以认为 program 与 C 语言的 main 函数类似。

(3)在代码中有 function 和 subroutine 两个关键字定义的代码,它们与 C 语言中的自定义函数类似。其中,function 定义的代码称为函数,而 subroutine 定义的代码称为子程序。两者之间存在一定的差异,将在第 9 章中进行介绍。这两个关键字同样需要与 end 搭配使用,end 之后的关键字也可以省略,建议在编写代码时尽量保留,这样便于查阅代码的完整性。

(4)implicit none 表示没有隐含的变量类型。在 C 语言中,如果不定义变量的数据类型,编译器会提示错误。而在 Fortran 语言中则有一个很特别的规范,可以指定变量的默认数据类型。这将在第 7 章中进行介绍。

(5)real 是变量类型,与 C 语言的 float 一致。第 7 章将介绍各种变量类型。

(6)write 和 read 是基本的输入/输出语句,将在第 10 章中进行介绍。

(7)两个语句 vol ＝ volume(radius)和 call print_volume(vol)是调用函数和子程序的方式,从这里也可以看出 function 和 subroutine 的差异。

(8)Fortran 语句不像 C 语言那样需要结束符。

(9)在 C 语言中,调用函数前必须先声明函数的类型和传递参数。而在 Fortran 中,只需要事先声明一下 function 的返回值类型即可。对 subroutine 则不需要事先声明。

(10)在 Fortran 90 中,可以将两行代码写在同一行,中间使用分号隔开即可。

6.1.4　集成开发环境

本书中开发 Fortran 程序时使用的集成开发环境仍是 Code::Blocks,其创建 Fortran 程序与 C 程序的流程基本相同。在选择程序语言时,需要选择固定格式(F77)或者自由格式(F95)。其余步骤与 C 语言完全一致。程序中源代码若是以 f、f77 或 for 为扩展名,则 IDE 认为是固定格式代码;而扩展名是 f95 时则认为是自由格式代码。程序的编译与调试方法也与 C 语言一致,在此不再赘述。如果需要在命令行手工编译源代码,那么需要使用的命令是 gfortran,所传递的命令参数请参考 gfortran 手册。

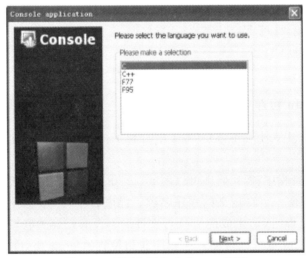

图 6-3　利用向导生成 Fortran 程序

6.2　程序设计任务

6.2.1　基本要求

在学习完 C 语言编程之后,用 Fortran 语言来编写发动机实验数据处理程序就变得很容易了。在 Fortran 语言这一部分,本书提出的程序设计任务是编写一个求解固体火箭发动机内弹道方程的程序。与 C 语言部分同样的思路,为了避免过多的涉及专业名词,本书尽量采用数学语言来描述这一问题。

在第 1 章介绍固体火箭发动机实验数据处理程序编写任务时,给出了典型的实验曲线。发动机的燃烧室压强可以分解为上升段、平衡段和下降段 3 个阶段,如图 6-4 所示。

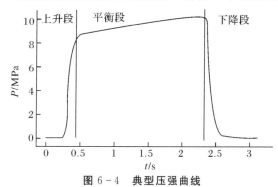

图 6-4　典型压强曲线

上升段和平衡段的压强采用下式计算:

$$\frac{\mathrm{d}p_c}{\mathrm{d}t} = \frac{\Gamma^2 c^{*2}}{V_c}\left[\left(1 - \frac{p_c}{RT_f\rho_p}\right)\rho_p A_b a p_c^n - \frac{p_c A_t}{c^*}\right]$$

下降段的压强采用下式计算:

$$p_c(t) = p_{c,eq}\left[\frac{2V_c}{2V_c + \Gamma\sqrt{RT_f}A_t(k-1)t}\right]^{\frac{2k}{k-1}}$$

公式中各个参数的含义和来源见表 6-2。本阶段程序设计的任务就是编写程序求解出压强 p_c 随时间 t 的变化规律(专业术语:内弹道计算)。

表 6-2　各参数含义和来源

参数符号	含　义	来　　源
p_c	燃烧室压强	待求解变量,点火压强初值为 2 MPa
t	时间	自变量
A_b	燃面面积	随时间变化,根据输入数据文件插值
V_c	燃烧室自由容积	随时间变化,根据输入数据文件插值
$p_{c,eq}$	平衡段结束时压强	平衡段结束时计算结果
c^*	特征速度	已知,1 474 m/s
R	燃气常数	已知,365 J/(mol·K)
ρ_p	推进剂密度	已知,1 772 kg/m³
a,n	燃速公式 $r=ap^n$ 参数	已知,$a=2.95$,$n=0.488\,8$,p 的单位采用 MPa,燃速单位是 mm/s
A_t	喷管喉部面积	已知,喉部直径 33.21 mm
k	燃气的比热比	已知,1.226 5
T_f	燃气温度	已知,2 619.8 K
Γ	常数	$\Gamma = \sqrt{k}\left(\dfrac{2}{k+1}\right)^{\frac{k+1}{2(k-1)}}$

图 6-5 所示是燃面和燃烧室自由容积的输入数据文件,第一列的数据是推进剂的肉厚Web(即推进剂燃烧掉的厚度 e,可以用燃速对时间的积分来计算),第二列是对应的推进剂燃面 A_b,第三列是对应的自由容积 V_c。在实际使用时,需要计算出当前所燃烧掉的总肉厚,然后插值求解燃面和自由容积。若用数学语言描述,可表示成下式:

$$e(t) = \int_0^t r(t)\mathrm{d}t = \int_0^t a \left[p_c(t)\right]^n \mathrm{d}t$$

$$A_b(t) = f\left[e(t)\right]$$

$$V_c(t) = g\left[e(t)\right]$$

e 和 V_c 永远是单调增加的,而 A_b 则没有固定的变化规律。图 6-6 给出了本书所用数据中 A_b 和 V_c 随 Web 的变化曲线。

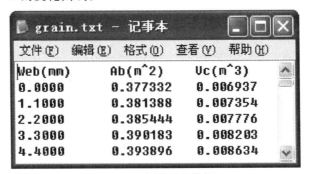

图 6-5　原始输入数据

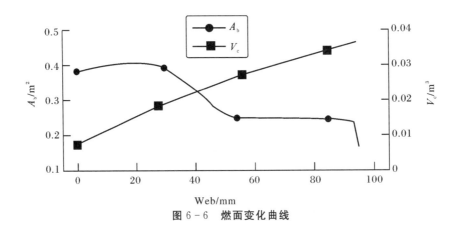

图 6-6　燃面变化曲线

6.2.2　程序编写思路分析

有了 C 语言的基础,分析该程序设计任务便变得非常容易了。程序的基本功能和流程如下:

(1)打开 grain. txt 读入肉厚 Web、燃面 A_b 和自由容积 V_c 的对应关系数据,应该使用 3个数组(或者使用一个结构体)。

(2)求解上升段和平衡段的压强,需要利用求解微分方程相关的数值方法。求解时每前

进一个时间步长 dt，需要计算燃烧掉的总肉厚 Web（上一个时刻的燃烧肉厚加上 dt 时间内燃烧掉的肉厚），然后插值得到燃面 A_b 和自由容积 V_c。求解压强的常微分方程时，有多种方法可用，最常见的是 4 阶的定步长龙格-库塔法。

（3）将平衡段最后一个压强值作为下降段压强计算所用的 $p_{c,eq}$，求解下降段的压强。

在本次程序设计任务中，主要的工作包括：数据文件的输入、每次求解时根据总肉厚 Web 插值计算燃面 A_b 和自由容积 V_c、使用龙格-库塔法求解常微分方程、计算下降段的压强。

习　题

1. 使用 Code::Blocks 分别生成固定格式和自由格式的 Fortran 代码模板，然后将例题中的代码输入到源程序中，参考第 2 章的 IDE 使用方法编译运行程序。

2. 尝试将上一题的代码任意修改一下（变量名称和类型、函数名称和函数变量等），查看 IDE 的编译结果。如果提示编译错误，仔细分析一下出错信息与修改之处的对应关系。如果编译成功，运行程序并检查结果是否正确。如果运行结果错误，进行程序调试。

3. 根据本次程序设计任务的思路分析，简要画出程序设计流程或者程序的结构框架。

第7章 Fortran 语言基础

7.1 Fortran 数据类型

从数据的表现形式上讲,Fortran 中数据有常量、变量、表达式和函数之分。从数据的类型上讲,有整型、实型、字符型、复型和逻辑型等基本的数据类型,还可有如数组、结构体等复杂的数据类型。每一种数据类型定义了一个或一组相同性质的值的集合(结构体除外),并决定了该类型数据在计算机中的存储方式和作用于该类型数据的操作。下面主要从表现形式角度,介绍其中最简单的数据:常量和变量。

7.1.1 常量和变量的概念

常量是在程序运行过程中,其值不改变的量。例如 15,0,−21,3. 1416,'Fortran'等都是常量。Fortran 中,常量可以分为直接常量和符号常量两大类。

直接常量是指数据本身就是一个常量。不同类型的常量有不同的表示方法。

符号常量,是用一个标识符来代表一个常量。符号常量常用 PARAMETER 语句来定义,例如:

PARAMETER (PI=3. 1416,M=10)

该语句定义了两个符号常量 PI 和 M。PI 代表 3.141 6,M 代表 10。其中,PARAMETER 为特有的常量定义标识,要定义的项必须放在括号内,如果有多项需定义,各项之间要用逗号隔开。

变量与常量相对应,是指在程序运行过程中其值可以改变的量。变量实质上代表的是一个内存单元。高级语言的一个重要的优点是:允许通过变量名,而不是存储单元的物理地址来访问存储单元。因此,在 Fortran 中经常用到下面的语句:

N=N+1

该语句可以这样理解:N 所对应存储单元中的数据在原来基础上增加 1。

7.1.2 变量名

一个变量需要一个名字来识别,变量的名字用标识符命名。在同一个程序单位中不能用同一个标识符代表不同的变量。

在 Fortran 语言中,标识符只能由字母、数字和下画线组成,且开头只能是字母。定义标识符时应注意:

(1)Fortran 标识符不区分字母的大小写,如 grade、Grade、GRADE 所表示的是同一个标识符。

(2)标识符的长度因 Fortran 版本不同而有差异,表 7 - 1 说明了这种差异。在 Fortran 90 中,标识符长度范围是 1~31,超过的字符无效。

(3)标识符要尽量做到"见名知义",如可用 AREA 代表"面积",GRADE 代表"成绩",AVER 代表"平均值"等。

(4)Fortran 没有规定的"保留字",因此,Fortran 中具有特定意义的语句名、函数名,可以用作变量名。但为避免误解、混淆,在实际中要尽量避免使用这些有一定意义的符号作变量名,如最好不要用 PRINT 作变量名,因为 PRINT 为 Fortran 的输出语句,SIN 为 Fortran 语言的正弦函数名,因而也不要用它作变量名,以避免混淆。

表 7 - 1　Fortran 77 与 Fortran 90 标识符对照

Fortran 类型	组成字符	长　短	开头字符	大小写要求
Fortran 77 及以前版本	字母、数字	1~6 个字符,超过 6 个后面字符无效	字母	不区分
Fortran 77 以上版本	字母、数字和下画线	1~31 个字符,超过 31 个后面字符无效	字母	不区分

7.1.3　变量的说明

Fortran 中变量的类型的定义有 3 种方式:

1.类型说明语句

类型说明语句格式为:

　　类型说明符　变量名 1,变量名 2,…

其中,类型说明符说明变量的类型。

INTEGER 为整型变量说明符,REAL 为实型变量说明符。例如:

　　INTEGER X,Y

定义两个整型变量,名字分别为 X 和 Y。又如:

　　REAL AREA,AVERAGE,STUDENT1

则定义了 3 个实型变量。注意:采用该方式进行变量声明时,不允许对其进行赋初值,否则代码会出现编译错误,例如:

　　INTEGER X=10,Y=1

在 Fortran 90 中,还可以用如下语句来说明变量的类型:

　　类型说明符::变量名 1,变量名 2,…

例如：

　　REAL∷SCORE，HEIGHT

该语句定义了两个实型变量。

使用这种格式的语句，在对变量类型进行说明的同时，还可以给变量赋初值。例如：

　　REAL ∷ TOTAL＝73.2

该语句定义了实型变量 TOTAL，同时给它赋初值为 73.2。

2.隐含说明语句

IMPLICIT 说明语句可以将某个或某些字母开头的变量规定为所需的类型，格式为：

　　IMPLICIT 类型说明符(字母表)

例如：

　　IMPLICIT　INTEGER（A,C,T－V）

该语句的含义是将以 A 和 C 及 T 到 V 开头的变量规定为 INTEGER 类型(即整型)。

3.隐含约定

Fortran 语言规定,变量名以 I,J,K,L,M,N 6 个字母开头的变量被当作整型变量。该规则又称为 I－N 规则。例如,在没有前面两种说明的情况下,I1,MA,N3S 等都为整型变量。

注意：

(1)I－N 规则在 Fortran 77 中用得较多,它具有一定的副作用。当隐含说明与类型说明语句一同使用时,变量类型不清晰,因此,Fortran 90 中一般不提倡用。通过在程序变量说明之前加入 IMPLICIT NONE 语句来取消 I－N 规则。

(2)在以上 3 类规则中,第一类优先级最高,第二类次之,隐含约定最低。也就是说,当一个变量被强制定义为某种类型时,IMPLICIT 语句和隐含约定将不再起作用。

(3)IMPLICIT 语句和变量类型说明语句,都为非执行语句。Fortran 规定:应把它们放在所有可执行语句之前。

还需注意,符号常量与变量有着本质的区别,PARAMETER 语句定义符号常量,它是非执行语句。在编译源程序时,编译程序将程序中的符号常量名全部替换成所对应的常量。而变量在程序被编译时被分配相应存储单元,程序执行时,可以将表达式的值存放到变量所对应的存储单元中(即给变量赋值),符号常量不能作为变量使用。

7.1.4　整型数据

在 Fortran 语言中,整型值的集合是数学上整数的一个子集。系统需提供多种表示整数值的方法,每种方法定义了一个整型数据值的集合。每种方法用类别类型参数来区分。整型常量的表示形式为一个数字串,并在数字串后有一个可任选的下画线后再跟类别类型参数。例如,373、－1024、35792、0、32_2、1992110235764803_8 等都是合法的整型数据。这里的整数是十进制数,数字串后的下画线和类别类型参数是可选项。若省略则具有缺省类别。缺省类别整数的范围一般取决于所用计算机的字长。对于 n 位(二进制位)字长的计算机而言,其数据表示的范围一般为 $-2^{n-1}\sim+2^n-1$。例如,对于 32 位机,缺省类别整数的表示范围应该是 $-2^{31}\sim+2^{31}-1$。表 7-2 列出了各种整型的类别参数和对应数据所占的字节数和取值范围。

表 7-2　整型数据的字节数和取值范围

类别参数	字节数	取值范围
1	1	$-128\sim127$
2	2	$-32\,768\sim32\,767$
4	4	$-2\,147\,483\,648\sim2\,147\,483\,647$
8(Alpha 系统)	8	$-9\,223\,372\,036\,854\,775\,808\sim9\,223\,372\,036\,854\,775\,807$

在 Fortran 90 中,还可以使用二进制、八进制和十六进制整型常量,但它只能用于 DATA 语句中。二进制常量的形式是以字母 B 开头,后跟用一对撇号或括号括起来的数字串,而且每个数字不是 0 就是 1。例如,B′10101101′、B(1011101)。

八进制常量的形式是以字母 O 开头,后跟用一对撇号或括号括起来的数字串,而且每个数字是 0~7 之间的一个数字。例如,O453′、O(376)。

十六进制常量的形式是以字母 Z 开头,后跟用一对撇号或括号括起来的数字串,而且每个数字是 0~9 或字母 A 到 F 之间的一个。例如,ZFFA9′、Z(9B35)。

用于说明整型变量的类型符是 INTEGER。其变量说明的基本格式为:

　　INTEGER [([KIND =]类别参数值)] [[,属性列表] ::] 变量列表。

其中:类别参数值取 1、2、4 或 8(仅存在于 Alpha 系统上)。

下面是一些变量说明:

　　INTEGER I , TOTAL
　　INTEGER(2):: K , LIMIT
　　INTEGER(KIND=4)::MIN , MAX

其中:I 和 TOTAL 是默认整型变量,K 和 LIMIT 是类别参数为 2 的整型变量,MIN 和 MAX 是类别参数为 4 的整型变量。

上述变量说明还可以等价写成:

　　INTEGER * 2 :: K , LIMIT
　　INTEGER * 4 :: MIN , MAX

在说明变量的同时,还可以说明变量的属性。属性是被说明对象的所属性质。一个对象被说明具有某一属性时,就使该对象具有某种附加功能、特殊的使用方式与适用范围。属性的种类有很多,这里介绍两种最常见属性的说明格式。

(1)符号常量属性。例如:

　　INTEGER , PARAMETER::I= 5 , J =24

其中:PARAMETER 是符号常量属性说明符。经这样说明后,在本程序单位内 I 就相当于整数 5,J 就相当于整数 24。它们的作用与整型常数的作用一样,I 和 J 的值不能被修改。其他类型的符号常量也采用相同的格式说明。

（2）数组属性。例如：

　　　　INTERGER，D1MENSION(1:10)∷A

其中:DIMENSION是数组属性说明符。经这样说明后,在本程序范围内,A代表一个一维整型数组,它的下标1为下界,10为上界,共有10个元素。

7.1.5　实型数据

Fortran实型值的集合实际上是数学上实数的一个子集。Fortran用类别类型参数区分不同类型的实型数据。实型常量可以用小数形式或指数形式来表示。小数形式与数学上的表示形式相同。例如,−12.78、3.141 59等。指数形式用字母E或D来表示以10为底的指数。一般形式为:

　　　　有效数E指数[＿ 类别参数]

其中:有效数是可带有小数点的数字串,字母E也可以为D,指数是可带正负号的数字串,类别参数是整型常量。

　　例如:＋3.73E2、−8.77E4＿2、−13.6E−4＿4、96D2等都是合法的指数形式实型常量。

　　注意:

　　（1）下画线和类别参数是可选项,若省略,则称为默认实型,这时类别类型参数值可由内部询问函数KIND(0.0)得到。实型数据有单精度和双精度之分。单精度类别类型参数值为4,双精度类别类型参数值为8。当类别参数和指数字母都出现时,指数字母只能是E。

　　（2）若指数字母是D,则表示双精度实型常量。双精度是作为实型的一种特别形式出现的,所以此时禁止再说明类别参数。双精度表示方法的十进制精度要大于默认实型方法的精度。下面的几个数都是用双精度实型来表示0.052:

　　　　5.2D−2,＋.00052E＋2＿8,.052D0,.052＿8,52.000E−3 ＿DBL

其中,参数DBL是在前面已经定义的符号常量,用来指定双精度,即:

　　　　PARAMETER (DBL＝8)

用于说明实型变量的类型符是REAL。其变量说明的基本格式为:

　　　　REAL[([KIND ＝]类别参数值)][[，属性列表]∷]变量列表

　　单精度用REAL(4)定义,双精度用REAL(8)或DOUBLE PRECISION定义。缺省的类别值为4,即为单精度。下面是一些变量说明:

　　　　REAL ∷ M12, AREA, LEN

　　　　REAL(4) ∷ DX, DY 或 REAL ∗ 4∷ DX, DY

　　　　REAL(8) ∷ D_PRE, X 或 REAL ∗ 8 ∷ D_PRE, X 或

　　　　　　　　DOUBLE PRECISION∷D_PRE, X

7.1.6　复型数据

1.复型常量

在科学计算问题中常会遇到复数运算问题。例如,数学中求方程的复根、电工学中交流

电路的计算、自动控制系统中传递函数的计算等都要用到复数运算。Fortran 提供了复数数据类型,这使得有关复数运算问题变得方便容易。

将两个实数用逗号分隔,再用括号括起来就构成了一个 Fortran 复型常量。其中,第一个实数称为复数的实部,第二个实数称为复数的虚部。例如,(1.25,0.4)、(1E2,−3.4)分别表示复数 $1.25+0.4i$ 和 $100.0−3.4i$。复数的实部或虚部也可由整数构成。例如,(32,5.0)、(4,7)、(1.54,24)等均是合法的复型常量。

复数同前面的整数、实数一样,也具有类别类型参数。复型数据的类别类型参数是用于说明实部和虚部这两个实型数据的类别类型。若省略类别类型参数,则称此复型数据为默认复型,亦即实部和虚部均为默认实型数时,此复型数据是默认复型的。由上可见一个复型常量可能有整-整,整-实,实-整或实-实四种结构,那么怎么来决定其类别类型参数值呢?其办法如下:

(1)将整型数据的部分转换成实型数据。若两部分都是整型的,则转换成默认实型,因而认为是默认复型的;若一部分是整型的,另一部分是实型的,则复型数据的类别类型参数就是实型部分的类别类型参数,且将整型的部分转换成与另一部分的实型相近的类别类型参数值。

(2)若两部分都是实型数据且类别类型参数相同,则复型的类别类型参数就是实型数据的那种类别类型参数,特别当都是默认实型时,就得到默认复型。如果两部分的类别类型参数不同,那么精度高的那部分的类别类型参数就是复型的类别类型参数,且另一部分还需转换为精度高的那种近似表示。例如,(1,3)、(2.0,−2.0)、(0,3.2E5)、(3.5_4,+3.7E3_8)等都是合法的复型常量,而且前 3 个例子都是默认复型的表示,而在最后 1 例中,若假定类别类型参数值 4 比 8 所表示的实数精度低,则该复型数据具有类别类型参数值 8。

2.复型变量

用于说明复型变量的类型符是 COMPLEX。其变量说明的基本格式为:

COMPLEX［(［KIND＝］类别值)］［,属性列表］::］变量列表

若要将变量说明成单精度复数,则采用 COMPLEX、COMPLEX(4)或 COMPLEX * 8;若要将变量说明成双精度复数,则采用 DOUBLE COMPLEX、COMPLEX(8)或 COMPLEX * 16。下面的例子说明了复型变量的定义方式:

COMPLEX Z1, Z2

COMPLEX(4) :: COM_VAL

COMPLEX(8) :: CZ, CQ

复型变量的赋值语句与前面章节介绍的赋值语句相同。例如,若已定义 C、D 为复型变量,则可以用下面的赋值语句将复型常数赋给复型变量:

C＝(3.0, 6.3)

D＝(8.76E＋5, −67.8E−3)

如果实部或虚部含有变量,那么应该用 CMPLX 函数将实部和虚部组成复型数据再赋给复型变量。例如:

C＝CMPLX(3.0 * A, 6.0＋B)

7.1.7 字符型数据

1. 字符型常量

字符型常量又叫字符串常量,它是用单撇号或双撇号括起来的字符序列。例如,"AB-CD"、ʹCHINAʹ、ʹ12345678ʹ等都是 Fortran 字符型常量。字符型常量中的字符可以是计算机系统中允许使用的任何字符。在字符串内大小写字母均可使用,但它们是不同的字符。单撇号和双撇号只起定界作用,它们不是字符串的组成部分。

当字符串中又含有单撇号时,例如要将 IʹM A STUDENT 作为一个字符串来处理,为了区分"ʹ"是字符串中的字符还是定界符,可采用两种方式表示:

"IʹM A STUDENT" 或ʹIʹM A STUDENTʹ

前者用双撇号作定界符,后者用单撇号作定界符,同时将字符串中的单撇号用两个单撇号表示,系统会自动将其处理为字符串的一个单撇号字符。

对于含有一对引号的字符串,也可采用类似的方法:

ʹTHAT WAS A "STORY" ʹ 其值为 THAT WAS A "STORY"

"THIS SOUNDS ʹTHETAʹ " 其值为 THIS SOUNDS ʹTHETAʹ

字符串内字符的个数称为字符串的长度。字符串ʹ ʹ和" "的长度为 0。在字符串内部的空格是有效字符,并占有一个字符的位置。例如,ʹABCʹ和 ʹA B Cʹ是两个不同的字符串。前者字符串的长度为 3,后者为 5。

一个字符常量需要写成多行时,有一条特殊的规则:不仅每一续行都不能尾随注释,而且每一续行必须以续行符 & 作为开头,任何尾随 & 号之后或者前导 & 号之前的空格都不是字符常量的组成部分,& 号本身不是字符常量的组成部分。其他的字符包括空格都是字符常量的有效组成部分。例如:

STRING = ʹOn the day 1 visited the school,an exam was held. &

& The boys and girls on the shooting range,preparing&

& for the exam,were standing or lying on their stomachs.ʹ

在 Fortran 90 中,有一类字符串称为 C 字符串,其表示形式是在字符型常量后加上字母 C。例如,"ABC"C,"X + Y= "C,"Fortran 90"C 等都是 C 字符串。在 C 字符串中,可以包含 C 语言中的转义字符,其含义与 C 语言中的含义相同。如"\ n"表示换行,"\\"表示反斜杠,"\r"表示回车,"\ddd"表示以八进制数 ddd 为 ASCII 码的字符,"\xhh"表示以十六进制数 hh 为 ASCII 码的字符。C 字符串的名称也由此而来。分析下列程序的输出,可以更好地理解 C 字符串的作用:

PRINT ∗ , "ShaanXi", "\nXiʹan"

PRINT ∗ , "ShaanXi ", "\nXiʹan"C

PRINT ∗ , "\101","\X61"

PRINT ∗ , "\101"C, "\X61"C

END

程序运行后,输出结果为:

ShaanXi\ nXi′an

ShaanXi

Xi′an

\101\x61

A   a

2. 字符型变置

用于存放字符型数据的变量就是字符型变量。字符型变量除了具有类型和值之外,它比其他基本类型的变量还多一个长度特性。也就是说,在说明一个变量为字符型变量的时候,还要指明该变量最多能存放多少个字符。

用于说明字符型变量的类型符是 CHARACTER。其变量说明的基本格式为:

CHARACTER([LEN=]n)[[,属性说明] ::] 变量列表

格式中的 n 代表被说明变量的长度,各项属性说明是字符型变量有关属性的说明。例如:

CHARACTER(LEN = 25) :: A, B,C

CHARACTERS(15) :: VAR, CH

CHARACTER(LEN=8), DIMENSION(1:10) :: X,Y,Z

CHARACTER(LEN=10) PARAMETER :: NAME='FORTRAN 90′

都是合法的说明语句。采用以下三种说明方法是等价的:

CHARACTER(LEN=15) :: A

CHARACTER(15) :: A

CHARACTER * 15 :: A

在 CHARACTER 后说明的长度为公用长度,当被说明的变量的长度不全一样时,也可在相应变量的后边指明其具体的长度。例如:

CHARACTER (LEN=15) :: A, B * 8, C * 5

依据个别优于一般的原则可知,A 的长度是 15,B 的长度是 8,C 的长度是 5。

在前面曾提到,对于字符型变量,必须指明其长度,但有时可把长度值写成一个星号,以表示在此处暂时可以不指明其长度。例如,可以有以下两个合法的等价说明:

CHARACTER(LEN= *):: CH, PARA

CHARACTER * (*):: CH, PARA

但应注意,这种写法在许多系统中是有条件的,并非在任何情况下均可如此书写。一般而言,在以下两种状态下均可以采用星号来说明长度:

(1)具有 PARAMETER 属性的字符常量。例如以下两个语句:

CHARACTER(LEN= *), PARAMETER :: PARA= ′FORTRAN 90′

CHARACTER * (*), PARAMETER :: PARA= ′FORTRAN 90′

给出的字符串长度是确定的,因此,字符符号常量 PARA 的长度是可知的(等于 10),可用 * 说明。

(2)用字符变量作虚参时。在子程序中,用字符型变量作虚参时可以不指明其具体长

度,即用 * 定义长度。这时它可以与任意长度的字符型实参相结合,有利于提高子程序的通用性。

3. 子字符串

一个字符串的一部分称为该字符串的子串（Substring）。例如,字符变量 A 的值为'GOOD MORNING',则'GOOD','MORNING','G','OR','ING'等都是 A 的子串。用下面形式表示一个子串:

字符变量名(m:n)

其中:m 和 n 是整数或整型表达式,表示子字符串在字符串中的起止位置,该子字符串的长度为 n－m+1 (n≥m≥1)。例如,有说明语句如下:

CHARACTER(LEN=80) :: ROW

则 ROW(4:7)表示 ROW 字符串中从第 4 个字符到第 7 个字符组成的一个子串,其长度为 4,ROW(1:1)表示该字符型变量的第 1 个字符。

根据不同情况,可以省写 m 或 n:

(1)当 m 不写时,表示 m=1;

(2)当 n 不写时,表示 n 的值为字符变量的总长度;

(3)当均不写时,该子串就是表示字符变量本身;

(4)无论哪个不写,但在表达子串时,冒号不能省。

4. 字符表达式与字符赋值语句

字符表达式是指用字符运算符把字符常量、字符变量等字符型数据连接起来的有意义的式子。

字符运算符只有一个,就是字符连接符"//",它是由两个斜杠组合而成的,其作用是将两个字符型数据连接起来,成为一个字符型数据。该运算符是一个双目运算符,在其两侧应各有一个字符型操作数。例如,'HE'//'LLO! '的值为'HELLO! ','FORTRAN'//' '//'90'的值为'FORTRAN 90'。

单独一个字符常量、字符变量、字符子串、字符函数等,都属于字符表达式的特例,可把它看作最简单的字符表达式。

对于已说明的字符变量,可以对其进行字符赋值操作。字符赋值语句的格式与前面章节介绍的赋值语句格式相同。例如,下列程序说明了字符型数据的赋值操作。

```
PROGRAM CHAR_1
IMPLICIT    NONE
CHARACTER (LEN = 5) :: A, B, C
CHARACTER( LEN=11) :: D
A = 'CHINA'
B = 'PRC'
C = A
D = A//' '//B
```

PRINT * , A，B，C

END PROGRAM CHAR_1

程序中用到的 4 个赋值语句均是字符赋值语句,其中最后一个赋值语句是将字符表达式 A//′ ′//B 的值求出之后赋给变量 D。因此,D 中值是字符串′CHINA PRC′。

下面的赋值操作是非法的:

A＝12345(12345 不是字符型数据)

C//A＝B(赋值号左边是表达式)

在进行字符赋值操作时,有时赋值号两端数据的字符长度不等,这时应遵循以下原则:

(1)当赋值号右边表达式中字符个数等于赋值号左边变量中字符长度时,直接赋值;

(2)当赋值号右边表达式中字符个数少于陚值号左边变量中字符长度时,变量右端补足空格。例如,字符变量 A 的长度为 7 时,执行语句:

A ＝′CHINA′

之后,A 中值为′CHINA　′,即 A 的尾部有两个空格。

(3)当赋值号右边表达式中字符个数多于赋值号左边变量中字符长度时,将右边多余的字符截去。例如,执行语句

A＝′GOOD MORNING′

之后,A 中值为′GOOD MO′。

5. 字符关系表达式

与数值型数据一样,字符型数据也能进行关系运算。例如,′A′＞′B′就是一个字符型关系表达式,与数值型关系表达式一样可以使用各种关系运算符。字符型关系表达式的值只有 .TRUE. 和 .FALSE. 这两种可能。

字符比较的规则是:一般按其 ASCII 代码的值(见附录 1)进行比较。常用的字符顺序为:①数字 0 小 9 大;②数字比字母小;③大写字母比小写字母小;④字母 A 小 Z 大,a 小 z 大;⑤"空格"字符最小。

在进行关系运算时,遵循以下规律:

(1)两个单个字符比较,以它们的 ASCII 代码值决定大小。例如:′A′＜′B′的值为假,′8′＜′2′的值为假。

(2)两个字符串比较时,将两个字符串中的字符自左向右逐个进行比较。若所有字符完全相同,则两表达式相等;否则,以第一次出现不同字符的比较结果为准。例如:′SHANG-HAI′＜′SHANKONG′的值为真

因为第 5 个字符′G′＜′K′,所以前一表达式的值小于后者。

(3)若两个字符串中字符个数不等时,则将较短的字符串后面补足空格后再比较。例如:′WHERE′＜′WHEREVER′的值为真。因为先将′WHERE′后边补空格成为′WHERE　′之后,再与′WHEREVER′比较,第 6 个字符空格小于字母′V′。

6. 用于字符处理的内部函数

Fortran 90 中提供了许多与字符型操作有关的内部函数,在附录 3 中附表 3－4 给出了

相关函数的说明。这里介绍其中最常用的函数。

(1)求字符串长度函数:LEN(String)和LEN－LTRIM(String)。其中,String 为字符型常量、变量等字符串。

函数 LEN 的结果值是 String 中字符个数(包括前置及尾随空格)。函数 LEN_TRIM 的值是把字符串去掉尾部空格后的长度。例如:LEN_TRIM('ABC□□D')的值为 6,LEN('ABC□□D')的值为 6,LEN_TRIM('ABC□□')的值为 3,LEN('ABC□□')的值为 5,LEN_TRIM('□□□□□')的值为 0,LEN('□□□□□')的值为 5。

(2)除去字符串尾部空格函数 TRIM(String)。函数的结果值是去掉 String 中的尾部空格后剩余的字符串。例如:TRIM('□□ABC□□□')的值'□□ABC'。

(3)子串位置函数 INDEX(Sting1,String2)。其中,String1 和 String2 均为字符型。若 String2 是 String1 的一个子串,则其函数的结果值是一个正整数,该数表示 String2 在 String1 中的起始位置;若 String2 不是 String1 的子串,则函数结果值为 0。例如,INDEX('FOLLOW□ME','ME')的值为 8,因为'ME'的第一个字符 M 出现在'FOLLOW ME'的第 8 个字符位置上;INDEX('FOLLOW□ME','L□O')的值为 0。

(4)字符向字符序号转化函数 ICHAR(String)和 IACHAR(String)。其中,String 是长度为 1 的字符型常量或变量。其函数的结果值为字符在相应处理系统中的字符序号,若要按照 ASCII 码求其序号,则使用 IACHAR 函数。若系统采用的是 ASCII 码,则函数 ICHAR 和 IACHAR 作用一样。例如:IACHAR('A')的值为 65,IACHAR('Z')的值为 90。

在 Fortran 90 中,允许 String 所代表的字符长度超过 1,此时只取第一个字符作为有效字符。例如,ICHAR('ABC')的值为 65。

(4)字符序号向字符转化函数 CHAR(I)和 ACHAR(I)。其中,I 可以是整型常量、变量或表达式。其函数的结果值为序号 I 所对应的字符,若要按照 ASCII 码求其对应的字符时,则使用 ACHAR 函数。若系统采用的是 ASCII 码,则函数 CHAR 和 ACHAR 作用一样。例如:CHAR(65)的值为'A',ACHAR(90)的值为'Z'。

7.1.8　逻辑型数据

逻辑常量只有真和假两种值,即.TRUE.和.FALSE.。也可以在逻辑常量后面加类别参数。若省略,则称为默认逻辑型。缺省类别值为 4。

用于说明逻辑型变量的类型符是 LOGICAL。其变量说明的格式为:

LOGICAL [([KIND=]类别值)][,属性列表]::]变量列表

逻辑型变量可以定义为 LOGICAL、LOGICAL(1)、LOGICAL(2)、LOGICAL(4)或 LOGICAL(8)(仅存在于 Alpha 系统上)。还可以指定为 LOGICAL * 1、LOG1CAL * 2、LOGICAL * 4 或 LOGICAL * 8。下面的例子说明了逻辑型变量的定义方式:

LOGICAL　DOIT,DONT

LOGICAL(2) :: IIS,IIF

LOGICAL * 4 :: FLAG1,FLAG2

7.1.9　派生类数据类型与结构体

派生类数据类型和结构体是 Fortran 90 及以上版本新增加的内容,它使 Fortran 语言功能得到进一步加强,使用更加方便。

Fortran 90 以前的 Fortran 版本,没有用户自定义的数据类型。这样给用户带来不便,例如,要比较完整地表达多个学生的信息,假设学生包含的信息有学生所在院系、学生班级、姓名、学号、年龄、性别、家庭住址、各科考试成绩等,同时要对这些数据进行相应的处理,如查找、插人、删除、计算、排序等。以前 Fortran 所用的方法是将学生的每一项数据放在一个数组中,所有学生的姓名可以放在一个字符数组中,学号可以存放在一个整型数组中,成绩可以存放在一个实型数组中等,这样,要解决这个问题,需要对多个不同数组进行处理,编写程序必须注意各个学生所对应的数据项在数组中不能错位,否则将会张冠李戴。

Fortran 90 在这方面有较大的改进,主要是允许自定义派生类数据类型(简称派生类型),有了它,就能较容易地描述上述问题。

1.派生类数据类型的定义

派生数据类型定义的一般格式为:

　　TYPE[，ACCESS[：：]] 派生类名字
　　　　分量表
　　END TYPE 派生类名

说明:

(1)TYPE 是定义一个派生类型的起点。

(2)ACCESS 是可供选择的访问方式说明,分 PRIVATE(私有的)和 PUBLIC(公共的)两种。例如,TYPE,PRIVATE：：XX,该语句定义了具有私有属性的派生类型 XX。注意:说明为 PRIVATE 时,外部模块不能访问它;说明为 PUBLIC 属性的实体,在其程序单位中用了 USE 语句就可以使用;默认方式为公共访问方式。

(3)派生类名为一个标识符,用户可以用任意标识符命名。

(4)分量表可以是各种类型的数据,并且可以有多项,每项前面必须加上类型说明。

(5)"ENDTYPE 派生类名"为派生类定义结束的标志。

下面看一个具体实例:

```
    TYPE STUDENT
        CHARACTER(15) NAME
        INTEGER NUM
        LOGICAL SEX
        CHARACTER(30) ADDRESS
    END TYPE
```

其中,STUDENT 为派生类名。

该派生类包含一个最多可存放 15 个字符的字符变量 NAME、一个整型变量 NUM、一个逻辑类型变量 SEX、一个最多可存放 30 个字符的字符变量 ADDRESS,由于该派生类访

问方式已经省略,因此,按照默认访问方式即公共访问方式对其进行访问。

2.结构体的定义

有时需要将不同类型的数据结合成一个统一的整体,以便于引用。本节介绍派生类型中一种较简单的数据类型——结构体,它是由若干个相互之间有联系的数据项构成的。结构体类型定义的一般形式为:

    TYPE(派生类型名)∷结构体变量名

例如,定义了 STUDENT 派生类后,就可以用它来定义结构体变量:

    TYPE(STUDENT)∷S1,S2

该语句定义了两个结构体变量 S1 和 S2,它们都包含 STUDENT 的所有成员,即 NAME、NUM、SEX、ADDRESS 等 4 项。

结构体既可以在程序中定义,也可以和其他内部数据类型一样放在另一个派生类型的定义中定义,即所谓嵌套定义。例如:

    TYPE STUDENTRECORD
            CHARACTER(15) NAME
            INTEGER NUM
            LOGICAL SEX
            CHARACTER(30) ADDRESS
        END TYPE
        TYPE STUDENTTOGETHER
            TYPE(STUDENTRECORD)∷STUDENT
            REAL MATH
            REAL ENGLISH
            REAL CHINESE
        END TYPE

其中:先定义 STUDENTRECORD 结构体,再把 TYPE(STUDENTRECORD)∷STUDENT 语句放在结构体定义语句 TYPE STUDENTTOGETHER 之内,这样构成嵌套定义,即用一个结构体作为另外一个结构体的成员。

这时,如果定义以下结构体:

    TYPE(STUDENTTOGETHER)∷S

这样,结构体变量 S 包含三个实型变量 MATH、ENGLISH、CHINESE 和一个结构体变量 STUDENT,而 STUDENT 又包含 NAME、NUM、SEX、ADDRESS 四个成员。

3.结构体成员的引用

结构体成员的引用有两种方式:

    结构体名%成员名
    结构体名.成员名

例如,对上面定义的结构体变量 S1 和 S2,成员的引用如下:

S1. NAME, S1. NUM, S1. SEX, S1. ADDRESS;

S2％NAME，S2％NUM，S2％SEX，S2％ADDRESS。

注意：

（1）两种引用方式可以交叉使用，但为了清晰起见，在一个程序中最好使用一种。

（2）在含嵌套定义的结构体中，成员引用应当嵌套使用"％"或"．"。例如，对上面结构体 S 中成员 NUM 的引用方式为 S％STUDENT％NUM。

4. 结构体的初始化

（1）利用赋值语句给结构体成员赋值。定义一个结构体后，就可以使用结构体变量了。例如：

S1. NUM＝2015001

S1. NAME＝"张三"

S1. SEX＝. FALSE.

S. STUDENT. NAME＝"张三"

S. MATH＝90

这与普通变量赋值本质上是一样的，也就是说可以把结构体变量成员的引用当作一个变量来使用，因此也可以用输入语句来赋值。

PRINT＊，"请输人三个学生的名字"

READ＊，S1. NAME, S2. NAME, S. STUDENT. NAME

PRINT＊，"请输入三个学生的英语成绩"

READ＊，S1. ENGLISH, S2. ENGLISH, S2. ENGLISH

（2）定义的同时赋值。在定义结构体变量的同时，给定结构体各成员的值。其格式为：

TYPE(派生数据类型名)∷结构体变量名＝派生数据类型名(成员初值表)

其中：等号后面的派生类型名即为 TYPE 后面的派生类型名；成员之间的值用"，"隔开。

例如：

TYPE TEACHER

CHARACTER(12) NAME

LOGICAL SEX

CHARACTER(15) POSIT

CHARACTER(30) ADDRESS

INTEGER SAL

END TYPE

可以用如下方式给对应的结构体变量赋值：

TYPE(TEACHER) ∷ S1＝TEACHER("ZHANG"，. TRUE.，

"PROFESSOR"，& "ShannXi"，2000)，S2，S3

这样，结构体变量 S1 的值全部被给定。

使用这种赋值方式应当注意：

1)赋值时，所给的值的类型和个数应与结构体变量定义中各成员的类型与个数保持

一致；

2)可以将一个结构体变量的值直接赋给另外一个结构体变量。例如：

```
INTEGER S
TYPE STUDENTRECORD
    CHARACTER(15) NAME
    INTEGER NUM
    LOGICAL SEX
    CHARACTER(30) ADDRESS
END TYPE
TYPE(STUDENTRECORD) :: S1, S2
S1=STUDENTRECORD("ABCD", 20, .TRUE., "ShangHai")
S2=S1
S=S2%NUM+S1%NUM
PRINT *,S
END
```

这里，通过 S2＝S1 语句，使 S1 和 S2 两个结构体变量得到相同的值，输出 S 的结果为 40。当结构体中包含成员较多时，可以用嵌套定义的方式，使结构体变得简洁。当学生的成绩是多门时，可以将它们单独定义在一个结构体中，然后将该结构体包含到主结构体中。

7.2 算术表达式与赋值语句

将常量、变量、函数用运算符连接起来的式子称为表达式。根据运算符的不同，表达式分为算术表达式、字符表达式、关系表达式、逻辑表达式等。本节主要介绍算术表达式。

7.2.1 运算符号与其优先级别

Fortran 提供 5 种算术运算，运算符依次为＋、—、＊、/、＊＊，分别代表加、减、乘、除、乘方运算。例如，2＊＊3 表示 2^3，M＊N 表示 M×N。

像在数学里一样，Fortran 中算术运算也有运算先后次序问题，优先次序为：有括号(Fortran 中用于运算先后的括号只有圆括号一种，但它可以嵌套使用)先算括号；无括号时，先算乘方，再算乘、除，最后算加、减。例如，12－5＊2＊＊3/8 结果为 7，计算过程为：先算 2＊＊3＝8，然后计算 5＊8＝40，再 40/8＝5，最后计算 12－5＝7。同级运算一般从左到右依次运算，但对于乘方运算从右到左。例如，对于 2＊＊3＊＊3，先算 3＊＊3＝27，然后算 2＊＊27＝ 134 217 728。

有时，如果希望某些运算先算，可以通过加括号的方式来保证。下面是一些算术表达式的例子：

数学表达式	Fortran 表达式
$\dfrac{\cos(a+1)^2}{n^2+1}$	$\cos((A+1)**2))/(N**2+1)$
$\left(\dfrac{x}{y}\right)^{n-1}$	$(X/Y)**(N-1)$
$\dfrac{1}{2}e^y \cdot \arctan x$	$1.0/2.0 * EXP(Y) * ATAN(X)$
$\dfrac{\sqrt{x+a}+\pi}{2\ln x}$	$(SQRT(X+A)+3.14159)/(2*LOG(X))$
$\lvert a \rvert e^{-st}$	$ABS(A)*EXP(-S*T)$

（1）表达式中的所有字符都必须写在一行，特别是带有下标的变量、分式等，不能像写数学表达式那样书写。例如，Z ＝ X1 ＋ X2 不能写成 Z＝ X_1＋ X_2。

（2）表达式中常量的表示、变量的命名以及函数的引用要符合 Fortran 语言的规则。

（3）算术表达式中，乘号不能省略，如 3 * A 不能写为 3A，X * Y * Z 不能写成 XYZ，其理由是很明显的。

（4）两整数相除，结果为整数，不会进行四舍五入，而是把小数后面的部分切掉。因此，当分子小于分母时，结果一律为 0。例如，在数学上 3 * 2/3 与 2/3 * 3 是等价的，但在 Fortran 表达式中，前者为 2，后者为 0，因此在书写表达式时，应注意数据的类型，防止因两个整数相除而丢失小数部分，导致结果错误。注意，像 3 * 2.0/3 与 2.0/3 * 3 这样写是正确的。

7.2.2　算术表达式中类型转化

在表达式的书写中，数据类型可以不同，这时，编译系统将自动地将不同类型的数据转化为同一种类型，然后进行运算。转换规律是：将低级类型转换成高级类型。对整型和实型而言是将整型转换成实型。例如，1/2.0 则系统先将 1 转换成 1.0，然后除以 2.0，结果为 0.5，因此 1.0/2 和 1/2.0 和 1.0/2.0 结果都为 0.5，得到实型数据。

值得注意的是，数据类型转换是从左到右进行的，像 5/4 * 8.0 结果为 8.0，而非 10.0。要使结果为 10.0，可以将 5 改为 5.0。

7.2.3　赋值语句的格式

赋值语句是最基本的语句，它的一般格式为：

　　变量名＝表达式

其作用是先计算右边表达式的值，再将右边表达式的值赋给左边的变量，即将表达式的值存放到变量所对应的存储单元。例如：

　　PI ＝3.1416

其含义是将 3.1416 的值赋给左边的变量 PI。又如：

　　X＝ X1－X2 * X3 ＋ 5

将算术表达式 X1 ＋ X2 * X3 ＋ 5 的值赋给变量 X。

7.2.4 执行赋值语句时的类型转换问题

赋值语句中被赋值的变量和表达式的类型可以相同,也可以不同。Fortran 规定:

(1)左右两边类型相同,运算完毕,直接赋值。例如:

    INTEGER I
    I = I + 2

I 与 2 都为整型,因此 I + 2 也为整型,最后 I 得到一个整型数据,在原来的基础上增加了 2。又如:

    REAL X, Y
    Y=2.5 * X

X,2.5 和 2.5 * X 都为实型,因此 Y 得到一个实型数据。

(2)左右两边类型不同,右边表达式按原来规则计算,再转换为与左边变量相同的类型,然后将值赋给左边的变量。例如:

    INTEGER N
    N = 3.33 * 3

赋值过程如下:先计算右边表达式 3.33 * 3 的值,为 9.99,再将 9.99 转化为整型 9,最后将 9 赋值给 N,因此 N 的值是 9。

为了加深对赋值语句的理解,看下面的程序段:

    INTEGER M, N
    REAL X, Y
    M=5/2
    N=5.0/2
    X =5/2
    Y =5.0/2

第 1 个赋值语句中,右边 5/2 得到一个整型值 2,左右类型一致,M 的值是 2;第 2 个赋值语句中,5.0/2 得到实数 2.5,在赋值给整型变量 N 时,小数部分被切掉,N 的值是 2;第 3 个赋值语句中,5/2 得到整数 2,但 X 为一个实型变量,因此,将整数 2 转化为实数 2.000 000,再将它赋给 X,因此,X 的值是 2.000 000;第 4 个赋值语句执行后,Y 的值是2.500 000。

7.3 关系运算和逻辑运算

在编写程序时,将会经常进行条件分析,如参数是否大于某个值? 是否满足某个关系式? 根据这些条件的分析结果,对程序的执行流程进行控制。在下一章介绍的选择和循环结构中将会大量使用关系表达式或逻辑表达式来判断程序的执行条件。

7.3.1 关系运算

关系表达式是指由一个关系运算符把两个数值表达式或字符表达式连接起来的式子,

用于对两个运算量进行比较。Fortran 共有 6 个关系运算符,见表 7 - 3。

表 7 - 3　关系运算符

关系运算符		英语含义	数学意义
.LT.	<	Less Than	小于
.LE.	<=	Less Than or Equal To	小于等于
.EQ.	==	Equal To	等于
.NE.	/=	Not Equal To	不等于
.GT.	>	Greater Than	大于
.GE.	>=	Greater Than or Equal To	大于等于

表 7 - 3 中,第二栏的关系运算符为 Fortran 90 新增加的表示方法。在 Fortran 77 及以前的版本只能使用第一栏中的关系运算符,而在 Fortran 90 中两者可以单独使用或者混合使用。值得注意的是,采用第一栏中的关系运算符时,两边的黑点不能省略。

关系表达式的格式为:

　　表达式 1　关系运算符　表达式 2

其中:两个表达式可以是数值常量、数值变量、数值函数或数值计算有关的表达式,也可以是字符表达式。

下面看一看关系表达式的几个例子:

　　A .GE. B

　　X ＋ Y＜ Z－W

　　MOD(M,2).EQ. 1

　　ABS(F)＞1E－6

这 4 个关系表达式分别相当于数学中的:A≥B,X＋Y＜Z－W,M 除以 2 的余数是否等于 1 即 M 是奇数还是偶数,F 的绝对值是否大于 1E－6。

书写关系运算表达式时应注意:

(1)当关系运算里包含算术运算时,先进行算术运算,再做关系运算。为了防止混淆,最好是给算术运算加上括号。

(2)关系运算用于两个不同类型数据比较时,将自动进行数据类型的转化,转化规则同算术运算。

(3)关系表达式计算所得到的结果为逻辑型(LOGICAL),即结果为. TRUE. 或. FALSE. 。因此,计算结果不能再参与关系运算。例如,(A .GT. B).LT. C 这样的表达式是非法的,因为 A.GT.B 结果为逻辑型,不能再参与关系运算。

(4)在使用.EQ. (＝＝)或. NE.(/＝)时,应非常小心,因为实型数据在计算机里存储时是用近似值表示的,可能存在误差。例如:

　　LOGICAL A

　　REAL X

　　READ＊, X

A = (X ∗ X).EQ. 1.44
PRINT ∗ , ′A=′, A
END

当输入 1.2 时,输出结果为 A=F。即当 X 为 1.2 时,像 X ∗ X.EQ.1.44 这样的表达式,其结果为假,解决的办法是用 ABS(X ∗ X−1.44)<=1.0E−6 取代它。

7.3.2 逻辑运算

逻辑运算用于逻辑值的运算。例如,两个关系表达式之间是否同时满足、是否满足其中之一、是否完全一致等,这些运算分别对应"逻辑与""逻辑或""逻辑等"等逻辑运算。

1.逻辑运算符

Fortran 所用的基本逻辑运算有:

(1)逻辑与运算,运算符为.AND.。当连接的两个逻辑操作数为真时,逻辑表达式取值为真,只要一个为假则取假。例如,数学表达式 1<X<2,在 Fortran 中应写成逻辑表达式 X>1.AND. X<2。

(2)逻辑或运算,运算符为.OR.。当连接的两个逻辑操作数只要有一个为真时,逻辑表达式取值为真,全部为假时才为假。例如,|X|>5,对应的 Fortran 逻辑表达式为 X>5.OR. X<−5。

(3)逻辑非运算,运算符为.NOT.。对后面的操作数取反,若操作数为真,则取假,否则取真。

(4)逻辑等于运算,运算符为.EQV.。当连接的两个逻辑值相同(同为真或同为假)时,该逻辑表达式取真,否则取假。

(5)逻辑不等运算,运算符为.NEQV.。当连接的两个逻辑操作数取不同的值时,该逻辑表达式取真,否则取假。

(6)逻辑异或运算,运算符为.XOR.。当连接的两个逻辑操作数不同时,该逻辑表达式取真,相同时取假。

假设 X,Y 都为逻辑变量,从表 7−4 中能判断以上各种逻辑运算的含义。

表 7−4　逻辑运算真值表

| 逻辑变量 | | 逻辑与 | 逻辑或 | 逻辑非 | 逻辑等 | 逻辑不等 | 逻辑异或 |
X	Y	X.AND.Y	X.OR.Y	.NOT.X	X.EQV.Y	X.NEQV.Y	X.XOR.Y
真	真	真	真	假	真	假	假
真	假	假	真	假	假	真	真
假	真	假	真	真	假	真	真
假	假	假	假	真	真	假	假

2.逻辑表达式

逻辑表达式的一般形式为:

逻辑值 1　逻辑运算符　逻辑值 2

其中:逻辑值 1 和逻辑值 2 可以是逻辑常量、逻辑型变量、逻辑型数组元素、逻辑型函数、关系表达式、逻辑型结构体成员等。

下面看两个逻辑表达式的例子:

(1)在直角坐标中,第一象限的点用逻辑表达式可表示为:

X. GT. 0. AND. Y. GT. 0

(2)$x \in [-3,5]$对应的逻辑表达式为:

X. GE. −3. AND. X. LE. 5

逻辑运算也有优先级别之分,其中,. NOT. 的优先级最高,其次是. AND. 、. OR. ,最后是. EQV. 、. NEQV. 和. XOR. 。

在一个逻辑表达式中可能包含多个逻辑运算符,而且还可能出现算术运算和关系运算,它们之间的运算顺序按照以下规定进行:先计算算术表达式的值,再计算关系表达式,最后计算逻辑表达式的值。

当两个逻辑运算处于相同优先级时,运算按照从左到右的顺序进行。下面再看一个例子:

能被 4 整除、但不能被 100 整除,或者能被 400 整除的自然数 M,其对应的 Fortran 表达式为:

MOD(M,4). EQ. 0. AND. MOD(M,100). NE. 0. OR. MOD(M,400). EQ. 0

7.4　简单输入/输出语句

Fortran 提供多种输入/输出方式,与此对应的是各种输入/输出语句。下面要介绍的是其中最简单的表控输入/输出语句,也就是系统默认的输入/输出方式。将在第 10 章中对输入/输出进行详细介绍。

7.4.1　表控输入语句

Fortran 用 READ 语句实现数据输入,方式有 3 种:

(1)用自由格式输入,即表控格式输入。

(2)数据按用户规定的格式输入。

(3)无格式输入,即以二进制形式输入,只适用从磁盘等存储介质输入。

表控格式输入不必指定输入数据的格式,只需要将数据按其合法形式依次输入即可,所以又称为自由格式输入,其一般格式为:

READ * , 变量表

其中:READ 后面的 * 表示"表控输入",变量表中的变量之间用逗号隔开。例如:

READ * , X, Y, Z

语句含义是从系统隐含指定的输入设备上(键盘)读入 3 个实型数据分别给 X、Y、Z。

表控输入也可以写为：

READ(＊,＊) 变量表

其中：第一个 ＊ 表示"系统隐含指定的输入设备"；第二个 ＊ 是指"表控输入"。

当程序执行到 READ 语句时,向输入设备发出输入数据的命令。这时,通过隐含的输入设备输入相关的数据。

注意：

(1)在输入数据时,若只输入一个数据,则直接输入,再按回车键即可。但当输入多个数据时,数据之间必须分隔。分隔方法有两种：一种是每输入一个数据,键入一个回车,即一个数据作为一行；另一种方法是在一行输入数据,但数据之间用分隔符隔开,允许的分隔符号有空格、逗号和斜杠。两个数据之间空格可以有多个,但逗号只能有一个,多个逗号意味着对某些变量输入空数据,即不输入数据。例如：

READ ＊, S1, S2, S3

输入方式为：1.2 2.5　3.45 或 1.2,2.5,3.45 再回车,还可以每输入一个数据一个回车。

(2)若输入数据少于变量个数,则计算机将等待继续输入,若数据多于变量个数,则多余的数据不起作用。

(3)当多个输入语句并列使用时,一个 READ 语句对应一行。例如：

READ ＊, M, N

READ ＊, X1, X2

READ ＊, A1, A2

输入：

5,6,12.3,14.8

56.4,12.8

－78.6,21.4

该程序执行后,M 为 5,N 为 6,而 X1 为 56.4,X2 为 12.8 而非 12.3 和 14.8,A1 为－78.6,A2 为 21.4。

(4)如果在输入数据行中出现"/"号,表示 READ 语句的输入到此结束,未被赋值的变量将不被赋值。例如：

READ ＊, I, J, X, Y

输入数据为：

2,6/14.3,12.64

这时,I 为 2,J 为 6,而 X,Y 将得不到值。

(5)输入的数据类型应与变量类型尽量保持一致,整型变量不能接受实型数据,否则运行时将出错,实型变量可以接受整型数据,但最后按实型数据处理。

7.4.2 表控输出语句

与表控输入语句对应,表控格式输出语句简称表控输出语句,一般格式为:

    PRINT *, 输出项表

其中:*同样代表表控格式,输出项内容可以是常量、变量、表达式或字符串,它们之间使用逗号隔开。

例如:

    PRINT *, X

    PRINT *, "Y＝", Y, "Z＝", Z

    PRINT *, "最大的数是:",MAX,"最小的数是:",MIN

注意:

(1)每一个 PRINT 语句在新的一行开始显示。

(2)PRINT * 后面字符串里的内容将原样显示,如上例中的"最大的数是:""最小的数是:"就是原样显示的,好处在于阅读方便,删除该字符串对程序运行不会产生任何影响。

(3)单独一个 PRINT * 语句,后面无输出项相当于一个换行语句。

(4)PRINT * 语句可以进行表达式的运算。例如:

    PRINT *, X * 2, Y＋3

(5)表控格式还可以写成:

    WRITE (*, *) 输出项表

其中:第一个 * 表示"在系统隐含的输出设备上输出",隐含输出设备一般是显示器;第二个 * 指的是"表控格式输出",相当于 PRINT * 中的 *;输出项的内容与 PRINT 语句相同。

例如:

    WRITE (*, *) X, Y

    PRINT *, X, Y

两个语句作用相同。

【例 7.1】 分析下列程序的运行结果。

```
! example_7_1
INTEGER M, N
READ *,M,N,N,M
M = M +N
N = M + N
PRINT *, M, N
END
```

当输入 7 8 9 10 时,输出结果为:19 28

【例 7.2】 输入 3 个实数,输出最大值和最小值。

```
! example_7_2
READ *, X1, X2, X3
MAXNUM= MAX ( X1, X2, X3)
```

```
    MINUM = MIN ( X1，X2，X3)
    PRINT ＊，"最大的数是"  ，MAXNUM
    WRITE(＊，＊) "最小的数是"，MINUM
    END
```

从键盘输入 2.8,9.6,4.3,输出结果为：

    最大的数是 9.6

    最小的数是 2.8

7.5　程序执行控制语句

7.5.1　STOP 语句

STOP 语句的作用是使程序"终止运行",一个程序可以有多个 STOP 语句,为了区分,可以在 STOP 后面加上标识,其一般格式为：

    STOP[N]

例如：

    STOP 150

    STOP ′ABC′

这样,在程序停止运行时,输出 150 或 ABC 等信息。STOP 主要是早期 Fortran 语言版本如 Fortran 66 中,需要用它作为程序运行的结束,因为当时的 END 语句仅仅为程序结束的标志,真正要结束程序的运行,需要 STOP 来完成,对于现在的 Fortran 版本,STOP 语句已无实质性的含义。

7.5.2　PAUSE 语句

PAUSE 语句是暂停语句,使程序"暂时停止运行",这时不是"结束运行",而只是把程序暂时挂起来,按回车键可以恢复运行。其使用格式如下：

    PAUSE[N]

例如：

    PAUSE 200

有意识地使用 PAUSE 语句相当于在程序中设置断点,把程序分成几段,调试程序时,一段一段地检查,使用完毕再将 PAUSE 语句删除。

7.5.3　END 语句

END 语句是一个比较重要的语句,它的作用有两点：

(1)结束本程序单位的运行,每个完整的 Fortran 程序,都必须在最后加一个 END,以结束程序。

(2)在 Fortran 子程序中,同样用 END 作为该程序单位的结束,但同时兼起返回的作用:使程序返回到被调用处,即 RETURN 语句的功能。

7.6 程序举例

通过前面学习,可以编写简单的 Fortran 程序了,下面举一些具体的例子。

【例7.3】 任意输入两个数,对它们进行加、减、乘、除、乘方运算。

分析:用变量 X1、X2 存储待输入的两个数,用变量 S1、S2、S3、S4、S5 分别存放加、减、乘、除、乘方运算的结果。程序如下:

```
! example_7_3
REAL X1,X2
READ * , X1, X2
S1 = X1 + X2
S2 = X1 - X2
S3 = X1 * X2
S4 = X1 / X2
S5 = X1 * * X2
PRINT * ,"两数之和为", S1
PRINT * ,"两数之差为", S2
PRINT * ,"两数之积为", S3
PRINT * ,"两数之商为", S4
PRINT * ,"两数之幂为", S5
END
```

注意,计算结果也可以用 PRINT 语句来完成,如求 X1 与 X2 的和 S1,可以写成:

```
PRINT * ,"两数之和为", X1 + X2
```

因此可以去掉 5 个存储结果的变量,具体程序请读者自己完成。

【例7.4】 已知:

$$f(x) = x^3 + \sin^2 x + \ln(x^4 + 1)$$

输入自变量的值,求对应的函数值。

函数值在程序中用 Y 表示,自变量 X 从键盘输入。程序如下:

```
! example_7_4
IMPLICIT NONE
REAL X, Y
READ * , X
Y = X * * 3 + SIN(X) * SIN(X) + LOG(X * * 4 + 1)
PRINT * , Y
END
```

输入 12.1 时,输出结果为:

1781.736000

【例 7.5】 将两个变量的值互换。

分析:用 X 和 Y 存放待交换的数据,用临时变量 T 保存其中一个变量,如 X 的值,再通过 X＝Y 和 Y＝T 实现交换。

程序如下:

```
! example_7_5_1
REAL X, Y, T
READ＊, X, Y
PRINT＊,"交换前 X= ", X
PRINT＊,"交换前 Y= ", Y
T= X
X = Y
Y = T
PRINT＊,"交换后 X =", X
PRINT＊,"交换后 Y =", Y
END
```

输入 3　4 时,输出结果是:

```
交换前 X＝　3
交换前 Y＝　4
交换后 X＝　4
交换后 Y＝　3
```

该程序也可不用中间变量 T,直接用 X 和 Y 两个变量来完成,程序如下:

```
! example_7_5_2
INTEGER  X, Y
READ＊, X, Y
PRINT＊,"交换前 X =", X
PRINT＊,"交换前 Y =", Y
X = X + Y
Y = X － Y
X = X － Y
PRINT＊,"交换后 X =", X
PRINT＊,"交换后 Y =", Y
END
```

输入 3　4 时,输出结果同前面一样。

【例 7.6】 输入一个三位整数,将它反向输出,如输入 123,输出 321。

分析:用 N 代表原三位整数,N1、N2、N3 分别代表其个位、十位、百位数字,M 代表反向的数,因此 M = N1＊100 ＋ N2＊10 ＋ N3。解决此问题的关键在于如何拆分 N 的各位数字，这可以通过整除与求余运算来完成。程序如下：

```
! example_7_6
INTEGER N，M，N1，N2，N3
READ＊，N
N1＝ MOD(N,10)
N2 ＝ MOD(N/10,10)
N3＝ N/100
M ＝ N1＊100 ＋ N2＊10 ＋ N3
PRINT＊，"原来的数为："，N
PRINT＊，"反向输出的数为："，M
END
```

习　　题

1. 简述符号常量与变量的区别。

2. 下列符号中为合法的 Fortran 90 标识符的有哪些？

(1) A123B　　　(2)M％10　　　(3)X_C2　　　(4)5YZ

(5)X＋Y　　　(6)F(X)　　　(7)COS(X)　　　(8)A. 2

(9)'A'ONE　　　(10)U. S. S. R　　　(11)min＊2　　　(12)PRINT

3. 下列数据中哪一些是合法的 Fortran 常量？

(1)9.87　　　(2).0　　　(3)25.82　　　(4)－356231

(5)3.57＊E2　　　(6)3.57E2.1　　　(7)3.57E＋2　　　(8)3.57E－2

4. 已知 A＝2,B＝3,C＝5 (REAL),且 I＝2,J＝3 (INTEGER),求下列表达式的值。

(1)A＊B＋C　　(2)A＊(B＋C)　　(3)B/C＊A　　　(4)B/(C＊＊A)

(5)A/I/J　　　(6)I/J/A　　　(7)A＊B＊＊I/A＊＊J＊2

(8)C＋(B/A)＊＊3/B＊2

5. 将下列数学表达式写成相应的 Fortran 表达式。

(1)10^{-2}　　　　　(2)$\dfrac{-b+\sqrt{b^2-4ac}}{2a}$　　　　(3)$1+x+\dfrac{x^2}{2!}+\dfrac{x^3}{3!}$

(4)$\cos\left[\arctan\left(\dfrac{\sqrt[3]{a^3+b^3}}{c^2+1}\right)\right]$　　(5)e^{ax^2+bx+c}　　　(6)$\cos^3\left(\dfrac{xy}{\sqrt{x^2+y^2}}\right)$

6. 用 Fortran 语句完成下列操作：

(1)将变量 I 的值增加 1。

(2)I 的 3 次方加上 J，并将其结果保存到 I 中。

(3)将 E 和 F 中大者存储到 G 中。

(4)将两位自然数的个位与十位互换,得到一个新的数(不考虑个位为 0 的情况)。

7. 设 C 代表摄氏温度,F 代表华氏温度,两者转换公式如下：

$$F=\frac{9C}{5}+32$$

编程完成摄氏温度向华氏温度的转换,并计算 0 ℃、100 ℃、−40 ℃ 分别为华氏多少度。

8.编程完成下列操作:

(1)输入三个整数,求出其平均值。

(2)输入 x 和 y 的值,计算

$$\frac{\ln(x^2+y)}{\sin^2(xy)+1}+32$$

(3)球的半径为 4,求其表面积和体积。

9.已知下式,编程求 y 的值。

$$x=\sqrt{1+\tan 52°15'}$$
$$y=e^{\frac{\pi}{2}x}+\ln|\sin^2 x-\sin x^2|$$

10.根据 1.3 节介绍的发动机实验数据处理需求,定义与表 1−1 各参数对应的变量。

11.根据 6.2 节介绍的发动机内弹道计算需求,定义与表 6−1 各参数对应的变量。

第8章 流程控制和数组

8.1 选择结构

8.1.1 IF 选择结构

为了了解 IF 选择结构,先看下面例子。

【例 8.1】 输入一个学生的成绩,如果成绩少于 60 分,那么输出"不及格",90 及 90 分以上,输出"优秀",60~89 分输出"通过"。

分析:在这个例子中,必须对输入的成绩进行判断,然后根据所属档次输出不同的内容。因此需要用到关系运算、逻辑运算及与之相结合的选择结构。下面给出具体程序:

```
PROGRAMexample_8_1
    REAL G
    READ * , G
    IF (G<60) THEN
      PRINT * , "不及格"
    ELSE IF (G. GE. 60. AND. G. LT. 90) THEN
        PRINT * ,"通过"
    ELSE
        PRINT * ,"优秀"
    ENDIF
END
```

这里是用 IF 结构来实现选择结构。IF 结构分单分支、双分支和多分支 3 种情况。此外,还有一种特别的算术 IF 语句。下面分别进行讨论。

1. 单分支 IF 结构

格式如下:

```
IF(逻辑表达式)  THEN
      块语句
ENDIF
```

单分支结构只考虑逻辑表达式为真的情况。例如在例 8.1 中,当只输出不及格的学生

的成绩时,程序如下:

```
REAL G
READ * , G
IF (G<60) THEN
    PRINT * ,"不及格"
ENDIF
END
```

如果在块语句中只有一个语句,可以将 THEN 和 ENDIF 去掉后写成一行语句:

```
IF(逻辑表达式) 语句
```

上面的代码可以写成:

```
IF(G<60) PRINT * ,"不及格"
```

2.双分支 IF 结构

```
IF (逻辑表达式) THEN
    块语句 1
ELSE
    块语句 2
ENDIF
```

此类结构考虑的是逻辑表达式为真和假两种情况。例如,若学生成绩超过 60 分输出 "PASS",否则输出"FAIL",程序为:

```
REAL G
READ * , G
IF (G >60)  THEN
    PRINT * ,"PASS"
ELSE
    PRINT * ,"FAIL"
ENDIF
END
```

参考单分支 IF 结构,上面的代码还可以写成:

```
IF(G > 60)  PRINT * ,"PASS"
IF(G<= 60) PRINT * ,"FAIL"
```

3.多分支 IF 结构

一般格式如下:

```
IF (逻辑表达式 1) THEN
    块语句 1
ELSE IF  (逻辑表达式 2) THEN
    块语句 2
...
ELSE IF  (逻辑表达式 N) THEN
```

　　块语句 N
ELSE
　　块语句 $N+1$
END IF

例 8.1 就是一个多分支选择结构的例子。

使用 IF 结构时注意：

(1)"IF（逻辑表达式）THEN"语句单独占一行；

(2)"块语句"是前面逻辑表达式为真的情况下所具体执行的内容,可以是一个或多个语句；

(3)每一个"ELSE IF（逻辑表达式）THEN"语句是在前面逻辑条件为假,而该逻辑条件为真的情况下,执行下面的块语句,这些分支可有,也可没有,这必须根据问题要求而定；

(4)最后的 ELSE 语句单独占一行；

(5)"END IF"语句的作用为结束整个选择结构,这是为了程序编译而设置的,一定不能少,否则将产生编译错误。

多分支 IF 选择结构的执行过程如图 8-1 所示。

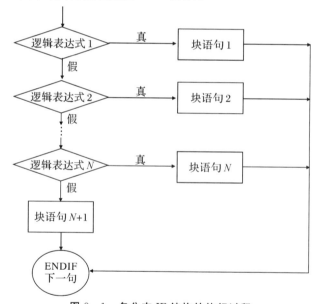

图 8-1　多分支 IF 结构的执行过程

下面看一个使用 IF 选择结构的例子。

【例 8.2】　编程求一元二次方程 $ax^2+bx+c=0$ 的根,其中 a,b,c 为任意实数。

分析:该问题根据 a 是否为 0 分为两种情况:

(1)$a=0$,方程退化为一元一次方程($b\neq0$),可以直接求得其根。

(2)$a\neq0$,再由 b^2-4ac 是否小于 0 分为两种情况:

　　$b^2-4ac<0$,则方程只有虚根；

　　$b^2-4ac\geq0$,则方程有实根,可用求根公式求得其根。

程序如下:

```
! example_8_2
REAL A, B, C, X1, X2, D, D1, D2, E
READ * , A, B, C
D=B*B-4*A*C
IF (A == 0) THEN ! 注意:此处 == 是两个等号
    IF (B. NE. 0) THEN
      PRINT * ," 方程退化为一次方程,且根为：", C/B
    ELSE
      PRINT * , "方程无意义"
    ENDIF
ELSE
    E = - B/2/A
    IF (D < 0 ) THEN
      D1 = SQRT(-D)/2/A
      WRITE( * , * )"方程有虚根为："
      WRITE( * , * )  'X1', E, '+', D1, '* I', ', ', 'X2=', E, ' - ', D1, '* I'
    ELSE IF ( D == 0 ) THEN
      PRINT * ,"方程有两个相等的实根:", E
    ELSE
      D2 = SQRT(D)/2/A
      PRINT * ,"方程有两个不同的实根:", 'X1 =', E+ D2, ', X2 =', E -D2
    ENDIF
ENDIF
END
```

4. 算术 IF 语句

算术 IF 语句的一般格式为：

IF（算术表达式）标号 1，标号 2，标号 3

该语句也是用来表示选择,其执行过程是:首先计算算术表达式的值,如果值小于 0,就执行标号 1 对应的语句;如果等于 0,就执行标号 2 对应的语句;如果大于 0,就执行标号 3 对应的语句。

【例 8.3】 输入 X,求函数的值。已知函数如下:

$$y = \begin{cases} x^2 + 1 & (x < 0) \\ \sin(x+1) & (x = 0) \\ \sqrt{x+2} & (x > 0) \end{cases}$$

此问题可以用算术 IF 语句实现。程序如下:

```
! example_8_3
REAL X
READ * , X
IF (X) 10,20,30
```

```
10 Y = X * X + 1
   GOTO 100
20 Y= SIN ( X + 1 )
   GOTO 100
30 Y= SQRT( X+2 )
100  PRINT * , "Y = ", Y
END
```

从上面例子可以看出,算术 IF 语句用起来比较烦琐,由于它一般需要和 GOTO 语句配合使用,因而使得程序结构不是太清晰,在程序中不宜多用。

8.1.2　CASE 选择结构

CASE 选择结构是 Fortran 90 提供的一种用于实现多分支选择结构的语句,一般格式为:

```
SELECT CASE (表达式)
    CASE (表达式 1)
       块语句 1
    CASE (表达式 2)
       块语句 2
    ……
    CASE ( 表达式 N)
       块语句 N
    CASE DEFAULT
       默认块语句
END SELECT
```

说明:

(1)"SELECT CASE"后括号里的"表达式",用来表示待选择的内容,它一般为变量名,可以是整型、逻辑型、单个字符的字符型变量或者相应的表达式。

(2)后面各 CASE 分支中,"CASE"后面括号里的表达式相当于前面"SELECT CASE"括号里表达式的具体取值,对应不同的取值,所作的处理在其后的块语句中完成。

(3)"CASE DEFAULT"与其后的"默认块语句",可有可无。如果加入它,那么代表前面所有选择表达式的值皆非的情况下执行该块。

(4)"END SELECT"为 CASE 结构结束的标志。

下面通过实例来加深对该选择结构的理解。

【例 8.4】　设计程序,完成加、减、乘、除四则运算,即输入两个数,再输入一个运算符号,作对应的运算,并显示相应的结果。

分析:此问题实际上是根据输入的运算符作出对应的操作,因此,SELECT CASE 后面括号里的变量实际上就是表示运算符的变量,用 OP 表示,而以后的各个 CASE 分支,就是根据 OP 的具体取值,完成相应的运算。程序如下:

```
! example_8_4
REAL A，B
CHARACTER OP   ! 定义一个字符变量
READ＊，A，B，OP
SELECT CASE（OP）
  CASE（'＋'）
    PRINT＊,'两个数之和为:', A ＋ B
  CASE（'－'）
    IF(A＜ B)THEN
      PRINT＊,'被减数不能小于减数'
    ELSE
      PRINT＊,'两个数之差为:',A－B
    ENDIF
  CASE（'＊'）
    PRINT＊,'两个数之积为', A＊B
  CASE（'/'）
    IF( B ＝＝ 0 ) THEN
      PRINT＊,'除数不能为0'
    ELSE
      PRINT＊,'两个数之商为',A/B
    ENDIF
  CASE DEFAULT
    PRINT＊，"输入错误,请重新输入"
END SELECT
END
```

输入 3,4,＊ ,输出结果为：

两数之积为 12

CASE 后面括号内表达式的值可以用以下方式确定：

（1）用逗号隔开的单个值，例如，CASE(1,3,5,7)。这时，选择变量的值只要取其中之一，就执行下面的块语句。

（2）用冒号分隔的值的范围。其一般形式为 CASE（a：b），其中，a 为下界，b 为上界，选择变量的值可以取到界限上，下界必须小于上界（字母按 ASCII 值来决定大小）。例如，CASE（2：8）相当于 CASE(2,3,4,5,6,7,8),CASE('I'：'N')相当于 CASE('I','J', 'K', 'L', 'M', 'N')。下界或上界也可以省略。若省略下界，则表示小于或等于上界的所有值。例如，CASE（：40)表示取小于等于 40 的所有整数值。若省略上界，则表示大于或等于下界的所有值。例如,CASE(25：)表示取大于等于 25 的所有整数值。

（3）由（1）和（2）的混合，例如 CASE(2:4, 6，8：）。

SELECT CASE 语句的执行过程：先计算表达式的值，然后在每个 CASE 语句的表达式列表中查找与之匹配的值，找到后，就执行对应的 CASE 块，每执行完一个 CASE 块，程序自动跳出 CASE 选择结构;如果找不到,就执行 CASE DEFAULT 语句所对应的块语句。如果没有 CASE DEFAULT 语句,就跳过 CASE 选择结构,执行 CASE 结构后面的语句。

下面再看一个实例。

【例 8.5】 编写程序,输入年月,输出该月所对应的天数。

分析:1、3、5、7、8、10、12 月为 31 天,4、6、9、11 月为 30 天,而 2 月一般为 28 天,闰年为 29 天。关于闰年的判断,方法如下:年份能被 4 整除,但不能被 100 整除或者年份能被 400 整除都为闰年。程序如下:

```
! example_8_5
INTEGER YEAR, MONTH, DAY
READ * ,YEAR, MONTH
SELECT CASE (MONTH)
    CASE( 1,3,5,7,8,10,12)
      DAY = 31
    CASE(4,6,9,11)
      DAY = 30
    CASE (2)
      IF( (MOD(YEAR,4). EQ. 0. AND. MOD(YEAR, 100). NE. 0). OR. &
        MOD(YEAR,400). EQ. 0) THEN
          DAY=29
      ELSE
          DAY=28
      ENDIF
    CASE DEFAULT
      PRINT * , "月份输入错误 "
END SELECT
PRINT * ,YEAR,"年 ", MONTH, "月所对应的天数为: ", DAY
END
```

8.2　循　　环

循环结构在程序设计中用得很多,是一种十分重要的程序结构。循环结构的基本思想是重复,即利用计算机运算速度快以及能进行逻辑控制的特性,重复执行某些语句,以完成大量的计算要求。当然这种重复不是简单机械的重复,每次重复都有其新的内容。也就是说,虽然每次循环执行的语句相同,但语句中一些变量的值是在变化的,而且在循环到一定次数或满足某种条件后能结束循环。在 Fortran 90 中,用于实现循环结构的语句主要有 DO 语句和 DO WHILE 语句。本节介绍这两种语句以及循环结构的程序设计方法。

8.2.1 用 DO 语句实现循环

对于有一些问题,事先就能确定循环次数,这时用 DO 语句来实现是十分方便的。例如,当 x 取 $1,2,3,\cdots,10$ 时,分别计算 $\sin x$ 和 $\cos x$ 的值。可以控制循环执行 10 次,每次分别计算 $\sin x$ 和 $\cos x$ 的值,且每循环一次 x 加 1。若用 DO 语句来实现,程序如下:

```
INTEGER X
DO X=1,10,1
    PRINT *, X, SIN(X * 1.0), COS(X * 1.0)
END DO
END
```

1. DO 循环一般格式

DO 循环一般格式如下:

```
DO i = A1,A2 [, A3]
    循环体
END DO
```

其中:i 代表循环变量,它可以是整型或实型变量;A1、A2、A3 称为循环参数表达式,分别表示循环变量的初值、终值和步长;循环体是在循环过程中被重复执行的语句组;END DO 是循环终端语句,DO 语句和 END DO 语句要配合使用。

为了帮助理解,下面再看一个 DO 循环的例子。

```
PROGRAM LOOP
    INTEGER P, K
    P = 1
    DO K = 5, 1, −1
     P = P * K
    END DO
    PRINT *, P
END
```

程序控制循环变量 K 从 5 变化到 1,每循环一次 P 在原来基础上乘以 K,K 减 1,显然循环执行 5 次,程序执行结果为 120,即 5!。

关于 DO 循环的格式,下面再说明几点:

(1)当循环变量变化的步长为 1 时,表达式 A3 可以省略,即"DO K=1,10,1"与"DO K=1,10"等价。

(2)如果循环变量和循环参数表达式的类型不一致,其处理办法与赋值语句一样,先将表达式的最后结果转换成循环变量的类型,然后再进行处理。例如:

```
INTEGER X
DO X= 1.2, 5.6, 2.4
    PRINT *, X
    END DO
END
```

程序执行后的输出结果为:

    1

    3

    5

即"DO X＝1.2，5.6，2.4"相当于"DO X＝1，5，2"。为了避免出现意想不到的错误,应尽量使循环变量类型和循环参数表达式的类型一致。

(3)DO 循环的执行次数 r＝MAX(INT((A2 － A1 ＋A3) / A3)，0)。例如:

    DOI＝10，1，－2

循环次数 r＝ MAX(INT((1－10－2)/(－2))，0)＝5。又如:

    DO I ＝ 10，1，2

循环次数 r＝ MAX(INT((1－10 ＋ 2) / 2)，0)＝0。

如果循环变量的步长为 0,程序在编译和链接时都没有问题,但在执行过程中求循环执行次数时将出现语法错,即进行了除零运算。这是应当避免的。

2.DO 循环执行过程

DO 循环的执行过程如图 8－2 所示。DO 循环执行时,先计算表达式 A1、A2、A3 的值和循环次数,并将表达式 A1 的值赋给循环变量,然后检查循环次数是否为零。若循环次数等于零,则退出循环,若循环次数不等于零,则执行循环体。循环体执行完成后,循环变量增加一个步长,循环次数相应减 1,然后返回进行下一次循环。再一次检查循环次数是否为零,若等于零,则退出循环,若不等于零,则继续执行循环体。重复以上步骤,直到循环次数等于零时结束循环。

说明:

(1)循环体指的是 DO 语句与 END DO 语句之间的语句,因此循环体并不包括 DO 语句,执行程序时 DO 语句也只执行一次。如果循环参数表达式 A1、A2、A3 中含有变量,那么即便在循环体中改变变量的值,循环参数也并不改变。分析下面的程序:

```
INTEGER X, Y, Z, K
X=1
Y=7
Z=2
DO K=X, Y, Z+1
    X=2
    Y=Y+X
    Z=Z*K
    PRINT *, K, X, Y, Z
END DO
END
```

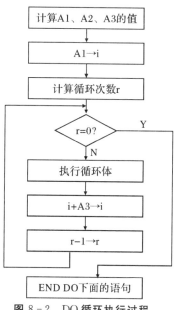

图 8－2 DO 循环执行过程

程序的执行结果为:

```
    1    2    9    2
    4    2    11   8
    7    2    13   56
```

进入 DO 循环后,首先计算出循环变量的初值、终值和步长分别为 1,7,3,尽管在循环体中改变了 X,Y,Z 的值,但循环变量的初值、终值和步长不再改变。

(2)在循环体内给循环变量赋值,是不允许的。这样做会导致程序不能正常编译。例如下面的程序:

```
INTEGER K
DO K=1, 5, 2
    K=K+1
    PRINT * , K
END DO
END
```

编译时将给出错误信息:

Variable 'k' at (1) cannot be redefined inside loop beginning at (2)

其中,(1)指向了 K=K+1,而(2)指向了 DO K=1,5,2。

(3)退出循环后,循环变量的值与最后一次循环时循环变量的值不同,前者比后者多一个步长。例如下面的程序:

```
DO K = 1, 10, 2
    L = K
END DO
PRINT * ,K,L
END
```

程序的执行结果为:

```
    11   9
```

即退出循环后循环变量的值为 11,而最后一次循环时循环变量的值为 9。

下面举一些 DO 循环结构的例子,以帮助读者进一步掌握利用 DO 循环进行循环结构程序设计的方法。

【例8.6】 求 $y = 1 + x + \dfrac{x^2}{2!} + \dfrac{x^3}{3!} + \cdots + \dfrac{x^n}{n!}$,其中 x 和 n 的值从键盘输入。

分析:这是求若干个数之和的累加问题。累加问题可用递推式来描述:

$$Y_i = Y_{i-1} + F_i$$

即第 i 次的累加和 Y 等于第 $i-1$ 次的累加和加上第 i 次的累加项 F。从循环的角度看即本次循环的累加和 Y 等于上次循环的累加和加上本次的累加项 F,可用赋值语句 $Y = Y + F$ 来实现。

关于累加项 F 的递推式为

$$F_i = F_{i-1} * X / I$$

可用赋值语句 F＝F＊X/I 来实现。

用 DO 循环控制 F＝ F＊X/I 和 Y＋F 重复执行 N 次,即可得到 Y 的值。程序如下:

```
! example_8_6
READ＊, X, N
F= 1.0
Y= 1.0
DO I = 1, N
    F = F ＊ X/I
    Y = Y ＋ F
END DO
PRINT ＊ ,′Y =′,Y
END
```

【例 8.7】　Fibonacci 数列定义如下,求 Fibonacci 数列的前 30 项。

$$F_1=1$$
$$F_2=1$$
$$F_n=F_{n-1}+F_{n-2}　(n>2)$$

分析:设待求项为 F,待求项前面的第 1 项为 F1,待求项前面的第 2 项为 F2。首先根据 F1 和 F2 推出 F,再将 F1 作为 F2,F 作为 F1,为求下一项作准备。如此一直递推下去。具体过程如下:

```
                    1        1        2        3        5
第一次    F2  ＋  F1  ➜  F
第二次              F2  ＋  F1  ➜  F
第三次                    F2  ＋  F1  ➜  F
```

程序如下:

```
! examplc_8_7
INTEGER :: F, F1 = 1,F2 = 1, I
PRINT ＊ ,F2,F1
DO I=3,30
    F = F2 ＋ F1
    PRINT ＊ ,F
    F2 = F1
    F1 = F
END DO
END
```

3.与循环有关的控制语句

在循环体内使用 EXIT 语句和 CYCLE 语句,可以改变循环的执行方式。

（1）EXIT 语句。在循环体内使用 EXIT 语句，将迫使所在循环立即终止，即跳出所在循环体，而继续执行循环结构后面的语句。通常将 EXIT 语句与 IF 语句配合使用，即在循环体中使用语句：

    IF（A）EXIT

当 A 为真时，条件满足，EXIT 语句被执行，终止循环。当条件不满足时，EXIT 语句不被执行，循环将继续进行。

【例 8.8】 求两个整数 a 与 b 的最大公约数和最小公倍数。

分析：找出 a 与 b 中较小的一个，则最大公约数必在 1 与较小整数的范围内。使用 DO 语句，循环变量 i 从较小整数变化到 1。一旦循环控制变量 i 同时整除 a 与 b，则 i 就是最大公约数，然后使用 EXIT 语句强制退出循环。求出最大公约数后，直接应用最小公倍数和最大公约数之间的关系求出最小公倍数。程序如下：

```
! example_8_8
INTEGER A,B,GCD,LCM,T
PRINT * , '请输入两个自然数'
READ * , A , B
IF ( A > B ) THEN
    T=A ; A = B ; B = T
END IF
    DO T = A , 1 , -1
      IF（MOD(A,T ) = = 0. AND. MOD(B,T ) = =0) THEN
        PRINT * , 'GCD=', T
        EXIT
      END IF
    END DO
PRINT * ,'LCM=', A * B/T
END
```

程序运行情况如下：

请输入两个自然数

    18,32

    GCD=2

    LCM=288

（2）CYCLE 语句。CYCLE 语句用来结束本次循环，即跳过循环体中尚未执行的语句。在循环结构中，CYCLE 语句将使控制直接转向循环条件测试部分，从而决定是否继续执行循环。

CYCLE 语句和 EXIT 语句的区别在于：CYCLE 语句只结束本次循环，而不是终止整个循环的执行；EXIT 语句则是结束所有循环，跳出所在循环体。

【例 8.9】 求 1～100 之间的全部奇数之和。

程序如下：

```
! example_8_9
INTEGER :: X = 0, Y = 0
DO
   X=X+1
   IF (MOD( X,2) == 0 ) THEN
      CYCLE
   ELSE IF ( X > 100) THEN
      EXIT
   ELSE
      Y = Y+X
   END IF
END DO
PRINT *, Y
END
```

本程序只是为了说明 CYCLE、EXIT 两语句的作用。DO 语句中的内容省略,相当于循环条件永远成立。当 x 为偶数时执行 CYCLE 语句直接进行下一次循环。当 x 的值大于 100 时,执行 EXIT 语句跳出循环体。

(3)CONTINUE 语句。CONTINUE 语句是一个可执行语句,但本身并不产生实际动作,它对程序的执行没有任何影响。CONTINUE 语句曾用来作为 DO 循环的结束语句,但在 Fortran 90 中,结束语句 END DO 使得 CONTINUE 语句显得没有什么用处了。虽然 FOortran 90 的向下兼容性使 CONTINUE 语句仍然可用,但 DO 循环的结束语句应尽量使用 END DO。

8.2.2　用 DO WHILE 语句实现循环

对于循环次数确定的循环问题使用 DO 循环是比较方便的。但是,有些循环问题事先是无法确定循环次数的,只能通过给定的条件来决定是否继续循环。这时可以使用 DO WHILE 语句来实现循环。

1. DO WHILE 循环的一般格式

DO WHILE 循环一般格式如下:

```
DO WHILE (逻辑表达式)
   循环体
END DO
```

其中:逻辑表达式表示循环的条件,它要用括号括起来;循环体是在循环过程中被重复执行的语句组;END DO 是循环终端语句,DO WHILE 语句和 END DO 语句要配合使用。

下面是一个 DO WHILE 循环的例子。

```
REAL :: P
READ *, P
DO WHILE (P > 0)
```

```
        PRINT * , P
        READ * , P
    END DO
END
```

程序输出所输入的全部正数，直到输入负数或零，程序结束。

对于循环次数确定的循环问题也可以使用 DO WHILE 循环来实现。例如求 5! 的程序如下：

```
    INTEGER :: P = 1, K = 1
    DO WHILE (K<= 5)
    P=P * K
        K=K + 1
    END DO
    PRINT * , P
    END
```

2. DO WHILE 循环的执行过程

DO WHILE 循环的执行过程如图 8-3 所示。当给定的条件满足时，执行 DO WHILE 和 END DO 之间的循环体语句。语句执行完毕后，程序自动返回到 DO WHILE 语句，再一次判断 DO WHILE 语句中的条件。若条件仍然满足，则再执行一遍循环体语句，若条件不满足，则结束循环，转去执行 END DO 之后的语句。

下面介绍几个 DO WHILE 循环的例子。

【例 8.10】 输入一个整数，输出其位数。

输入的整数存入变量 N 中，用变量 K 来统计 N 的位数。程序如下：

```
    ! example_8_10
    INTEGER :: N, K = 0
    READ * , N
    DO WHILE ( N> 0 )
        K=K + 1
        N=N/10
    END DO
    PRINT * .'K=', K
    END
```

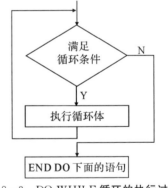

图 8-3 DO WHILE 循环的执行过程

【例 8.11】 求下式的值，直到最后一项的绝对值小于 10^{-6} 时，停止计算。x 由键盘输入。

$$\sin x = x - \frac{x^3}{3!} + \frac{x^5}{5!} - \frac{x^7}{7!} + \cdots + (-1)^{n-1} \times \frac{x^{2n-1}}{(2n-1)!}$$

分析：显然这是一个累加求和问题。关键是如何求累加项，较好的办法是利用前一项来

求下一项,即用递推的办法来求累加项:

第 i 项:
$$a_i = (-1)^{i-1}\frac{x^{2i-1}}{(2i-1)!}$$

第 $i-1$ 项:
$$a_{i-1} = (-1)^{i}\frac{x^{2i-3}}{(2i-3)!}$$

因此第 i 项与第 $i-1$ 项之间的递推关系为

$$a_1 = x$$

$$a_i = -\frac{x^2}{(2i-2)(2i-1)}a_{i-1} \quad (i=2,3,\cdots)$$

即本次循环的累加项可从上一次循环累加项的基础上递推出来。程序如下:

```
! example_8_11
REAL X, A, S
INTEGER : : I=1
READ * , X
S = X
A= X
DO WHILE (ABS(A)>1.0E-6)
   I = I+1
   A=-X * X/(2 * I-2)/(2 * I-1) * A
   S=S+A
END DO
PRINT * , X, S
END
```

8.2.3　几种循环组织方式的比较

以上介绍了 Fortran 90 中实现循环结构的两种语句,它们各具特点。一般而言,事先能确定循环次数的循环问题用 DO 循环,而事先不能确定循环次数的循环问题用 DO WHILE 循环。但这并不是绝对的,很多情况下它们是可以相互代替的,下面通过例子来说明。希望读者能认真领会,灵活运用。

【例 8.12】　输入一个整数 m,判断是否素数。

(1)程序 1:用 DO 循环实现。

```
! example_8_12_1
IMPLICIT NONE
INTEGER  M,I,J
READ * ,M
J = SQRT( REAL(M))
DO I= 2,J
IF (MOD(M,I) = =0)  EXIT
```

```
END DO
IF (I> J. AND. M>1 )   THEN
    PRINT * , M,'is a prime number'
ELSE
    PRINT * , M,' is not prime number'
END IF
END
```

(2)程序 2:用 DO WHILE 循环实现。

```
! example_8_12_2
IMPLICIT NONE
INTEGER M,I,J
READ* ,M
I=2
J = SQRT( REAL (M) )
DO WHILE ( I<= J. AND. MOD(M,I) /= 0)
    I = I+1
END DO
IF ( I>J. AND. M > 1 ) THEN
    PRINT * , M,'is a prime number'
ELSE
    PRINT * , M,'is not prime number'
END IF
END
```

(3)程序 3:用 DO 循环和逻辑 IF 语句的嵌套实现。

```
! example_8_12_3
IMPLICIT NONE
INTEGER M,I,J
READ* ,M
I=2
J = SQRT(REAL (M))
DO
    IF ( MOD(M,I) == 0. OR. I>J ) EXIT
    I=1+1
END DO
IF ( I> J. AND. M > 1 ) THEN
    PRINT * ,M,'is a prime number'
ELSE
    PRINT * ,M,'is not prime number'
END IF
END
```

8.2.4　循环的嵌套

如果一个循环结构的循环体又包括一个循环结构,就称为循环的嵌套,或称为多重循环结构。实现多重循环结构仍可以用前面讲的两种循环语句。因为任一循环语句的循环体部分都可以包含另一个循环语句,所以这种循环语句的嵌套为实现多重循环提供了方便。

多重循环的嵌套层数可以是任意的,可以按照嵌套层数,分别叫作二重循环、三重循环等。处于内部的循环叫作内循环,处于外部的循环叫作外循环。

在设计多重循环时,要特别注意内、外循环之间的关系,以及各语句放置的位置,不要搞错。

【例 8.13】　求[100,1000]以内的全部素数。

求解可分为以下两步:

(1)判断一个数是否素数,这就是例 8.12 的程序;

(2)将利用穷举法判断一个数是否素数的程序段,对指定范围内的每一个数都执行一遍,即可求出某个范围内的全部素数。

程序如下:

```
! example_8_13
IMPLICIT   NONE
INTEGER M I,J
LOGICAL   FLAG
DO M = 101,1000, 2
  FLAG=. TRUE.
  I=2
  J=SQRT(REAL(M))
  DO WHILE(I<= J. AND. FLAG)
    IF ( MOD(M, I) == 0) FLAG =. FALSE.
    I=I+1
  END DO
  IF ( FLAG ) THEN
    PRINT * ,M,' is a prime number'
  END IF
END DO
END
```

关于本程序再说明两点:

(1)注意到大于 2 的素数全为奇数,因此 M 从 101 开始,每循环一次 M 值加 2。

(2)判断一个数是否素数的程序段较例 8.12 又有了变化。程序的描述方法是千变万化的,为编程人员发挥创造力、施展聪明才智提供了广阔的空间,或许这正是程序设计的魅力所在。虽然程序的描述方法千变万化,但算法设计的基本思路是共同的,读者应抓住算法的核心,以不变应万变。

8.3 数　　组

8.3.1 数组说明的内容

程序中要使用任何一个数组都必须给予说明,即说明该数组的名字、类型、维数及大小,以便编译系统给数组分配相应的存储单元。

(1)数组名:数组和变量一样,也用标识符来命名;

(2)数组的类型:数组的类型由数组元素的类型来决定;

(3)数组的维数:数组的维数即为了区分数组元素所需顺序号的个数;

(4)数组的大小:数组的大小即数组中包含数组元素的个数,由数组每维下标的上界和下界来决定。

数组名、数组的维数和每一维的上、下界的定义要用到数组说明符。它的一般形式如下:

数组名(维说明符[,维说明符]…)

数组说明符中,维说明符的个数就是数组的维数。维说明符至少1个,最多7个,即Fortran 90 最多允许使用七维数组。

维说明符的一般形式为:

[维下界 :]维上界

维下界与维上界之间用冒号分隔,下界为1时,可以省略不写。维下界和上界都只能是整型表达式,叫作维界表达式。维界表达式的值必须是整数值,而且维上界的值必须大于维下界的值。

在维界表达式中,允许出现整常量、整型变量或者星号,不允许出现函数或数组元素。若在维界表达式中出现整型变量名,则该数组称作可调数组。若出现星号,则只能用星号作为最后维的上界,这样的数组叫作假定大小的数组。可调数组和假定大小数组只能出现在子程序中,不允许在主程序中使用。

8.3.2 数组说明的方法

在 Fortran 90 中,数组可以通过 DIMENSION 语句、类型说明语句或同时使用DIMENSION语句和类型说明语句进行说明。

1. 用 DIMENSION 语句说明数组

使用 DIMENSION 语句说明数组是 Fortran 77 说明数组的一种方法,在 Fortran 90 中继续使用。一般格式是:

DIMENSION 数组说明符[,数组说明符]…

注意:

(1)DIMENSION 语句是非执行语句,必须放在程序单位的可执行语句之前。

(2)DIMENSION 语句只说明了数组的名字、维数、大小等特性,但不能说明数组的类

型,这时,数组类型的说明方法与变量名相同,即:

　　1)如无特别指明,数组的类型服从 I－N 规则。

　　2)用类型说明语句指明数组的类型。例如:

　　　　DIMENSION　JU(20), NAME(－10:10,1:2)

　　　　REAL JU

　　　　CHARACTER NAME

说明一维实型数 JU,共有 20 个元素。还有二维字符型数组 NAME,共有 42 个元素,每个元素的定义长度为 1。

　　3)用 IMPLICIT 语句指明数组的类型。例如:

　　　　IMPLICIT　INTEGER (A－C),REAL(I,J)

　　　　DIMENSION　B(3:15), IX(10)

说明了整型数组 B 和实型数组 IX。

　　2.用类型说明语句说明数组

　　这是 Fortran 77 说明数组的一种方法,在 Fortran 90 中继续予以使用。类型说明语句可以直接说明数组的全部特性,其一般格式为:

　　　　类型符数组说明符[,数组说明符]…

　　例如:

　　　　CHARACTER * 6　CH(－10:10,5 : 9) * 8

　　　　REAL KK(8)

　　　　REAL(8)　SOLUTION(30)

分别说明了字符型数组 CH、实型数组 KK 和双精度数组SOLUTION。

　　3.同时使用 DIMENSION 语句和类型说明语句说明数组

　　这是 Fortran 90 增加的说明数组的方法。其一般格式为:

　　　　类型符,DIMENSION(维说明符 [,维说明符]…)::数组名[,数组名]…

　　例如:

　　　　REAL(8),DIMENSION(0 : 10) :: A, B, C

　　　　INTEGER, DIMENSIONC(4, 5) :: D, E

说明三个双精度型数组 A,B,C,它们各含有 11 个元素,还说明两个整型数组 D 和 E,它们各含有 4×5 共 20 个元素。

　　在说明数组时,也可以在数组名后面给出维说明,这时以该数组名后面的维说明为准。

　　例如:

　　　　REAL,DIMENSION(0:10) :: A, B (20), C (4,5,3)

说明 A 为 A(0:10),而 B 和 C 分别为 B(20)和 C(4,5,3)。

　　4.结构体数组定义

　　结构体数组定义的一般格式为:

　　　　TYPE(派生类型名), DIMENSION(维数说明符,…)::结构体数组名例如：

```
TYPE STUDENT
    CHARACTER(15) NAME
    INTEGER GRADE
    LOGICAL SEX
    CHARACTER(30) ADDRESS
END TYPE
TYPE(STUDENT)，DIMENSION(100)；；STU
```

8.3.3 数组元素的引用

数组元素是通过数组元素名来引用的。数组元素名的一般形式是：

数组名(下标表达式[，下标表达式]…)

其中：下标表达式为整型表达式，如果不是整型，则自动取整之后再使用；下标表达式的个数必须等于该数组的维数，每个下标表达式的值必须在相应的维下界到维上界之间。

注意：

(1)数组元素表示数组中每一个成分的值，数组元素名表示数组元素的名字。但在实际使用中，数组元素与数组元素名并不加区分。由于数组元素名是用数组名后面带下标表示的，所以数组元素名叫下标变量。下标变量可以和简单变量等同使用。

(2)数组说明符与数组元素名的区别。有下列程序片段：

```
REAL LK (5,5)
…
LK(5, 5) = 12.5
…
```

两个语句中都有 LK (5,5)，由于它出现在两个不同类型的语句中，所以含义截然不同。REAL 语句中的 LK(5,5) 是数组说明符，其含义是：定义了 LK 数组、实型、二维、大小为 25 个元素。赋值语句中的 LK(5,5) 是数组元素名，其含义是将 12.5 存放到 LK 数组的最后一个元素。

(3)在 Fortran 77 中，除了在输入/输出语句中之外，其他场合不允许对数组进行整体操作，只能对数组的元素逐个进行操作。但在 Fortran 90 中，允许对数组进行整体操作。

例如：

```
INTEGER,DIMENSION (4, 5)::A
A( :，:) = 100
A( :，1：5：2) = 470
```

说明 4×5 的整型数组 A，先将 A 的全部元素赋为 100，再将 A 第 1,3,5 列元素赋为 470。其中 1：5：2 是一个三元表达式，可作为数组元素的下标表达式。1：5：2 的含义是从 1 变化到 5，每次增加 2。三元表达式更一般的形式为：

初值：终值：步长

其中：步长为 1 时，步长可以省略。

　　显然,若用三元表达式作为数组元素的下标,则引用的不是一个数组元素,而是一个数组片段。

　　Fortran 90 提供内部函数 UJBOUND 和 LJBOUND 来获取数组变量所有维或某一维的下标上界和下标下界。具体调用格式为:

　　　　UBOUND (Array,［ Dim］)

　　　　LBOUND (Array,［ Dim］)

其中:参数 Array 代表被检测的数组变量;参数 Dim 代表数组变量的维,该参数省略时,获取数组变量所有维的下标上界和下标下界。

　　分析下面的程序:

```
INTEGER,DIMENSION(4,5)∷ A
A=100
PRINT * , UBOUND( A, 1), LBOUND( A,1)
PRINT * , UBOUND(A), LBOUND(A)
END
```

输出结果为:

　　4　　1

　　4　　5　　1　　1

即数组 A 第一维下标上界为 4,下界为 1。第二个输出语句输出了数组 A 每一维的下标上界和下标下界。

8.3.4　数组元素的存储结构

　　高级语言编译系统为一个数组分配一片连续的内存单元,每个存储单元存放一个数组元素。对于一维数组按下标从小到大的顺序存放,而对于二维数组是如何存放的呢? 不同的高级语言有不同的处理方式。Fortran 90 规定,数组元素在内存中是按列的顺序连续存放的。就二维数组而言,存放时先存入第一列元素,然后第二列,…,直到全部元素存完为止。对于多维数组,首先改变第一个下标,其次改变第二个下标,直至最后一个。例如,有下列语句:

```
INTEGER A(50),B(3,4)
REAL C(3,2,3)
```

　　编译程序将为一维数组 A 开辟 50 个连续存储单元,数组元素按下标表达式值由小到大顺序存放,如图 8 - 4(a)所示。二维数组 B 占有 12 个连续存储单元,各数组元素按列的顺序存放,即先依次存放第一列中各元素,然后依次存放第二、三列中各元素,最后依次存放第四列中各元素,如图 8 - 4(b)所示。三维数组 C 占有 18 个连续存储单元,首先按列的顺序存放第一页上的元素,然后是第二页上的元素按列存放,最后是第三页上的元素按列存放,如图 8 - 4(c)所示。每小长方框表示一个存储单元,序号表示存储单元的顺序号。

　　在组织数组的输入/输出以及编写程序时,对数组元素存储时的排列顺序要有清楚的了解。

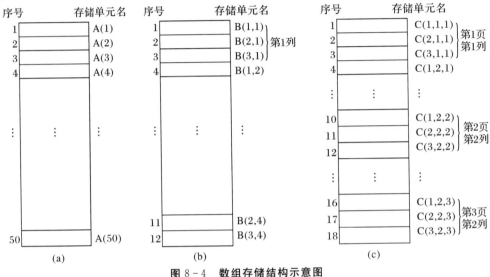

图 8 - 4 数组存储结构示意图

8.3.5 给数组赋初值

1.使用 DATA 语句赋初值

DATA 语句是专门用来给变量、数组和字符子串赋初值的,它的一般格式是:

DATA 项目表/常量表/[[,]项目表/常量表/]…

其中:项目表由待赋初值的项目组成,可以是变量名、数组名、数组元素名、字符子串名和隐 DO 循环;常量表就是要赋的初值,可以是常量或符号常量,也可以用缩写形式 r * c(其中 c 是常量或符号常量,r 代表常量 c 使用的次数);项目表与常量表必须一一对应。例如:

REAL PP(6)

COMPLEX * 8 LPP

INTEGER, DIMENSION(500) :: KKJ

DATA PP, LPP /6 * 0, (8.0,−89) /

DATA (KKJ(I),I=1,100)/100 * 10/, (KKJ(I), I=101,400)/300 * 0/, &

(KKJ(I), I = 40I, 500) /100 * 50/

DATA 语句是非执行语句。在一个程序单位中,它可以放在说明语句之后,END 语句之前的任何位置。它的作用是给编译系统提供信息,在程序编译阶段赋初值。一旦程序执行,DATA 语句即失去作用。在程序中不能用控制语句转向它,再次给有关变量或数组赋初值。

2.使用数组赋值符赋初值

还可以使用数组赋值符给数组赋初值。一般格式是:

数组名＝(/取值列表/)

其中:数组赋值符是由括号和斜线之间的取值列表组成。取值列表中可以使用常量、变量、表达式或隐含的 DO 循环。例如：

```
INTEGER W(6)
W=(/3,0,9,45,34,2/)
```

整型数组 W 含有 6 个元素,使用数组名给该数组赋值 3,0,9,45,34,2。又如：

```
LOGICAL L(3)
K = 89
L = (/.TRUE., K+1>K,.FALSE..AND..TRUE./)
WRITE(*,*)  (L(I),I=1,3)
END
```

程序输出为：

```
     T    T    F
```

取值列表中也可以使用隐含的 DO 循环。分析下面的程序：

```
INTEGER PP(-1:8)
PP=(/3,0,(i,i=1,9,2),45,34,2/)
WRITE(*,10)  (PP(I),I=-1,8)
10 FORMAT(1X,10I3)
END
```

输出结果为：

```
  3  0  1  3  5  7  9 45 34  2
```

8.3.6　数组的输入/输出

1.使用 DO 循环输入/输出数组元素

这种方式的特点是：对于输入,每执行一个输入语句输入一个数组元素值(一个数组元素值组成一个输入记录)。对于输出,每执行一个输出语句输出一个数组元素值(每一行输出一个数组元素值)。例如,利用二重循环实现二维数组的输入/输出：

```
INTEGER I,J
REAL MAT(2,3)
DO I=1,3
    DO J = 1,2
      READ(*,*) MAT(J,1)
    END DO
END DO
DO I = 1,2
    DO J =1,3
      WRITE(*,10) MAT(I,J)
    END DO
END DO
10 FORMAT(1X,F6.2)
```

END

程序运行时,输入数据的方法如下:

```
45
76
56
78
—67
56
```

输入的 6 个数据中,前两个数赋给第一列元素,第 3 和 4 个数赋给第二列元素,最后两个数赋给第三列元素。程序的输出结果为:

```
45.00
56.00
—67.00
76.00
78.00
56.00
```

输出时,先输出第一行的 3 个元素,再输出第二行的 3 个元素。

2. 以数组名作为输入/输出项

数组名作为输入/输出项时,数组元素按照它们在内存中的排列顺序输入/输出。这种方式要特别注意数据的组织。

【例 8.14】 将下面的矩阵存放到整型数组 W 中并输出。

$$\begin{bmatrix} 1 & 2 & 3 \\ 4 & 5 & 6 \\ 7 & 8 & 9 \end{bmatrix}$$

程序如下:

```
! example_8_14
INTEGER W(3,3)
READ ( * , * ) W
WRITE ( * ,10) W
10 FORMAT (1X, 3I3)
END
```

程序中以数组名作为输入/输出项,输入的数据按列的顺序给数组元素赋值,因此从键盘输入数据的顺序为 1,4,7,2,5,8,3,6,9。同样输出也是按列的顺序,输出结果为:

```
1   4   7
2   5   8
3   6   9
```

3. 使用隐 DO 循环进行数组元素的输入/输出

隐 DO 循环是输入/输出表的重要组成项目。特别对于数组的输入/输出尤为简单和灵活,应用很普遍。隐 DO 循环的一般形式如下:

　　　　(输入/输出表,i＝A1, A2[, A3])

其中,i 是隐 DO 循环变量,A1、A2、A3 是隐 DO 循环参数。

隐 DO 循环的作用和使用方法与 DO 循环完全一致。例如:

　　　　WRITE(＊,＊)(3,4,I=1,3)

等价于:

　　　　WRITE(＊,＊)3,4,3,4,3,4

隐 DO 循环可以多层嵌套,在内的是内循环,在外的是外循环。对于例 8.14 如果要求按矩阵的实际形式输出,程序可以写成:

　　　　INTEGER W(3,3)
　　　　READ(＊,＊)W
　　　　WRITE(＊,10)((W(I, J), J = 1,3), I= 1, 3)
　　　　10 FORMAT(1X, 3I3)
　　　　END

读者要注意使用 DO 循环和隐 DO 循环在控制数组输入/输出时,在输入/输出格式上的差异。例如:

　　　　WRITE(＊,＊)(A(I), I=2, 14, 3)

它的功能是输出数组元素 A(2)、A(5)、A(8)、A(11) 和 A(14)的值,同样,下面的 DO 循环也具有这个功能:

　　　　DO I = 2,14,3
　　　　　WRITE(＊,＊)A(I)
　　　　END DO

但它们的输出格式是不一样的。DO 循环控制执行一次输出语句,就要输出一行(一个记录),且每一行上仅有一个数组元素的值,而执行一次含隐 DO 循环的输出语句,就把数组 A 的若干个元素同时输出到一行上,即它等价于如下 WRITE 语句的输出结果:

　　　　WRITE(＊,＊)A(2), A(5), A(8), A(11), A(14)

请读者分析下列程序的输出:

　　　　INTEGER W(3,3)
　　　　READ(＊,＊)W
　　　　DO I= 1, 3
　　　　　DO J= 1, 3
　　　　　　WRITE(＊,20)W(I,J)
　　　　　END DO
　　　　END DO
　　　　20 FORMAT(1X,3I3)
　　　　END

设输入为:1,4,7,2,5,8,3,6,9

8.4 程 序 举 例

本节结合几个典型的例题来讲解选择结构、循环结构和数组的应用。

【例 8.15】 从键盘输入 10 个整数存入一个一维数组,然后将数组最大值与第一个元素互换,最小值与最后一个元素互换,其余元素不变。

思路分析:首先假定第一个元素是最大值和最小值,然后将数组中第 2～10 个元素依次与最大 值和最小值进行比较,若大于最大值,则将其设定为当前的最大值;若小于最小值,则将其设定为最小值。可以采用两个整型变量 M 和 N 来记录当前最大值和最小值对应的数组索引。每次比较时,只需要更新最大值和最小值对应的数组索引即可。

程序如下:

```
! example_8_15
INTEGER,DIMENSION(10)::A(10)
INTEGER M, N, K
DO K = 1, 10
    READ*, A(K)
ENDDO
M=1   !M是最大值的索引
N=1   !N是最小值的索引
DO K = 2, 10
    IF (A(M)<A(K)) M = K
    IF (A(N)>A(K)) N = K
END DO
K=A(1)
A(1)=A(M)
A(M) = K   !最大值与第一个元素交换
K=A(10)
A(10)=A(N)
A(N) = K   !最小值与第10个元素交换
PRINT*, (A(K),K = 1, 10)
END
```

【例 8.16】 输入 100 个字母,分别统计元音字母 A,E,I,O,U 出现的次数。

思路分析:用数组 LEN 统计元音字母出现的次数,字符型变量 CH(长度为 1)用于存放当前输入的字母。每输入一个字符,就与对应的元音字母进行比较。比较时还需要注意大小写。

采用 IF 结构的程序如下,也可以考虑采用 CASE 选择结构完成该程序。

```
PROGRAMexample_8_16
CHARACTER CH
```

```
INTEGER, DIMENSION(5) :: LEN
INTEGER COUNT, J
DO J = 1, 5
  LEN (J) = 0
END DO
DO COUNT = 1, 100
  READ( * , * ) CH
  IF (CH == 'A'. OR. CH == 'a') THEN
    LEN (1) = LEN (1) + 1
  ELSEIF (CH == 'E'. OR. CH == 'e' ) THEN
    LEN(2) = LEN(2) + 1
  ELSEIF (CH == 'I'. OR. CH == 'i' ) THEN
    LEN(3) = LEN(3) + 1
  ELSEIF (CH == 'O'. OR. CH == 'o' ) THEN
    LEN(4) = LEN(4) + 1
  ELSEIF (CH == 'U'. OR. CH == 'u') THEN
    LEN(5) = LEN(5) + 1
  END IF
END DO
WRITE( * ,80) LEN
80 FORMAT(1X,'A=',I10,2X,'E=',I10,2X,'I=',I10,2X,'O=',I10,2X,'U=',I10)
END
```

【例 8.17】 将 N 个数按从小到大顺序排列后输出。

思路分析：排序通常分为 3 个步骤。

(1)将需要排序的 N 个数存放到一个数组中(设 X 数组)。

(2)将 X 数组中的元素从小到大排序,即 X(1)最小,X(2)次之,…,X(N)最大。

(3)将排序后的 X 数组输出。其中步聚(2)是关键。

在排序算法中,最简单的思路是简单交换排序法:将位于最前面的一个数和它后面的数进行比较,比较若干次以后,即可将最小的数放到最前面。然后在剩下的数中再找最小的,作为整个数组的次小值,如此下去最可以完成排序。

第一轮比较:X(1)与 X(2)比较,若 X(1)大于 X(2),则将 X(1)与 X(2)互换,否则不交换。这样 X(1)得到的是 X(1)与 X(2)中的较小数。然后 X(1)与 X(3)比较,若 X(1)大于X(3),则将 X(1)与 X(3)互换,否则不互换,这样 X(1)得到的是 X(1)、X(2)、X(3)中的最小值。如此重复,最后 X(1)与 X(N)比较,若 X(1)大于 X(N),则将 X(1)与 X(N)互换,否则不互换,这样在 X(1)中得到的数就是数组 X 的最小值(一共比较了 N−1 次)。

第二轮比较:将 X(2)与它后面的元素 X(3),X(4),… ,X(N)进行比较。若 X(2)大于某元素,则将该元素与 X(2)互换,否则不互换。这样经过 N−2 次比较后,在 X(2)中将得到次小值。

如此重复,最后进行第 N−1 轮比较:X(N−1)与 X(N)比较,将小数放于 X(N−1)中,大数放于 X(N)中。

为了实现以上排序过程,可以用双重循环。外循环控制比较的轮数,N 个数排序需比较 N−1 轮,设循环变量 I,从 1 变化到 N−1。内循环控制每轮比较的次数,第 I 轮比较 N−I 次,设循环变量 J,从 I+1 变化到 N。每次比较的两个元素分别为 X(I)与 X(J)。上述过程见图 8−5。

```
! example_8_17
PARAMETER(N = 10)
INTEGER,DIMENSION( N) :: X
INTEGER I, J, T
DO I= 1, N
    READ * , X(I)
END DO
DO I = 1, N - 1
    DO J = I+1, N
      IF (X(I) > X(J)) THEN
        T = X(I)
        X(I) = X(J)
        X(J)=T
      END IF
      END DO
    END DO
WRITE( * , * )( X(I) , I=1, N)
END
```

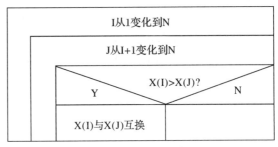

图 8−5 简单交换排序法

事实上,排序算法的种类非常多,除了简单交换排序外,还有选择排序、冒泡排序和快速排序等等,读者可以查阅相关的文献。

【例 8.18】 设有一个 4×5 的矩阵:

$$
\begin{array}{rrrrr}
2 & 6 & 4 & 9 & -13 \\
5 & -1 & 3 & 8 & 7 \\
12 & 0 & 4 & 10 & 2 \\
7 & 6 & -9 & 5 & 3
\end{array}
$$

求:①矩阵所有元素之和及平均值;②保留所有大于平均值的元素,其余元素清零。

程序如下:

```
! example_8_18
DATA A /2, 5, 12, 7, 6, −1, 0, 6, 4, 3, 4, −9, 9, 8, 10, 5, −13, 7, 2, 3/
SUM=0
  DO I=1,4
    DO J= 1, 5
```

```
        SUM=SUM + A(I, J)
      END DO
    END DO
    AVERAGE=SUM/(4 * 5)
    PRINT * ,'Sum', SUM
    PRINT * ,' Average', AVERAGE
    DO I=1,4
      DO J=1, 5
        IF (A(I, J) <= AVERAGE) A(I, J)=0
      END DO
    END DO
    DO I=1,4
      WRITE( * , * ) ( A ( I,J ), J = 1, 5)
    END DO
    END
```

输出结果：

```
 Sum        70.000000
 Average    3.500000
   0   6   4   9   0
   5   0   0   8   7
  12   0   4  10   0
   7   6   0   5   0
```

【例 8.19】　矩阵乘法。已知 $m \times n$ 矩阵 A 和 $n \times p$ 阵 B，试求它们乘积：$C = A \times B$。

思路分析：求两个矩阵 A 和 B 的乘积分 3 步：①输入矩阵 A 和 B；②求 A 和 B 的乘积并存放到 C 中；③输出矩阵 C。其中第②步是关键。

依照矩阵乘法规则，乘积 C 必为 $m \times pm \times p$ 矩阵，且 C 的各元素的计算公式为：

$$C_{ij} = \sum_{k=1}^{n} A_{ik} \cdot B_{kj} \quad (1 \leqslant i \leqslant m, 1 \leqslant j \leqslant p)$$

为了计算 C，需要采用三重循环。其中：外层循环（设循环变量为 I）控制矩阵 A 的行（I 从 1 到 n）；中层循环（设循环变量为 J）控制矩阵 B 的列（J 从 1 到 p）；内层循环（设循环变量为 K）控制计算 C 的各元素。显然，求 C 的各元素属于累加问题。

程序如下：

```
! example_8_19
INTEGER M, N, P
PARAMETER ( M = 4, N = 3, P =5)
DIMENSION A (M, N), B(N, P), C(M, P)
READ ( * , * ) ( (A ( I, J ), I = 1, N ), J =1, M )
READ ( * , * ) ( (B ( I, J ), J = 1, P ), I = 1, N )
```

```
    DO I = 1, M
      DO J = 1, P
        W = 0.0
        DO K = 1, N
          W = W + A ( I, K ) * B ( K, J )
        END DO
        C(1, J) = W
      END DO
    END DO
    WRITE( * , 30) (( C(1, J ), J = 1, P), I= 1, M)
    30 FORMAT(5X,5F10.2)
    END
```

其实,Fortran 90 提供了用于求两个矩阵乘积的内部函数 MATMUL(A,B),在实际应用中可以直接调用。关于矩阵运算和数组操作,Fortran 90 还提供了非常有用的内部函数,需要时请查阅附录3。另外,附录介绍的 GSL 数学函数库也提供了矩阵运算的相关函数。

习 题

1. 有一个已排好序的数组,现输入一个数,要求按原来排序的规律将它插入数组中。

2. 将一个数组的元素按逆序重新存放。例如,原来存放顺序为 8,4,5,1,6,要求改为 6,1,5,4,8。

3. 采用变化的冒泡排序法将 N 个数按从大到小的顺序排列:对 N 个数,从第 1 个直到第 N 个,逐次比较相邻的两个数,大者放前面,小者放后面。这样得到的第 N 个数是最小的,然后对前面 $N-1$ 个数,从第 $N-1$ 个到第 1 个,逐次比较相邻的两个数,大者放前面,小者放后面,这样得到的第 1 个数是最大的。对余下的 $N-2$ 个数重复上述过程,直至按从大到小的顺序排列完毕。

4. 判断一个正整数能否被 3、5、7 中的一个、两个或者三个整除,并输出对应的信息。如:输入 35,则显示能被 5 和 7 整除。

5. 已知某球从 100 m 高度自由落下,落地后反复弹起。每次弹起的高度都是上次高度的一半。求此球第 10 次落地后反弹起的高度和球所经过的路程。

6. 用牛顿迭代法求方程 $f(x)=2x^3-4x^2+3x-7=0$ 在 $x=2.5$ 附近的实根,直到满足下面的条件为止:

$$|x_n-x_{n-1}|\leqslant 10^{-6}$$

牛顿迭代公式为

$$x_n=x_{n-1}-\frac{f(x_{n-1})}{f'(x_{n-1})}$$

关于迭代初值 x_0 的选取问题,理论上可以证明,只要选取满足条件 $f(x_0)f'(x_0)>0$ 的

初始值 x_0，就可保证牛顿迭代法收敛。当然，迭代初值不同，迭代的次数也就不同。

7. 利用公式 $y_{n-1} = \dfrac{2}{3} y_n + \dfrac{x}{3 y_n^2} y_{n-1} = \dfrac{2}{3} y_n + \dfrac{x}{3 y_n^2}$，求 $y = \sqrt[3]{x} y = \sqrt[3]{x}$，误差要求小于 10^{-6}。初始值 $y_0 = x$，x 从键盘输入。

8. 求 $f(x)$ 在 $[a, b]$ 上的定积分 $\int_a^b f(x)\mathrm{d}x$。

提示：先将区间 $[a, b]$ 分成 n 等分，对应地将图形分成 n 份，每个小部分近似一个小曲边梯形。利用梯形面积近似代替曲边梯形面积，然后将 n 个小曲边梯形的面积加起来，就得到总面积，即定积分的近似值。n 越大，近似程度越高。

9. 利用蒙特卡洛法（Monte - Carlo method）求 π 的近似值。

提示：利用蒙特卡洛法来求定积分 $\int_a^b f(x)\mathrm{d}x$ 的步骤如下：

(1)先用一个长为 $b-a$、高为 c 的矩形，把 S 围在内（见图 8-6）。

(2)产生 n 个均匀分布在矩形框内的随机点 (x, y)，即 x 在 $[a, b]$ 区间均匀分布，y 在 $[0, c]$ 区间均匀分布。

(3)统计落入欲求面积内的随机点的个数 m。

(4)由 $s = \dfrac{m}{n} c(b-a)$ 计算所求面积的近似值。其中 $c(b-a)$ 为矩形面积，n 为落在欲求面积的范围内的概率。n 愈大，计算愈精确。

由于单位圆的面积等于 π，所以只要求出 $x^2 + y^2 = 1$ 所包围的面积，就能求出 π 的值。为简便，可以先利用蒙特卡洛方法求出 1/4 单位圆的面积（见图 8-7），然后乘以 4。

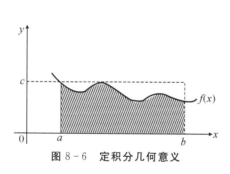

图 8-6　定积分几何意义

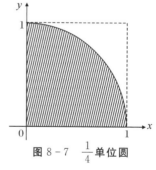

图 8-7　$\dfrac{1}{4}$ 单位圆

10. 利用下式计算 π 的近似值，直到最后一项的绝对值小于 10^{-6} 时为止。

$$\frac{\pi}{4} = 1 - \frac{1}{3} + \frac{1}{5} - \frac{1}{7} + \cdots + \frac{1}{4n-3} - \frac{1}{4n-1}$$

11. 利用下式求 $\cos(x)$ 的近似值，直到最后一项的绝对值小于 10^{-6} 时为止。

$$\cos x = 1 - \frac{x^2}{2!} + \frac{x^4}{4!} - \frac{x^6}{6!} + \cdots$$

12. 已知在区间 $[0, 3]$ 上，方程 $x^3 - x^2 - 1 = 0$ 有一个实根，试用二分法求方程的根。

提示：二分法求方程 $f(x) = 0$ 的根的思想，设 $f(x)$ 在区间 $[a, b]$ 上，单调因 $f(a)$ 与 $f(b)$ 不同号而有一个根。计算 $f(x)$ 在区间中点 $m = (a+b)/2$ 的值 $f(m)$，根据其符号和

$f(a)$、$f(b)$的符号确定用 m 更新 a 或 b，从而使根所在区间每次减半，直至 $|b-a|$ 小于指定的误差。则根约为 $(a+b)/2$。

13. 解决 1.3 节数据处理任务和 6.2 节内弹道计算任务的相关问题：

(1)需要利用数组存储压强等各类数据，假定数组的最大长度为 10 000，请定义出该任务所用的全部数组。

(2)截至本章，还未涉及文件读写相关内容，故只能使用任意假定的数据进行程序编写调试。请练习利用循环结构对压强数组进行赋值，共 6 000 个压强点，第 i 个点的压强利用下式计算：

$$p=5\left[-\left(\frac{i}{6\,000}\right)^2+\frac{2i}{6\,000}\right] \quad (单位:MPa)$$

第9章 函数和子程序

子程序是构造大型程序的有效工具,一个实用程序(不管是系统程序还是应用程序),一般都含有多个子程序。Fortran 90 中的子程序按子程序完成的功能划分为子例行程序、函数子程序、数据块子程序等,按是否定义在某个特定的程序单元内部分为程序单元子程序、模块子程序以及内部子程序等。这些通称为子程序,子程序不能独立运行,它们和一种称为主程序的程序单元一起组成一个实用程序。一个程序可以不含子程序,但不能缺少主程序。本章讨论各种子程序的结构、功能以及子程序与主程序或子程序之间的数据交互作用。语句函数不具备子程序的一般书写特征,但其作用与子程序相同,也一并放在本章讨论。通过本章的学习,应当学会选择并设计恰当的子程序形式来构造自己的程序,从而提高程序设计能力。

9.1 语 句 函 数

在第 2 章中,使用过诸如 SIN(X)、SQRT(X)这些内在(Intrinsic)函数。也有教科书称这一类函数为内部(Internal)函数,但为了区别另外一种内部子程序结构,本章称由 Fortran 编译器提供的函数为内在函数。这些内在函数是在程序设计过程中使用频率很高,并且一般实现比较复杂的函数。用户在使用内在函数时,并不需要对函数的实现过程进行描述,只需按照 Fortran 90 手册要求使用即可,Fortran 90 编译器"认识"这些内在函数并能正确完成函数所规定的功能。但是,在实际设计过程中,用户还会遇到大量的并未包含在内在函数中的其他函数。计算这些函数时就不能像内在函数那样仅仅使用函数名来使用这些函数,而必须在适当的地方、以 Fortran 90 能"理解"的形式向 Fortran 90 编译器说明这些非内在的函数的计算过程与参数类型。当函数的计算过程简单到可以用一个语句定义清楚时,这样的定义语句就称为语句函数。

【例 9.1】 设多项式函数为

$$f(x) = 5x^3 - 2x^2 + 7x + 6$$

设计一个程序,计算 f(1),f(10),f(12),f(-5)的值。

程序如下:

```
PROGRAMexample_9_1                              X=12
    X=1                                         FX=5＊X＊＊3－2＊X＊＊2＋7＊X＋6
    FX=5＊X＊＊3－2＊X＊＊2＋7＊X＋6                    WRITE( ＊，＊) ′f(′，X，′)=′, FX
    WRITE( ＊，＊) ′f(′，X，′)=′,FX                  X=－5
    X=10                                        FX=5＊X＊＊3－2＊X＊＊2＋7＊X＋6
    FX=5＊X＊＊3－2＊X＊＊2＋7＊X＋6                    WRITE( ＊，＊) ′f(′，X，′)=′, FX
    WRITE( ＊，＊) ′f(′，X，′)=′,FX              END
```

显然,程序 EXAM1A 不简练,把一个相同的函数表达式重复了多遍。如果能定义一个函数 f(x),然后分别使用 1,10,12,－5 等参数来调用 f(x),将会有效地简化程序量,这就是本节要讨论的内容。

9.1.1　语句函数的定义

如前所述,由于 Fortran 90 的编译器不"认识"一般的函数 f(x),不知道怎样计算 f(x) 的函数值,因此在使用函数(称为函数调用)时,必须向 Fortran 90 编译器说明该函数的计算方法,这种说明过程称为函数定义。

语句函数定义的一般格式是:

    f(x1,x2,…,xn)=e

其中:f 称为函数名,x1,x2,…,xn 称为虚参;e 是关于虚参的一个有效表达式。

1.语句函数名

在语句函数定义格式中,函数名的组成规则与变量名相同。如果没有在语句函数定义语句前用类型语句说明该函数名的数据类型,那么该语句函数的函数值的类型按其函数名遵守 I－N 隐含规则。

例如:

    F(X, Y)=X＊＊2＋Y＊＊2   ！定义了一个实型函数 F
    NF(X, Y)=X＊＊2＋Y＊＊2   ！定义了一个整型函数 NF

又如:

    INTEGER FF
    FF(X, Y)=X＊＊2＋Y＊＊2   ！定义了整型函数 FF

注意:语句函数名不能与同一个程序单元中的变量同名。

2.语句函数的虚参

在语句函数定义语句中的函数参数称为虚参,它们本身是没有值的,只有在函数调用时才用实际参数(称为实参)代替。实参或是常数,或是一个有确定值的变量,或是一个可以计算值的表达式。虚参在形式上与普通变量相同,一个语句函数中的虚参不能同名。不同语句函数中的虚参可以同名,虚参也可以和程序中的变量同名。

当没有语句对虚参的数据类型进行说明时,虚参的类型遵守 I－N 隐含规则;在使用了类型说明语句对虚参类型进行说明后,这种说明对于虚参以及与虚参同名的变量同时有效。

```
INTEGER Z
F(X)＝3＊X＊＊2＋5
G(Y)＝3＊Y＊×2＋5
H(Z)＝－3＊Z＊＊2＋5
```

在上述程序中,函数 F 和 G 本质上是一个函数,因为对于任意的实参 T,F(T)和 G(T)总是相同的,但函数 H 同 F 和 G 相比有点不同,其虚参 Z 被说明为整型。

当虚参个数多于一个时,虚参间用逗号分隔,当没有虚参时(这样的语句函数没有使用价值),函数名后的括弧也不能省略。

3．语句函数表达式

语句函数表达式说明函数与参数的对应关系,在函数表达式中,可以包含常量、变量、函数虚参(虚参必须包含在表达式中)、Fortran 90 的内在函数、数组以及前面已经说明了的语句函数。

4．关于语句函数的进一步说明

(1)只有当函数关系简单,可以用一个语句描述函数与参数的关系时,才能使用语句函数。

(2)语句函数是非执行语句,语句函数的定义语句要放在一个程序单位的所有其他说明语句之后,并放在所有可执行语句之前。

(3)语句函数只有在本程序单元中才有意义,也就是说,不能使用其他程序单元中的语句函数。

(4)语句函数中的虚参必须是变量,不能是常量、数组元素和内在函数等。

(5)语句函数是有类型的,因而语句函数表达式的类型一定要和其函数名的类型相容。

9.1.2 语句函数的调用

语句函数一经定义,就可以在同一个程序单元中调用它,调用的形式和内在函数完全相同。一般形式是:

    函数名(实参表)

如同内在函数调用一样,语句函数调用也总是出现在表达式中,作为表达式中的一个操作数来调用的。

函数调用要注意以下两个问题:

(1)调用时可以使用常量、变量、内在函数以及它们的表达式作为实参代替对应的虚参位置,但要保证实参与虚参具有完全相同的类型,并且实参是可以计算值的(即调用前实参中包含的变量全部已经赋值)。

(2)实参和虚参个数相同。

【例 9.2】 用语句函数的方法设计例 9.1 的程序。

```
PROGRAMexample_9_2
INTEGER X
F(X)＝5＊X＊＊3－2＊X＊＊2＋7＊X＋6
```

WRITE(* , *) F(1)，F(10)，F(12)，F(−5)
END

9.2 函数子程序

语句函数由于要求在一个语句中完成函数的定义,因而它只能解决一些较简单的问题,当函数关系比较复杂,用一个语句无法定义时,语句函数就无能为力了,这时需要用到函数程序。

9.2.1 函数子程序的定义

函数子程序是以 FUNCTION 语句开头,并以 END 语句结束的一个程序段,该程序段可以独立存储为一个文件,也可以和调用它的程序单元合并存储为一个程序文件。函数子程序的定义格式是:

［类型说明］FUNCTION 函数名（虚参表）

    函数体

    END

类型说明用于说明函数名的类型,函数名的命名方法与变量名相同,虚参可以是简单变量和数组变量,但不能是常数、数组元素、表达式。

【例 9.3】 求下列表达式

$$S_1 = \sum_{i=1}^{100} i^2, \quad S_2 = \sum_{i=100}^{140} i^3, \quad S_3 = \sum_{i=20}^{50} \frac{1}{i}$$

分析:上述三个数列的通项不同,求和范围也不同,用一个程序段难以同时计算三个数列的和。并且,因为无法用一个语句函数完成数列的求和计算,所以也无法使用语句函数来简化程序设计。下面用函数子程序来完成这个问题。

程序如下:

```
FUNCTION SUMM(M, N, L)
    SUMM =0
    DO I=M, N
        IF (L>0) THEN
            SUMM = SUMM +I * * L    ! 计算 I 的 L 次幂并求和
        ELSE
            SUMM = SUMM +(1.0 * I) * * L! 进行实型运算
        END IF
    ENDDO
END FUNCTION SUMM
PROGRAMexample_9_3                       ! 开始主程序单元定义
    WRITE( * , * ) 'Sl=', SUMM (1, 100, 2)! 调用函数子程序 SUMM 完成 S1 的计算
    WRITE( * , * ) 'S2=', SUMM (100, 140, 3)
```

WRITE(＊ , ＊) 'S3=', SUMM (20，50，−1)

END

程序运行结果如下：

S1＝338350.000000

S2＝7.291440E＋07

S3＝9.514656E−01

对程序 example_9_3 作如下说明：

程序的第一部分是函数子程序的定义部分,如前所述,它可以单独存储为一个程序文件。从 PROGRAM 开始至 END 是主程序部分,一个程序总是从主程序开始运行的,主程序的第 2～4 个语句都要打印函数 SUMM 的值,这是调用函数定义部分,根据函数的定义来计算函数的值并予以打印。三个打印语句分别调用了三次函数子程序(即执行了三次函数子程序)。从这里可以看到:采用函数子程序设计程序时并没有提高程序的执行效率,但却可以有效地提高程序的设计效率。当函数子程序的定义过程和主程序放到一个程序文件中时,存储顺序是任意的,函数子程序可以放到主程序之前(如 example_9_3),也可以放到主程序之后。应该清楚,程序总是从主程序开始执行的。

函数定义部分应注意如下问题：

(1)函数值的类型可以在函数定义时予以说明,下面的两种说明方法是等效的：

INTEGER FUNCTION F1(X1，X2，…，XN)

　　　函数体

END

FUNCTION F1(X1，X2，…，XN)

　　INTEGER F1

　　函数体

END

两种定义方法都说明 F1 是一个整型函数,当未使用这种显式的类型说明时(如例 9.3),函数值的类型遵守 I－N 隐含规则。

(2)函数不能有同名虚参。虚参的类型可以在函数体中进行说明,当未对虚参类型进行说明时,虚参类型遵守 I－N 隐含规则。

(3)函数定义部分中至少要有一个语句给函数名赋值(如例 9.3 中的第 5 句和第 7 句)。这种赋值语句的格式是：

函数名＝表达式

注意:不要在函数名后带上括弧,应避免错误形式:函数名(虚参表)＝表达式。

9.2.2　函数子程序的调用

定义函数子程序的目的是为了调用。不仅主程序可以调用一个函数子程序,函数子程序也可以调用其他的函数子程序,甚至还可以调用本身(递归调用)。调用程序称为主调程序单元,而被调用的函数子程序称为被调程序单元。调用一个函数子程序的方法和调用内在函数和语句函数的方法基本相同：

（1）调用时应该用实参代替函数子程序定义部分的虚参，实参和虚参的类型要相同。和语句函数一样，实参可以是常量、变量、表达式等。

（2）调用程序单位中的变量不能与函数子程序同名。函数值的类型由函数定义程序单元决定，与调用程序单元无关。

（3）当函数名的类型不满足 I－N 隐含规则时，在调用程序单元中要对函数名的类型给出说明（如例 9.4 中的主程序的第 2 句）。

（4）不能调用一个没有定义的函数子程序（这一点和内在函数是不同的）。

【例 9.4】 用函数子程序的方法设计一个程序，求 50～100 内的所有素数及其总和。

分析：设计一个函数子程序 PRIME(N)，函数 PRIME 的值定义如下：

$$PRIME(n) = \begin{cases} 1 & （当 n 是素数时） \\ 0 & （当 n 非素数时） \end{cases}$$

主程序的任务是调用 PRIME 函数子程序，在 50～100 之间使用穷举法求出那些使 PRIME 函数值为 1 的自然数并求这些数的和。

```
FUNCTION PRIME(N)
    ！定义 PRIME 是整型函数
    INTEGER PRIME
    PRIME=0
    DO I=2，N－1
        ！参数 N 非素数，退出循环
        IF(MOD(N，I)==0) RETURN
    END DO
    PRIME=1  ！参数 N 为素数
END
```

```
PROGRAMexample_9_4
！说明要调用的函数 PRIME 为整型
    INTEGER PRIME
    S=0
    DO I=50，100
        IF(PRIME(I) == 1) THEN
            S=S+I
            WRITE(＊，＊)I
        END IF
    END DO
    WRITE（＊，＊）'S='，S
END
```

运行结果如下：

```
……
83
89
97
S＝732.000000
```

9.3 子例行程序

除了函数子程序外，还有一种子例行程序（Subroutine）。函数子程序和子例行程序都是一种独立的程序单元，两者的差别是：函数子程序的名字代表一个值，因而是有类型的，而子例行程序的名字不代表一个值，因而其名字没有类型问题。从使用上来说，两者是可以相互替代的。

9.3.1　子例行程序的定义

子例行程序是以 SUBROUTINE 语句开头,以 END 语句结束的一个程序段。其定义
格式是:

　　SUBROUTINE 子例行程序名(虚参表)

　　　子例行程序体

　　END

子例行程序的命名方法与变量相同。虚参由变量、数组名(不能是数组元素、常数、表达
式)充当,当虚参多于一个时,各虚参间用逗号分隔,当没有虚参时,子例行程序名后的一对
括弧可以省略。

子例行程序的设计方法和函数子程序相同,但因为其名字没有值,所以不能有对子例行
程序的名字赋值的语句。

9.3.2　子例行程序的调用

子例行程序的调用格式是:

　　CALL 子例行程序名 (实参表)

其实参的类型与函数子程序相同。和函数子程序的调用不同的是,子例行程序的调用
是一个独立的语句。

子例行程序调用的其他事项与函数子程序的调用相同。

下面通过两个实例来讨论函数子程序与子例行程序的相同点与不同点。

【例 9.5】　用子例行程序的方法完成例 9.3。

分析:例 9.3 中定义了一个函数子程序 SUMM(M,N,L),现将该函数子程序修改为
一个子例行程序 SUMM(S,M,N,L),虚参 M、N、L 的含义与例 9.3 相同,虚参 S 用来存
储结果(用来替代函数子程序中的函数名 SUMM)。

程序如下:

```
SUBROUTINE   SUMM (S,M,N,L)          PROGRAMexample_9_5
    S=0                                  CALL SUMM (S1, 1, 100, 2)
    DO I=M, N                            CALL SUMM (S2, 100, 40, 3)
     IF (L>0) THEN                       CALL SUMM (S3, 20, 50, -1)
     S=S+I**L                            WRITE( * , * ) 'S1=', S1
     ELSE                                WRITE( * , * ) 'S2=', S2
      S=S+(1.0*I)**L                     WRITE( * , * ) 'S3=', S3
     END IF                           END
    END DO
 END
```

运行结果如下:

　　S1=　　　338350.000000

　　S2=　　　7.29W40E+07

S3＝　　9.514656E－01

【例 9.6】 用随机方法生成一个包含 20 个元素的数组，对该数组按升序排序打印。

数据排序的问题在前面已作详细介绍，下面直接给出程序：

```
PROGRAM example_9_6
    PARAMETER (N＝20)
    DIMENSION A(N)
    INTEGER A
    A(1)＝17        ！该语句及随后的三个语句生成数组 A
    DO I＝2, 20
        A(I)＝MOD(19 * A(I-1), 1024)
    END DO
    DO I＝1, N-1  ！二重循环完成对 A 的排序
        DO J＝I+1, N
    CALL SWAP(A(I), A(J))
        END DO
    END DO
    WRITE( * , 200)(A(I), I=1, N)
    200 FORMAT(2(2X, 10(I5, X)))
    END
```

子例行程序 SWAP(X, Y)的功能是，若 X＞Y，就交换 X 和 Y，程序段如下：

```
    SUBROUTINE SWAP(X, Y)
        INTEGER X, Y, T
        IF (X＞Y) THEN
            T＝X
            X＝Y
            Y＝T
        END IF
    END
```

程序执行结果是：

　　3　17　57　59　115　137　139　169　305　321　323　537　545　555　593
　　675　891　979　987　1017

从上面两个例题可以看出：

（1）子例行程序和调用它的主程序的存放顺序是无关紧要的，既可以将子程序存放在前，也可以将主程序存放在前，还可以作两个程序文件分别存放。

（2）子例行程序和函数子程序在使用上可以相互替代。但是，当要求一段子程序有返回值时，采用函数子程序比较方便（对比例 9.3 和例 9.6），当子程序没有返回值时（如例 9.7），则选择子例行程序较为方便。

【例 9.7】 设计一个子例行程序，求任意矩阵的转置矩阵。

设计一个子例行程序 TRAN(A，B，M，N)将矩阵 A 转置后放矩阵 B，其中 M 和 N 分

别是矩阵 A 的行数和列数。

主程序如下：

```
PROGRAMexample_9_7
    PARAMETER(M=3)
    PARAMETER(N=4)
    DIMENSION A(M, N), B(N, M)
    INTEGER A, B
    WRITE(＊,＊)  'please input a 3x4 Matrix'
    READ(＊,200)((A(I,J),J=1,N),I=1,M)
    CALL TRAN(A, B, M, N)
    WRITE(＊,300)((B(I,J),J=1,M),I=1,N)
    200 FORMAT(4I4)
    300 FORMAT(3I4)
END
```

子例行程序如下：

```
SUBROUTINE TRAN(A,B,M,N)
    INTEGER A(M,N), B(N,M)
    INTEGER M, N
    DO I=1, M
        DO J=1, N
            B(J, I)=A(I, J)
        END DO
    END DO
END
```

运行情况：

```
please input a 3x4 Matrix
1   2   3   4
5   6   7   8
9  10  11  12
```

显示结果如下：

```
1  5   9
2  6  10
3  7  11
4  8  12
```

9.4 程序单元之间数据传递

不同程序单元之间的数据传送方法有参数的虚实结合、建立公用区及通过数据文件等 3 种方式实现。本节先讨论参数的虚实结合方法，9.6 节讨论公用区的概念与用法，第 10 章讨论文件方法。

9.4.1 简单变量作为虚参

简单变量作为虚参是一种最常见的情况，在这种情况下，根据子程序调用时实参的不同类型，又可以进一步分为两种情况：

1.简单变量或数组元素作为实参

此种情况下 Fortran 90 系统将实参与虚参安排同一个存储单元，对虚参的任何改变都作用在对应的实参上，因而调用一个子程序（包括函数子程序和子例行程序）时，实参的值有可能改变，如图 9 - 1 所示。

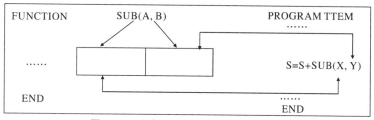

图 9 - 1 A 与 X、B 与 Y 共用存储单元

2. 常量或表达式作为实参

当用常量或表达式作为实参时,Fortran 90 编译器首先计算表达式的值(如果实参为表达式时),然后将该值赋值给对应的虚参。在这种情况下,子程序中不能改变与常量(或表达式)对应的虚参的值,否则结果难以预料。

9.4.2 数组名作为虚参

当虚参是数组名时,对应的实参可以是与虚参类型相同的数组名或数组元素,并且实参与虚参共用一片连续的存储单元。

1. 虚参为数值型或逻辑型数据

(1)实参为数组名时,Fortran 90 编译器将实参数组的第一个元素的存储地址传送给子程序,并将其作为对应虚参数组的第一个元素的存储地址,从而使两者共用一片存储单元。

(2)当实参是一个数组元素时,Fortran 90 编译器将该元素的存储地址传送给子程序,并将其作为对应虚参数组的第一个元素的存储地址,从而使虚参数组与实参自该元素以后的元素共用一片存储单元。

在实参与虚参数组之间传送数据时,不要求两者的行列数相同,甚至于实参元素的个数可以多于虚参(这种情况下,多余的实参不参与子程序中的运算)。

必须注意:Fortran 90 是按列为主存放多维数组的,实参和虚参间的元素按存储顺序对应。

【例 9.8】 分析下面的程序。

```
PROGRAMexample_9_8                FUNCTION SUB2(X)
    DIMENSION A(3, 4)                 DIMENSION X(2, 6)
    DO I=1, 3                         S=0
        DO J =1, 4                    DO I=1, 2
            A(I, J)=I+J                   DO J = 1, 6
        END DO                                IF(MOD(I+J, 3) == 0) THEN
    END DO                                        S=S+X(I, J)
    WRITE(*, *)  SUB2(A)                      END IF
END PROGRAM                           END DO
                                      END DO
                                  SUB2=S
                                  END FUNCTION
```

在程序 TTST 的倒数第二句调用了函数子程序 SUB2,虚参 X 是一个 2×6 的矩阵,而实参 A 是一个 3×4 的矩阵,两者的元素对应关系是:

A(1,1)—X(1,1)   A(2,1)—X(2,1)   A(3,1)—X(1, 2)

A(1,2)—X(2,2)   A(2,2)—X(1,3)   A(3,2)—X(2,3)

A(1,3)—X(1,4)   A(2,3)—X(2,4)   A(3,3)—X(1,5)

A(1,4)—X(2,5)　　A(2,4)—X(1,6)　　A(3,4)—X(2,6)

在函数子程序 SUB2 中,满足求和条件的元素分别为:

X(2, 1),X(1, 2),X(2, 4),X(1, 5)

这些元素对应的实参元素为:

A(2, 1),A(3, 1),A(2, 3),A(3, 3)

故所求的函数值为:3+4+5+6=18

2. 虚参为字符型数据

当虚参为字符型数据时(当然对应的实参也为字符型数据),实参和虚参不是按照数组元素的顺序对应,而是按照字符位置一一对应,只要了解 Fortran 90 中字符型数据的存储规则,并将实参与虚参的存储顺序排列出来,就不难确定实参元素与虚参元素的对应关系,这里不再详细说明。

3. 可调数组

重新考察例 9.8 中的子例行程序 TRAN(A, B, M, N),在子程序的说明中将 A,B 分别说明为 M×N 和 N×M 的矩阵,注意在子程序中并没有具体规定 M,N 的值,这样的数组称为可调数组,可调数组的引入提高了子程序的适应性,大大提高了编程效率。应当注意可调数组只能作为虚参使用,不能在主程序中使用可调数组,也不能在子程序的其他地方使用可调数组。

9.4.3 子程序名作为虚参

子程序的虚参不仅可以是前面所述的各种数据类型,还可以是一个子程序名。

【例 9.9】 设有 3 个连续函数:

$$f(x)=\sin3x+\cos x \qquad g(x)=5x^3+2x-10 \qquad h(x)=1/(1+x^2)$$

设计一个函数子程序,用辛普生(Simpson)法求 3 个函数的定积分:

$$I_1=\int_0^{\frac{\pi}{6}}f(x)\mathrm{d}x \qquad I_2=\int_0^{10}g(x)\mathrm{d}x \qquad I_3=\int_0^1 f(x)\mathrm{d}x$$

分析:用辛普生法求函数的定积分时要计算被积函数的函数值,因为 3 个被积函数不同,求其函数值的方法也就不同,要设计一个统一的函数子程序,必须设计一个虚参函数,并用被积函数作为实参来调用该函数子程序。

用辛普生法求函数定积分的公式为

$$\int_a^b f(x)\mathrm{d}x=\frac{h}{3}\{f(a)-f(b)+\sum_{i=1}^n[4f(a+(2i-1)h+2f(a+2ih)]\}$$

其中,n 为积分区间的小区间数,$h=(b-a)/2n$。

首先定义 3 个被积函数 $f(x),g(x),h(x)$ 的函数子程序,然后再建立辛普生法求定积分的函数子程序。

```
FUNCTION F(X) ！被积函数 f(x)          FUNCTION SIMPSON(F，A，B，N)
    F＝SIN(3＊X)＋COS(X)                    H＝(B－A)/(2.0＊N)
END                                          S＝F(A)－F(B)
FUNCTION G(X) ！被积函数 g(x)              DO I＝1，N
    G＝5＊X＊＊3＋2＊X－10                       S1＝F(A＋(2＊I－1)＊H)
END                                              S2＝F(A＋2＊I＊H)
FUNCTION H(X) ！被积函数 h(x)                  S＝S＋4＊S1＋2＊S2
    H＝1/(1＋X＊＊2)                          END DO
END                                          SIMPSON＝H/3.0＊S
                                         END
```

最后编写主程序：

```
PROGRAMexample_9_9
    EXTERNAL F，G，H ！定义三个被积函数为外部函数
    REALI1，I2，I3
    I1＝SIMPSON(F，0.0，3.1416/6，100)      ！计算 f(x)的积分
    I2＝SIMPSON(G，0.0，10.0，100)          ！计算 g(x)的积分
    I3＝SIMPSON(H，0.0，1.0，100)           ！计算 h(x)的积分
    WRITE(＊，＊)'I1＝'，I1
    WRITE(＊，＊)'I2＝'，I2
    WRITE(＊，＊)'I3＝'，I3
END
```

程序的执行结果是：

```
I1＝      8.333355E－01
I2＝      12500.000000
I3＝      7.853979E－01
```

关于实参函数名的说明：

如果虚参中有某个子程序的程序名(包括函数子程序和子例行程序)，调用时，在对应的虚参位置必须以实际存在的子程序名作为实参。实参子程序若是 Fortran 90 的内在函数，则在调用程序段中要用 INTRINSIC 语句对该程序名作出说明，若实参子程序是自己设计(或调用他人的程序库)的，则必须用 EXTERNAL 语句对实参程序名作出说明(如例9.9)，这种对函数名属性的说明就和对变量的类型进行说明一样，说明语句必须放在该程序段的所有可执行语句前。

必须强调：只需对实参进行说明，至于虚参，因为其只是一个并不存在的形式子程序，并不具有 INTRINSIC 属性或 EXTERNAL 属性，是无法也无需说明的。

9.4.4 星号(＊)作为虚参

星号(＊)也可以作为虚参，与星号(＊)虚参对应的实参是一个冠有星号(＊)的语句

标号。

例如：

```
PROGRAM TEST                          SUBROUTINE F(S, * , * )
    …                                     IF（条件 1）THEN
    CALL F(A, * 100, * 200)                  …
    100…                                     RETURN 1
    GOTO 300                              ELSE
    …                                        …
    200…                                     RETURN 2
    …                                     END IF
    300 END                           END
```

在主程序 CALL F(A, * 100, * 200)语句中,与虚参第一个 * 号对应的语句标号为
100,与虚参第二个 * 号对应的语句标号为 200。在执行 F 子例行程序时,如果遇到 RE-
TURN 1 语句,程序执行的流程返回主程序并转移到与第一个 * 号对应的语句标号 100 去
继续执行。如果遇到 RETURN 2 语句,程序执行的流程返回主程序并转移到与第二个 *
号对应的语句标号 200 去继续执行。如果遇到 END 语句,程序执行的流程将返回到调用
语句的后继语句去继续执行。

【例 9.10】　设计一个子例行程序,当参数 C 为加号（＋）时,计算并打印 A＋B 的值,C
为减号（－）时,计算并打印 A－B 的值。

```
SUBROUTINE F(A, B, C, * , * , S)
    CHARACTER * 1  C   !定义参数 C 为单个字符变量
    SELECT CASE(C)
      CASE('＋')
        S＝A＋B
        RETURN 1   !返回到第一个冠有 * 号的语句标号
      CASE('－')
        S＝A－B
        RETURN 2   !返回到第二个冠有 * 号的语句标号
    END SELECT
END

PROGRAMexample_9_10
    CHARACTER * 1 C
    WRITE( * , * )'PLEASE INPUT 2 NUMBERS AND A OPERATION SIGN'
    READ ( * , * ) A, B, C
    CALL F(A, B, C, * 10, * 20, S)
    10 WRITE( * , * )A, '－'B, '＝', S     !C 参数为加号返回到此
    GOTO 30
```

```
  20 WRITE( * , * ) A，'－'B，'＝'，S! C 参数为减号返回到此
  30 END
```

应该指出，像上面这样的分支问题，可在子程序单元 F 或调用程序单元 TEST 中用分支程序很容易地实现，这里采用的子程序中根据分支条件而返回到不同的出口的方法，违背了一个程序单元应具有单一出口的结构化原则，是不应提倡的，在程序设计的实践中应尽量避免这种用法。

9.4.5　变量的作用域

变量是为了完成一个计算任务而设置的一些数据存储单元。Fortran 90 为每一个变量在内存区域中建立一个物理的连续存储区，一旦某个变量完成其使命，Fortran 90 将释放该变量所占据的物理存储区，该变量变得无定义。程序设计人员不能使用已经被 Fortran 90 释放的变量。到底 Fortran 90 何时为变量建立物理的存储区，又何时释放这些存储区呢？下面就来讨论这些问题。

1. 变量存储区的分配与释放

一个程序（是一个完整的程序而非组成程序的各程序单元）在投入运行时，系统为这个程序的全部变量一次性分配存储单元，当这个程序退出运行时，系统收回这个程序所占据的全部存储单元。一个程序中的全部变量被同时建立存储单元。一般来说，一个程序的变量单元也将被同时释放，除非声明保留某个变量的存储单元。

2. 变量作用域

一个变量通常只在本程序单元（这里是程序单元而非整个程序）中起作用，离开建立该变量的程序单元，变量就失去了定义，这种作用域的局限性，使用户在设计程序时，只需考虑在本程序单元中的变量是否有相互干扰，而无需考虑与其他程序单元之间的变量干扰问题，简化了程序的调试工作。在程序调用时，调用程序单元的实参是通过与被调用程序单元的虚参的结合来实现的，并不是调用程序单元中的变量直接在被调用程序单元中有定义。为了更清楚地了解这一点，下面举一个说明变量作用域的例子，请读者仔细分析程序、程序的说明以及程序结果，以弄清变量的作用域这一重要概念。

【例 9.11】　讨论变量的作用域。

```
SUBROUTINEF(A, B, C)          PROGRAMexample_9_11
    INTEGER X, Y                 U＝5
    X＝5  ! 子程序 S 中有 X，Y       V＝8
    Y＝8                          X＝3    ! 主程序中也有 X，Y
    C＝A＋B                       Y＝2
    WRITE( * , * )  'X、Y IN SUB', X, Y    CALL F(U, V, S)
END                               WRITE( * , * )'X、Y IN MAIN', X, Y
                                  WRITE( * , * ) U, V, S
                              END
```

程序的执行结果是：

X、Y IN SUB	5	8
X、Y IN MAIN	3.000000	2.000000
5.000000	8.000000	13.000000

从程序执行结果可以看到,尽管在程序单元 EXAM8 和程序单元 F 中都有变量 X,Y,但其值是不相同的,说明它们是不相干的变量,只是同名而已。

9.5 递 归 调 用

递归是一种很有用的数学思想,这种思想使得人们可以使用很简单的方法处理一些无穷概念的问题。在程序设计语言中,所谓递归,就是允许在一个子程序的定义部分直接或间接地调用被定义子程序。在 Fortran 90 以前的版本都不支持对子程序的递归定义,Fortran 90 增加了递归这一功能,方便了用户。

9.5.1 递归函数

递归函数的定义格式为:

    RECURSIVE FUNCTION 函数名(虚参表) RESULT(变量名)

       …

       调用该函数本身

       …

    END

与一般函数子程序的定义格式比较,这里在 FUNCTION 前加上了递归说明符 RECURSIVE,并且后面多了一个"RESULT(变量名)"成分。该变量用来存放函数的中间结果,其类型应与函数名的类型相同。在递归函数的函数体中,将不再给函数名赋值,而是给 RESULT 后面括号中的变量赋值。在退出函数子程序并返回到其调用程序单元之前,Fortran 90 会将该变量的值自动赋值给函数名。

【例 9.12】 设计一个计算 N! 的函数子程序,并用其计算从键盘输入的任意自然数 N 的阶乘。

函数子程序如下:

```
RECURSIVE FUNCTION FAC(N) RESULT(FAC1)
    IF(N= =1) THEN
        FAC1=1! 只能给 FAC1 赋值
    ELSE
        FAC1=N * FAC(N-1)  ! 只能调用 FAC 函数
    END IF
END
```

如前所述,在递归函数子程序中,不能直接给函数名赋值,而只能给 RESULT 变量(这里是 FAC1)赋值,但在递归调用时,则必须使用函数名才可以,这一点务必注意。

主程序如下：

```
PROGRAM example_9_12
    WRITE( * , * )'PLEAS EINPUT A NUMBER…'
    READ( * , * ) N
    WRITE( * , * ) N,'! =',FAC(N)
END
```

运行情况是：

PLEASE INPUT A NUMBER…

5↙

5! =   120.000000

下面对该程序的执行过程作一些分析：

程序从主程序 FAC_PRO 的第一个语句 WRITE 开始执行,屏幕上出现"PLEASE INPUT A NUMBER…"提示。用户从键盘输入 5,主程序用参数 5 调用函数子程序 FAC,这是第一次调用,调用的程序单元是 FAC_PRO。在函数子程序 FAC 中,因为实参 5 不等于 1,执行函数体的 ELSE 块,以参数 N-1=4 调用 FAC,这是第二次调用 FAC,调用的程序单元是 FAC 本身,如此反复五次,到第五次调用 FAC 函数子程序时,调用参数 N=1,执行 FAC 的 IF 块,计算出此时的函数值为 1,并最终计算出函数值为 120。

如果在主程序 FAC_PRO 中,用户给 N 输入的值是一个负整数,如-5,根据以上的分析,其递归调用过程是：

$$FAC(-5)=-5*FAC(-6)=(-5)*(-6)*FAC(-7)=…$$

因为调用实参永远不等于 1,所以每一次的调用都引起一个新的递归调用,这样的递归过程显然没有完结的时候,为避免这种情况,应该在函数子程序 FAC 中有对 N<0 时的分支处理程序。修改后的 FAC 程序如下：

```
RECURSIVE FUNCTION FAC(N) RESULT(FAC1)
    IF(N==1) THEN
      FAC1=1  ! 只能给 FAC1 赋值
    ELSEIF(N>0) THEN
      FAC1=N * FAC(N-1)   ! 只能调用 FAC 函数
    ELSE
      FAC1=0   ! 假定负数的阶乘函数值为 0
    END IF
END
```

程序中假定,当实参<0 时,函数值为 0。

9.5.2 递归子例行程序

递归子例行程序的定义格式是：

```
RECURSIVE SUBROUTINE 子例行程序名(虚参表)
    …
```

```
    CALL 子例行程序名(实参)
    …
END
```

这与子例行程序的定义类似,只是在 SUBROUTINE 前加上递归说明符 RECURSIVE。

【例 9.13】　参考下式,设计一个程序,求大于某个给定的数据 e 的最小的 s 及对应的 n。

$$s_n = 1 + \frac{1}{2} + \frac{1}{3} + \frac{1}{4} + \frac{1}{5} + \cdots + \frac{1}{n}$$

分析:这个问题初看与递归问题无关,事实上可以定义一个函数 $s(n)$:

$$s(n) = \begin{cases} 0 & (n<1) \\ 1 & (n=1) \\ s(n-1)+1/n & (n>1) \end{cases}$$

显然,这里用递归方式所定义的函数 $s(n)$ 和前面非递归方式定义的数列 s_n 是相同的,解决这个问题的递归子例行程序如下:

```
RECURSIVE SUBROUTINE SN(S, N, E)
    N=N+1
    S=S+1.0/N
    IF(S<E) CALL SN(S, N, E)    ! 未到规定值,递归
END
```

调用程序如下:

```
PROGRAMexample_9_13
    WRITE( * , * )'PLEASE INPUT A NUMBER TO E'
    READ( * , * ) E
    N=0
    S=0
    CALL SN(S, N, E)
    WRITE( * , * )'S=', S, 'N=', N, 'E=', E
END
```

第一次调用结果:

```
PLEASE INPUT A NUMBER TO E
3↙
S=      3.019877    N=          11    E=       3.000000
```

第二次调用结果:

```
PLEASE INPUT A NUMBER TO E
5↙
S=      5.002069    N=          83    E=       5.000000
```

设计递归子例行程序应该注意:在递归子例行程序中,递归调用语句应处于一个分支块中,并且随着逐次的递归,分支条件会有不成立的时刻,否则,递归就没有结束的时刻。在例

9.13 中,递归调用语句置于分支条件(S<E)中,因为数列 S 的和是发散的,所以该条件总有不成立的时刻,这时退出递归子程序,实参 S(虚参也是 S,本例中实参与虚参同名)中的结果就是所求。

9.6 数据共用存储单元与数据块子程序

不同程序单元之间如果需要交换的信息量不大,可以通过前面所讲的子程序的参数的传递的方法(也称为虚参与实参相互结合的方法,通称为虚实结合的方法),但如果相互要交换的数据比较多,用这种虚实结合的方法就不太方便,Fortran 中还有另外一种数据交换方法——共用存储单元,如果不同程序单元中共同涉及比较多的数据实体,用这种方法交换数据是比较方便的。

9.6.1 等价语句

从变量的概念可知,程序中的一个变量将被分配一个存储单元(一个存储单元需要的字节数随变量的类型不同而不同),程序中对变量的赋值与调用都将被转化为对这一存储单元的赋值和调用。一般来说,不同的变量被分配在不同的存储单元,如果在程序中特别声明,将同一个程序单元中的两个(或多个)不同名字的变量分配在同一存储单元,这两个(或多个)变量就称为等价变量。

定义等价变量的格式是:

EQUIVALENCE(变量表 1),(变量表 2),…

例如:

EQUIVALENCE(X, Y, Z)　　! 定义 X, Y, Z 三个变量等价

EQUIVALENCE(L, M, N),(A, B, C)　　! 定义 L、M、N 等价,A、B、C 等价

DIMENSION A(15),B(3, 5)

EQUIVALENCE(A, B)　　! 定义数组 A、B 等价

数组 A,B 元素对应规则是:

A(1)—B(1, 1)　　A(2)—B(2, 1)　　A(3)—B(3, 1)　　A(4)—B(1, 2)
A(5)—B(2, 2)　　A(6)—B(3, 2)　　A(7)—B(1, 3)　　A(8)—B(2, 3)
A(9)—B(3, 3)　　A(10)—B(1, 4)　　A(10)—B(2, 4)　　A(12)—B(3, 4)
A(13)—B(1, 5)　　A(14)—B(2, 5)　　A(15)—B(3, 5)

【例 9.14】 设计一个子例行程序,对一个二维数组按其存储顺序排升序。

分析:对一维数组排序比二维数组排序方便,如果设计一个与要排序的二维数组等价的一维数组,则对该一维数组的排序就是对与其等价的二维数组的排序。

排序程序如下:

```
PROGRAMexample_9_14
    INTEGER C1, C2, C3, M, N, SEED
```

```
      PARAMETER (C1＝29，C2＝217，C3＝1024，M＝4，N＝5)
      DIMENSION X(M，N)，Y(M * N)
      EQUIVA1ENCE(X，Y)　! 定义一维数组 Y 和二维数组 X 等价
      DATA　SEED/0/　! SEED 变量赋初值 0
      DO I＝1，M
        DO J＝1，N
          SEED＝MOD(SEED * C1＋C2，C3)　! 用一组随机数给数组赋值
          X(I，J)＝SEED
        END DO
      END DO
      WRITE( * ，100)((X(I，J)，J＝1，N)，I＝1，M)　! 打印排序前的结果
      WRITE( * ，* )
      CA11 SORT(Y，M * N)
      WRITE( * ，100) ((X(1，J)，J＝1，N)，I＝1，M)　! 打印排序后的结果
      100 FORMAT(5F10.0)
      END
```

子例行程序 SORT 如下：

```
      SUBROUTINE SORT(A，N)
        REAL T，A(N)
        DO I＝1，N－1　! 给数组 A 排序
          DO J＝I+1，N
            IF(A(I)＞A(J)) THEN
              T＝A(I)
              A(I)＝A(J)
              A(J)＝T
            END IF
          END DO
        END DO
      END
```

程序的运行结果是：

217.	366.	591.	972.	757.
666.	75.	344.	977.	902.
775.	164.	877.	50.	643.
432.	457.	158.	703.	124.
50.	164.	432.	666.	877.
75.	217.	457.	703.	902.

| 124. | 344. | 591. | 757. | 972. |
| 158. | 366. | 643. | 775. | 977. |

前面的一组数是没有排序的,后面是排序后的结果,本例通过等价关系,把一个二维数组的问题简化为一个一维数组的问题,这也说明了等价语句的一种作用。

两点说明:

(1)Fortran 90 中允许定义不同类型的变量等价。例如:

INTEGER A

REAL B

EQUIVALENCE(A,B)

此时整型数据 A 和实型数据 B 共享存储单元,但当 A 以整型数据格式存储在该存储单元中时,如果被 B 以实型数据格式读出后会变得面目全非,反之亦然。两者并不是简单的类型转换。实际上可以参考 C 语言中指针相关内容,对 A 和 B 的值进行分析。

(2)等价语句(EQUIVALENCE)只是建立同一个程序单元中几个变量之间的等价关系,不能实现不同程序单元之间的数据交换,不要试图通过定义不同程序单元之间的变量等价来实现程序单元间的通信。

9.6.2 公用数据块

一个应用程序是由一个主程序单元和若干个辅助程序单元(函数子程序、子例行程序、数据块子程序、模块子程序等)组成,这些不同的程序单元为了完成一个共同的任务而相互支持、相互通信、协同工作,前面用了很大的篇幅讨论程序单元之间采用参数的虚实结合完成数据通信的方法,下面讨论数据传递的另外一种方法——公用数据区。

所谓公用数据区,就是一个程序中的每个程序单元都可以访问的公共区域。数据公用区分为有名公用区和无名公用区两种,一个程序只有一个无名公用区,但可以定义多个有名公用区。定义公用区的语句格式是:

COMMON 变量名表

COMMON/公用区名 1/变量名表 1,/公用区名 2/变量名表 2,…

在无名公用区中定义了一组变量,在公用区 1 中定义了变量表 1,在公用区 2 定义了变量表 2。例如:

```
PROGRAMMAIN              FUNCTION SUB()
    COMMON A,B,C,D            COMMON X,Y,Z,C
    … …                      … …
    END                      END
```

上例中,主程序 MAIN 在无名公用区中定义了实型变量 A,B,C,D,而函数子程序 SUB 则在无名公用区中定义了实型变量 X,Y,Z,C。因为 MAIN 程序单元与 SUB 程序单元同属于一个程序,其无名公用区是一个,所以变量在内存中的存储形式见表 9-1。

表 9-1　公用区变量存储形式

主程序(MAIN)变量名	存储的数据	子程序(SUB)中的变量名
A	3.5	X
B	7.8	Y
C	−21.6	Z
D	6.3	C

从表 9-1 可以看出,对同一个存储单元,MAIN 程序单元以名字 A 调用,而 SUB 程序单元以名字 X 调用,用这种方法建立起 MAIN 中 A 和 SUB 中 X 之间的联系。如果 SUB 中要传递数据给 A,只需向 X 赋予要传递的数据即可,反之亦然。

公用区语句要注意的问题:

(1)公用区中的变量按顺序对应,不是按名字对应,如上例中,MAIN 中的变量 C 并不是与 SUB 中的 C 对应,而是与 Z 对应。

(2)不同程序单元在 COMMON 语句中定义的变量个数不必相同,但只在前面相对应的变量间才建立了对应关系(公用存储单元)。

(3)有对应关系的变量(公用存储单元)的数据类型应该一致,否则无实际意义。

(4)不要把这里的公用存储单元关系和变量间的等价关系混淆:公用存储单元关系是不同程序单元之间的变量,而等价关系是同一个程序单元内部的变量。

(5)一个程序单元中可以包含多个 COMMON 语句。例如:

COMMON X1, X2, X3, X4, X5, X6

和下面的语句序列是完全相同的:

COMMON X1, X2

COMMON X3, X4, X5

COMMON X6

(6)若公用存储变量的名字不遵守 I-N 隐含规则,则必须对这些变量进行数据类型的说明。

如果某个程序单元在 COMMON 语句中存放了多个变量(比如说 20 个),而另一个程序单元只与其中的部分变量(比如说与第 15 个变量和第 18 个变量)通信,因为公用区语句 COMMON 按顺序对应,所以在第二个程序单元的 COMMON 语句中必须也列出至少 18 个变量,不仅麻烦,还把不应与外部程序单元通信的 16 个变量与外部变量建立了公用存储,这些变量的值受外部程序单元的影响,不符合模块化程序设计原则。为了克服这一问题,Fortran 中引进了有名公用区的概念。比如对上述问题,可以使用有名公用区来解决。

```
PROGRAMMAIN
    COMMON/ARY1/ X1, X2, X3, X4, X5, X6, X7, X8, X9, X10
    COMMON/ARY2/ X11, X12, X13, X14, X16, X17, X19, X20
    COMMON/ARY3/ X15, X18
    ...
END
```

```
SUBROUTINE SUB
    COMMON/ARY3/ A，B
...
    END
```

这样就把 MAIN 中的 X15，X18 和 SUB 中的 A，B 变量建立了公用存储单元关系，并且没建立多余的公用存储关系。

使用有名公用区除要注意和无名公用区相同的问题外，还应注意：

（1）公用区名字写在存储的变量名前，并用两个斜杠`/`括起来，公用区名字命名规则与 Fortran 的变量名相同，同一个程序（不是同一个程序单元）中的有名公用名不能相同。

（2）不同程序单元之间按公用区名建立公用存储关系。也就是说，存储在不同名字的公用区中的变量没有关系，存储在相同名字的公用区中的变量按顺序建立公用存储关系。可以把无名公用区看作一种系统已定义好名字（因而无须在 COMMON 语句中说明公用区名）的特殊的有名公用区，这样就可以把两者统一起来。

【例 9.15】 设计一个按分数规则进行加减法的程序。

分析：一般的分数加减法的形式为

$$\frac{k}{l} \pm \frac{n}{m} = \frac{i}{j}$$

其中：$i = km \pm nl, j = lm$；i, j 的最大公约数为 1。

设计一个子程序完成 i, j 的计算，显然，子程序要从主程序中获取 k, l, m, n 等 4 个数据和一个运算符，并且要把结果 i 和 j 返回给主程序。这样，主子程序间共有 7 个量要进行通信。

程序如下：

```
SUBROUTINE ADD    ! 计算两个分数的和或差
    COMMON K，L，N，M，C，I，J    ! 在无名公用区中定义7个通信变量
    INTEGER(1) C    ! 定义 C 为单字节整型数
    INTEGER F1    ! 定义函数子程序名 F1 为整型
    IF(C==1) THEN    ! C 为运算符，1 表示加法，-1 表示减法
    N1=K*M+N*L
    ELSE
        N1=K*M-N*L
    ENDIF
    M1=L*M
    I=N1/F1(N1，M1)    ! F1(M，N)，函数子程序，求 M，N 的最大公约数
    J=M1/F1(N1，M1)! 分子分母用最大公约数约分
    END SUBROUTINE ADD
    INTEGER FUNCTION F1(M，N)    ! 求 M，N 的最大公约数
        INTEGER T，M1，N1，M，N
        M1=M
```

```
    N1＝N
    IF(M1＜N1) THEN    ！保证 M1＞N
      T＝M1
      M1＝N1
      N1＝T
    ENDIF
    T＝MOD(M1，N1)
    DO WHILE(T＞0)    ！用辗转相除法求最大公约数
    M1＝N1
      N1＝T
      T＝MOD(M1，N1)
      ENDDO
      F1＝N1
  END FUNCTION F1
  PROGRAMexample_9_15
    COMMON N1,N2,N3,N4,C1,N5,N6    ！在无名公用区中存储 7 个变量与 ADD 通信
    INTEGER(1) C1
    INTEGER N1, N2, N3, N4, N5, N6
    WRITE(＊,＊) ′P1EASE INPUT K, L, M, N′
    READ(＊,＊) N1, N2, N3, N4
    WRITE(＊,＊) ′P1EASE INPUT C(1, －1)′
    READ(＊,＊) C1
    CALL ADD()    ！调用 ADD 子程序求结果的分子分母
    IF(C1＝＝1) THEN
      WRITE(＊, 100) N1, N2, N3, N4, N5, N6
    ELSE
      WRITE(＊, 200) N1, N2, N3, N4, N5, N6
    ENDIF
    100 FORMAT(I4, ′/′, I4, ′＋′, I4, ′/′, I4, ′＝′, I4, ′/′, I4)
    200 FORMAT(I4, ′/′, I4, ′＋′, I4, ′/′, I4, ′＝′, I4, ′/′, I4)
    END PROGRAM FRACTION
```

程序的运行结果是：

第一次运行：

PLEASE INPUT K, L, M, N

1, 2, 1, 3↙

PLEASE INPUT C(1,－1)

1↙

1/　2＋　1/　3＝　5　/6

第二次运行：

PLEASE INPUT K, L, M, N

5, 6, 3, 4↙

PLEASE INPUT C(1,－1)

－1↙

5/　6－　3/　4＝　1/　12

9.6.3 数据块子程序

若一个程序中要对一部分变量赋予相应初值,并且这些初值为该程序中几个不同的程序单元所引用,则可以建立一个特殊的程序单元,在该程序单元中对这些变量进行集中说明并使用 DATA 语句赋初值,完成这种任务的程序单元称为数据块程序单元。

数据块程序单元的形式是:

BLOCK DATA [程序名]

程序单元

END [BLOCK DATA]

例如:

```
        BLOCK DATA EXAM_BLOCKDATA              FUNCTION F(X,Y)
            INTEGER A,B,C,D                        INTEGER X1,Y1
            DIMENSION A(100)                       COMMON/AREY2/X1,Y1
            DATA A/100 * 3/,B,C,D/3 * 0/           …
            COMMON/AREY1/A                         END FUNCTION
            COMMON/AREY2/B,C,D                  PROGRAM TEST
        END BLOCK DATA                             COMMON/AREY2/M,N
                                                   …

                                               END PROGRAM
```

上述示例中对主程序 TEST 的变量 M,N 和函数子程序 F 中的变量 X1,Y1 建立了公用存储关系并赋了初值 0。

数据块子程序应注意如下问题:

(1)数据块子程序中只能包含 DATA、COMMON、EQUIVALENCE 以及数据类型说明语句,不可包含任何可执行语句。

(2)数据块中的公用区只能是有名公用区,并且对这些有名公用区中的所有变量,都必须使用 COMMON 语句一一排列。

(3)数据块子程序不能被别的程序单元调用,它所要完成的功能(给变量赋初值)在该程序单元进行编译时即已完成。

(4)数据块程序是一种特殊的程序单元,在数据块程序中进行的变量说明并不能代替其他程序单元中对变量的说明,并且数据块子程序并没有在不同的程序单元之间建立变量的公用存储关系,不同程序单元之间变量的公用存储关系还是在各程序单元内部的数据说明部分完成的。

9.7 内部子程序

前面所讨论的子程序,包括函数子程序、子例行程序和数据块子程序都是作为一个独立的程序单元,所谓独立的程序单元具有两个特征:

(1)从形式上看,各种独立的程序单元的源程序是分别编写的,当上一个程序单元的代码编写完后(出现了程序单元的结束语句 END),才开始另一个程序单元代码的编写,代码之间没有嵌套、没有交叉。

(2)从变量的作用域来看,每个程序单元拥有一组独立的变量空间,各程序单元之间的变量是彼此独立的,相互不干扰。两个程序单元要传递数据时,要么使用参数的虚实结合方法,要么通过公用数据区。任何程序单元都不能直接引用其他程序单元的变量。

如果一个子程序建立在某个程序单元的内部,那么这个子程序就不再是一个程序单元,而是一个内部子程序。例如:

```
PROGRAM EX1                    PROGRAM EX2
… …                           … …
END ！EX1 结束                 CONTAINS
SUBROUTINE SUB1                SUBROUTINE SUB2
… …                           … …
END  ！SUB1 结束               END SUBROUTINE SUB2
                               … …
              END  ！EX2 结束
```

上例中,因为 SUB1 的程序代码是在主程序 EX1 结束后才开始书写,而 SUB2 的代码则嵌套在 EX2 的内部,所以子程序 SUB1 是一个与主程序单元 EX1 独立的程序单元。而子程序 SUB2 则只是主程序 EX2 中的一个内部子程序。不同的程序单元可以分别以不同的程序文件存储,也可以存储在同一个程序文件中。因此,不能以是否使用独立的程序文件存储来区分是否独立的程序单元。程序单元与内部子程序的比较见表 9 - 2。

表 9 - 2　程序单元与内部子程序的比较

比较内容	程序单元	内部子程序
源代码形式	彼此独立,没有嵌套	嵌套在另一个程序单元中
变量作用域	所有变量局部于本程序单元	内部子程序可以引用该子程序所在的程序单元的全部变量,但子程序之外不能引用在内部子程序中建立的局部变量
程序调用	除 PROGRAM 程序单元外,子例行程序单元和函数子程序单元可以为其他程序单元调用	只能被内部子程序所在的程序单元调用

【例 9.16】　设计一个程序,求同时满足下列两个条件的分数 X 的个数:

(1)1/6＜X＜1/5;

(2)X 的分子分母都是素数且分母是两位数。

分析:设 X＝M/N,根据条件(2),10＜N＜99;根据条件(1),5M＜N＜6M,并且 M,N 均为素数,用穷举法来求解这个问题,并设计一个内部函数子程序来判断一个数是否素数。

程序如下：

```
PROGRAM example_9_16
    INTEGER I, N, M
    INTEGER MX, MN, CON
    CON=0
    DO N=10, 99
      IF(NPRIM(N)==1) THEN
        MN=N/6+1
        MX=N/5
        DO M=MN, MX
          IF(NPRIM(M)==1) THEN
            WRITE(*, 100)M, N
            CON=CON+1
          END IF
        END DO
      END IF
    END DO
    WRITE(*, 200)CON
100 FORMAT(3X, I2, '/', I2)
200 FORMAT (3X, 'TOTALIS', I2)
    CONTAINS   ! 内部子程序标志语句
    FUNCTION NPRIM(N)
    NPRIM=1
      DO I=2, N-1
      IF(MOD(N, I)==0) THEN
        NPR1M=0
        EXIT
      END IF
      END DO
    END FUNCTION NPRIM
ENDP ROGRAM
```

程序运行结果是：

2/11	7/41	13/71	19/97
3/17	11/59	13/73	TOTAL IS 13
5/29	11/61	17/89	
7/37	13/67	17/97	

包含内部子程序的程序叫作内部子程序的属主(Host)程序,在属主程序单元(主程序、子例行程序及函数子程序都可以作为属主程序单元)中使用内部子程序时应注意:

(1)一个属主程序单元内可以包含多个内部子程序,这些子程序可以按任意顺序先后排列,但所有内部子程序的程序代码只能放在 CONTAINS 语句和属主程序单元的 END 语句之间,也就是说,属主程序单元中除 END 外的全部语句必须在内部子程序的开始标志 CONTAINS 之前排列完。

(2)内部子程序的名字不能作为其他子程序的实参。

(3)内部子程序只能被其属主程序单元或同一个属主程序单元中的其他内部子程序调用。

(4)同一个属主程序中可以平行定义多个内部子程序,但内部子程序之间不能嵌套定义,即内部子程序内部不允许定义新的内部子程序。

9.8 模 块

模块是 Fortran 90 新建立的概念,Fortran 90 中所指的模块(Module),并不是一般程序设计教材中所泛指的具有一定独立功能的程序块,而是一个与程序、子程序并列的专门概念。

一个模块中可以包含任意多个除主程序外的其他程序单元,包含在模块中的子程序称为模块子程序。模块子程序可以供其他程序单元调用。可以认为,模块为程序设计人员提供了一个对子程序打包的工具。模块的引入方便了用户管理自己的子程序,也为各种优秀程序的传播提供了载体。

9.8.1　模块的建立

建立模块的语句格式是:

MODULE 模块名

　　模块说明语句 CONTAINS

　　模块子程序 1

　　模块子程序 2

　　…

　　END MODULE 模块名

例如:

```
MODULE TEST_MOU
  ! f(n) calculate 1+2+…+n
  ! g(n) calculate 1* *2+3* *2…+(2n-1)* *2
  ! swap(xy) is exchange x and y
CONTAINS
INTEGER FUNCTION F(N)
  INTEGER I, N, S
  S=0
  DO I=1, N
    S=S+I
  END DO
  F=S
END FUNCTION F

INTEGER FUNCTION G(N)
  INTEGER N, I, S
  S=0
  DO I=1, N, 2
    S=S+I* *2
  END DO
  G=S
END FUNCTION G

SUBROUTINE SWAP(X, Y)
  INTEGER X, Y, T
  T=X
  X=Y
  Y=T
END SUBROUTINE SWAP
END MODULE TEST_MOU
```

模块 TEST_MOU 中包含了两个函数子程序 F(N)、G(N)和一个子例行程序 SWAP (X,Y)。建立了该模块后,模块中所包含的这些子程序就可以在其他任何程序单元中调用了。建立模块时应注意:

(1)模块中只能包含关于模块的说明语句和各种子程序单元,不能出现不属于任何一个子程序单元的可执行语句;

(2)模块中各种子程序单元的存放顺序无关。

9.8.2　模块的调用

建立模块的目的是为了调用模块中所包含的子程序。要调用模块中的全部或部分子程

序,必须在主调程序单元中的前面部分进行说明。说明语句的格式如下:

格式一:USE 模块名

功能:连接模块中的全部子程序和数据说明部分,使主调程序能以与模块中完全相同的子程序名调用其中的所有程序单元。

格式二:USE 模块名,别名＝＞子程序名

功能:连接模块中的全部子程序和数据说明部分,使主调程序以指定别名调用模块中的某个子程序。

格式三:USE 模块名,ONLY :子程序名

功能:只连接模块中的指定程序,从而主调程序只能调用指定的子程序。

例如,对 9.8.1 节中的模块 TEST_MOU 而言,不同格式的模块说明,其功能是不同的:

(1)USE   TEST_MOU。

本程序单元可以调用 F、G、SWAP 三个子程序,但必须以模块中的名字来调用程序。

(2)USE TEST_MOU,FUN＝＞F。

本程序单元可以调用 F,G,SWAP 三个子程序,但必须用别名 FUN 调用模块中的 F 函数,函数子程序 G 和子例行子程序 SWAP 用模块中的名字。

(3)USE TEST_MOU,ONLY:FUN＝＞F。

本程序单元只能以别名 FUN 调用模块中的函数子程序 F,不能调用 G 和 SWAP。

模块名和存储模块的文件名可以相同,也可以不同。USE 语句是以模块名而不是以模块文件名调用模块。

【例 9.17】 设计一个程序,计算:

$$S1 = 1 + 2 + 3 + \cdots + n$$

$$S2 = \begin{cases} 1^2 + 3^2 + \cdots + (n-1)^2 & n \text{ 为偶数} \\ 1^2 + 3^2 + \cdots + (n)^2 & n \text{ 为奇数} \end{cases}$$

分析:因为前面建立的模块 TEST_MOU 中有两个函数子程序 F,G 正好能计算 S1,S2,调用该模块来实现本例程序。程序如下(模块程序清单不再列出):

```
PROGRAM example_9_17
    USE TEST_MOU, FUNF=>F
    WRITE( * , * ) 'PLEASE INPUT N:'
    READ( * , * ) N
    WRITE( * , 100) N, FUNF(N)
    N1=N
    IF(MOD(N, 2) ==0)   N1=N1-1
    WRITE( * , 200) N1, G(N)
100 FORMAT('1+2+…+', I2, '=', I5)
200 FORMAT('1+3 * * 2+…+', I2, '* * 2=', I5)
END
```

计算结果是:

PLEASE INPUT N：
20↙
1＋2＋…＋20＝210
1＋3＊＊2＋…＋19＊＊2＝1330

PLEASE INPUT N：
17↙
1＋2＋…＋17＝153
1＋3＊＊2＋…＋17＊＊2＝969

9.9　Fortran 内部函数

　　Fortran 语言具有丰富的内部函数,内部函数是指系统本身带有的能完成一定功能的程序单位。内部函数可供用户直接使用,只不过必须遵守其使用规则,不必重新编写程序。如数学函数中的三角函数,像正弦函数,若自己编程,则要用到高等数学中的无穷级数知识、Fortran 中的循环结构等,是一件比较麻烦的事情。由于有了内部函数,只要在程序中输入 SIN(X)(其中 X 为任意实数),就可以得到对应数值(弧度)的正弦值。在附录 3 中给出了 Fortran 内部函数的介绍。

　　(1)Fortran 内部函数,也称为库函数。在程序中可直接调用这些函数,在完成程序的编译后,通过链接,即将一组二进制指令代入该函数出现的地方,与编译好的目标程序一起形成可执行程序。

　　(2)一个内部函数要求一个或多个自变量。如 SIN(X)自变量仅一个,MOD(M,N)自变量为两个,而像求最大值 MAX、最小值 MIN 函数,自变量就可以有多个。

　　(3)函数的自变量是有类型的,函数的值也是有类型的。如求余函数 MOD(M,N),自变量与函数值都是整型;而 SIN(X)等,自变量与函数值都是实型,否则,如果用整型自变量将产生语法错误,函数值用整型变量存储将丢失小数部分的数据,导致结果错误。

　　使用内部函数应当注意:

　　(1)所有函数必须遵守原有数学规则,如负数不能开方,不能对负数求对数,实数不能求余等,违反规则程序将产生错误。

　　(2)所有函数名字的后面都必须带有括号,否则将产生错误。如 COS(X)不能写成 COSX,因为后者 Fortran 语言将把它当作一个标识符,而非调用一个函数。使用函数时,参数类型和个数必须与函数定义的参数类型和个数一致,如使用 MOD 函数时,需要两个为整型的参数。

　　(3)三角函数参数单位是弧度,因此应特别注意,如果是普通的度数,那么必须先转化为弧度才能使用对应的函数。

　　(4)要注意 Fortran 语言中函数名与数学中函数名的差异,如 Fortran 语言中 LOG(X),相当于数学的自然对数,即 lnx。

下面看两个函数运用的具体例子：

(1)求三个数 X,Y,Z 中的最大值可以表示为 MAX(X，Y，Z)。

(2)判断一个自然数 M 是否为另外一个自然数 N 的因子，可以通过 MOD(N，M)是否为 0 判断。若为 0,则说明 M 是 N 的因子,否则说明 N 不能被 M 整除。

习　　题

1.指出下列错误的语句函数定义。

(1)F(X,Y) = X＋Y＋2＋A－B

(2)SUM(X(2),Y,Z) = 3 * Y＋(X(2) ＋ Z)*Z

(3)F(X,Y,X) = X**2－Y＋X＋C－SIN(A)

(4)X2(Z,Y(I)) = EXP(Z+1)－A*Y(I)

(5)LAN(A,B,X) = A*X＋(B－C)**2－Y

2.编写一个函数子程序计算 S(m,n,k),并调用该函数子程序分别计算 S1 和 S2。

$$S(m,n,k) = \sum_{i=m}^{n} (i-k)^2$$

$$S_1 = \sum_{i=1}^{100} i^2$$

$$S_2 = \sum_{i=10}^{100} (i-5)^2$$

3.编写一个计算阶乘 $n!$ 的的函数子程序,并调用该子程序计算 e 的近似值。当 $n! >$ 1E8 时停止计算。

$$e = 1 + \frac{1}{1!} + \frac{1}{2!} + \cdots \frac{1}{n!} + \cdots$$

4.Ackermann 函数的定义是：

A(0,n) = n＋1

A(m,0) =A(m－1,1)

A(m,n) = A(m－1, A(m,n－1))

其中 m,n 是自然数,设计一个计算 Ackermann 的函数子程序,并计算 A(5,8)。

5.设计一个矩形方法计算函数定积分的函数子程序。矩形积分公式为

$$\int_a^b f(x)\mathrm{d}x = h \sum_{i=0}^{n-1} f(a + ih)$$

其中,$h=(b-a)/n$,即将积分区间 $[a,b]$ 划分成 n 个等长区间,n 是小区间的个数,而 h 是小区间的长度。

6.针对火箭发动机实验数据处理程序,分别编写如下函数：

(1)查找区间最大最小值:输入一维数组、数组索引号(两个)、时间零点和时间步长,在两个索引号指定的区间内查找最大值和最小值,及其对应的时刻序号,将这四个值返回供上一级代码调用。(提示:可用结构体或指针返回多个参数)

　　(2)计算区间积分与均值:输入一维数组、数组索引号(两个)、时间零点和时间步长,在两个索引号指定的区间内计算其积分与平均值,将这两个值返回供上一级代码调用。

　　(3)查找上升下降沿时刻:输入一维数组、目标值、参数变化方向(1 或 −1)、时间零点和时间步长,计算参数上升或下降到指定数值的时刻(前一时刻小于/大于指定值,下一时刻大于等于/小于等于指定值)。返回值包括数组中第一个满足条件的数值、在数组中对应的索引号、利用线性插值法计算出的时刻。

　　(4)数据变换:输入一维数组 x、转换多项式系数(二次关系式),利用二次关系式对输入的数据进行运算 $y = ax^2 + bx + c$,返回新数组 y。

　　7.针对内弹道计算程序,分别编写如下函数:

　　(1)4 阶定步长龙格-库塔法微分方程求解算法;

　　(2)上升段和平衡段压强计算;

　　(3)下降段压强计算。

第10章 文件读写与输入/输出

　　数据的输入/输出是程序的重要组成部分。在前面几章中,使用最简单的输入/输出语句,即用表控方式进行输入和输出。这是比较简单、自由的输入/输出方式。在有些情况下,希望按照自己所要求的格式来进行输入/输出,以使输入更加灵活,输出更加美观。这就是本章要介绍的格式输入/输出问题,Fortran语言关于输入/输出格式的各种规定很多,比较烦琐,读者不应死记硬背和过分死抠语言细节,而应结合程序设计实践和上机操作先掌握一些基本格式,对于一些特殊用法在使用时查阅有关规定即可。

　　文件(File)是程序设计中的一个重要概念。文件是若干个逻辑记录构成的信息集合,在Fortran的输入/输出系统里,数据是以文件的形式进行存储和交换的,操作系统以文件为单位对数据进行管理。也就是说,如果想寻找保存在外部介质上的数据,必须先按文件名找到所指定的文件,然后再从该文件中读取数据。要向外部介质上存储数据也必须先建立一个文件(以文件名标识),然后才能向它输出数据。

10.1　输入/输出概述

　　输入/输出是指在计算机内存与外部设备之间传送数据的过程。从外部设备将数据传送到计算机内存称为输入。将计算机内部的数据传送到外部设备称为输出。要顺利地传送数据,一般应在输入/输出语句中给计算机提供3方面的信息:

　　(1)通过什么设备来进行输入/输出;

　　(2)采用什么样的格式来进行输入/输出;

　　(3)输入/输出的具体内容。

　　每一种计算机系统都隐含指定一种输入设备和输出设备,在微机中,隐含指定键盘为输入设备,显示器为输出设备。在输入/输出数据较多时,也可以使用磁盘作为输入/输出设备,即从已经建立的磁盘文件中去读取数据,将处理结果写入到磁盘文件中去。

　　输入/输出的格式由格式编辑符来指定,不同的数据类型需要不同的格式编辑符,不同的格式编辑符确定不同的输入/输出格式。

　　输入/输出的具体内容即输入/输出项,输入项只能为变量,输出项可以为常量、变量、函数和表达式,也可以是隐含的DO循环。

　　下面先看一个格式输入/输出的例子。

【例 10.1】　程序代码：

```
! example-10-1
INTEGER J
DO J＝1，5，2
WRITE(＊，10) J
END DO
10 FORMAT(1X，3I5)
END
```

程序输出为：

```
    1
    3
    5
```

每循环一次输出循环变量 J 的值,每个数据占 5 格。再看下面的例子。

【例 10.2】　程序代码：

```
! example-10-2
INTEGER J
WRITE(＊，10)(J，J＝1，5，2)
10 F0RMAT(1X，3I5)
END
```

程序输出为：

```
    1    3    5
```

程序中,WRITE 语句的输出项"(J，J＝1，5，2)"是一个隐含的 DO 循环,当作一个整体输出,每个数据占 5 格。

10.2　格式输入/输出语句

10.2.1　格式输出

格式输出语句有两个:PRINT 语句和 WRITE 语句。

1. PRINT 语句

PRINT 语句的一般格式是：

　　PRINT f，输出项

其中：

(1)f 是格式说明符,指明了输出所用的格式。它有以下 3 种形式：

1)格式说明符是一个"＊",表示输出使用表控格式。这在前面几章已作介绍。

2)格式说明符是一个字符常量。例如：

　　PRINT ′(lX 2F7.3)′，X，Y

3)格式说明符是格式语句(FORMAT)的语句标号。这是最常用的格式输出形式。例如：

　　PRINT　100，A，B，C
　　100 FORMAT(1X，F9.4，2F7.3)

(2)输出项指定了输出的具体内容。输出项可以是变量、常量、函数以及表达式。此外,输出项还可以是隐含 DO 循环。

2. WRITE 语句

WRITE 语句的一般格式是：

WRITE(u, f)　输出项

其中：

(1)u 是设备号,用于指明具体使用的输出设备。u 可以是一个无符号整常量,也可以是一个整型变量或整型表达式,还可以是星号"＊"。"＊"表示由计算机系统预先约定的外部设备,一般为显示器。

(2)f 是格式说明符,指明了输出所用的格式。它也有 3 种形式,用法与 PRINT 语句相同。

(3)输出项也可以是常量、变量、函数以及表达式,还可以是隐含的 DO 循环。

10.2.2　格式输入

格式输入语句是指 READ 语句,它有两种形式：

READ f, 输入项

READ (u, f)　输入项

其中：

(1)f 指明了输入所用的格式。它有以下 3 种形式：

1)格式说明符是一个"＊",表示输入使用表控格式。

2)格式说明符是一个字符常量。例如：

READ (＊, ′(I3, 2I4)′) I, J, K

3)格式说明符是格式语句(FORMAT)的语句标号。这是最常用的格式输入形式。

(2)u 是设备号,用于指明具体使用的输入设备。u 可以是一个无符号整常量,也可以是一个整型变量或整型表达式,还可以是星号"＊"。"＊"表示由计算机系统预先约定的外部设备,一般为键盘。

(3)输入项指定了输入的具体内容。输入项可以是变量,也可以是隐含 DO 循环,但不允许是常量或表达式。

10.2.3　格式说明语句

Fortran 用专门的格式说明来描述输入/输出的格式。尽管格式说明可以直接放在输入/输出语句中,但为了使程序的可读性更强,最好使用格式说明语句来进行格式说明。格式说明语句的一般格式是：

nFORMAT(格式说明)

其中:n 是语句标号,FORMAT 语句一定带有语句标号,以便同格式输入/输出语句配合使用;格式说明由若干个编辑描述符组成,编辑描述符之间用逗号分隔。例如：

10 FORMAT(1X, I4, F5.1)

格式说明语句是非执行语句,它只是给输入/输出语句提供数据的格式描述。在程序运行过程中,由输入/输出语句根据格式说明语句提供的数据格式描述,实现数据的格式控制。单独的格式说明语句在程序中不起任何作用。例如：

　　10 FORMAT(1X, I4, F5.1)

　　WRITE(* , 10) 2345, 67.8

其中:格式说明包含 3 种编辑描述符 X,I 和 F。分别用 I4 和 F5.1 来控制 2345 和 67.8 的输出格式,1X 也有特定的用途。格式说明语句可以放在程序单位语句(主程序语句 PRO-GRAM,子程序语句 FUNCTION 或 SUBROUTINE)之后,END 语句之前的任何位置。

10.3　常用的编辑描述符

编辑描述符分成可重复编辑描述符和非重复编辑描述符两大类。

10.3.1　可重复编辑描述符

　　可重复编辑描述符是用来编辑输入/输出项的输入/输出格式的,所以总是与输入/输出项相对应。不同类型的输入/输出项使用不同的编辑描述符。Fortran 提供的内部数据类型有整型、实型、复型、字符型和逻辑型。相应地,编辑描述符也分 5 类。

　　1.整型数据编辑描述符

　　根据数据采用的进制不同,整型数据编辑符分为 4 种:I 编辑符、B 编辑符、O 编辑符和 Z 编辑符。I 编辑符用来描述十进制的整型数据,B 编辑符用来描述二进制的整型数据,O 编辑符用来描述八进制的整型数据,Z 编辑符用来描述十六进制的整型数据。下面逐一介绍。

　　(1)I 编辑符。I 编辑符用于十进制整数的输入/输出。它的一般格式是:

　　rIw

其中:r 是重复系数,为 1 时可以省略;w 表示字段宽度,即与该编辑描述符对应的输入/输出项所占用的字符个数。

　　I 型输入的使用规则:在输入记录中从左往右取 w 个字符存入对应的输入项。注意:正负号和空格均占一个字符位置。将读入的 w 个字符转换为整型数据时,空格不起作用。

　　例如:

　　READ(* , 10) I, J, K

　　10 FORMAT(I4, I5, I6)

下面给出几种典型输入和得到的变量值。

键盘输入	I,J,K
71□4−346□−□12345	714、−346、−1234
7□1□42□22−1□34□56	71、4222、−134
71□42□22−1□34□56	Error:Bad value during integer read

　　为什么第三个输入会导致程序运行出错?下面进行简单分析。按照格式描述符的定义,在进行数据输入时,程序将输入的字符串拆分成三个子串:71□4、2□22−、1□34□5,很明显在转换第二个字符串时,遇到了无法理解的情况,因此程序会提示出错。

　　I 型输出的使用规则:在输出记录中,对应的输出项的值占 w 个字符宽度。当 w 大于输出项实际的数字位数时,在输出字段中插入前导空格补足 w 个字符。当 w 小于输出项实际

的数字位数时,将输出 w 个"＊",表示字段宽度定义小了。例如:

    WRITE(＊,10)K,L
    10 FORMAT(lX,I5,I4)

当 K＝12,L＝−7567 时,输出结果为:

    □□□12＊＊＊＊

(2)B,O,Z 编辑符。这是 Fortran 90 新增的编辑符。分别采用二进制、八进制和十六进制形式描述整型量的输入/输出。其基本用法与 I 编辑符相同。例如:

    READ(＊,10)I,J
    WRITE(＊,20)I,J,I,J
    10 FORMAT(B3,B4)
    20 FORMAT(1X,I5,14,O4,Z5)
    END

语句执行时,若从键盘输入 1011101,则 I,J 的值分别为二进制数 101 和二进制数 1101。输出结果为:

    □□□□5□□13□□□5□□□□□D

但与 I 编辑符也有区别,特别注意以下几点:

1)如果需要输出的二进制、八进制、十六进制数据位数大于编辑符定义的字段宽度,这时仍能输出数据,不过实际输出的数据是从原数据的右端截取相应的位数而得到的。例如:

    WRITE(＊,20) 14
    20 FORMAT(1X,B3)

输出结果为:

    110

2)Z 编辑符可以用来输入/输出字符型和逻辑型数据。例如:

    WRITE(＊,20) 14＞90,14＜34,′ab′
    20 FORMAT(1X,Z3,Z3,Z5)

输出结果为:

    □□0□□1□6162

从上述输出结果可以看出,对于字符型数据,若用 Z 编辑符输出,则输出结果为每一个字符所对应的 ASCII 码值。例如,字母"a"的 ASCII 码值用十六进制表示为 61,字母"b"的 ASCII 码值用十六进制表示为 62。对于逻辑型数据,若用 Z 编辑符输出,则逻辑真输出为 1,逻辑假输出为 0。

2.实型数据编辑描述符

有 4 种编辑符可以对实型数据进行操作,它们是 F 编辑符、E 编辑符、EN 编辑符、ES 编辑符和 G 编辑符。

(1)F 编辑符。用于实型量的输入/输出(按小数形式)。它的一般格式是:

    rFw.d

其中:r 为重复系数,为 1 时可以省略;w 为字段宽度;d 为输入/输出项小数部分所占的位数。

　　F 型输入规则:按编辑描述符中 w 指定的字段宽度从输入记录中截取数据,若 w 个字符中不含小数点,则系统自动按 d 决定小数点的位置,若 w 个字符中含有小数点,则按"自带小数点优先"的原则,不再按 Fw.d 中的 d 去加工该数据,此时 d 不起作用。例如:

　　　　READ(* , 10)A, B

　　　　10 FORMAT(F7.2, F6.1)

　　语句执行时,若从键盘输入 123456□726.89,则 A、B 的值分别为 1234.56 和 726.89。当输入的数是指数形式时,若 E 前面的数字部分含有小数点,则 d 不起作用。若数字部分不含有小数点,则自动按 d 决定数字部分小数点的位置。例如:

　　　　READ(* , 10)A, B

　　　　10 FORMAT(F8.0, F7.2)

　　执行语句时,若从键盘输入 72.48E-3□□□2E2,则 A,B 的值分别为 0.07248,2.0。

　　F 型输出规则:把输出项的值转换成字段宽度为 w 的小数形式输出,其中小数部分占 d 位,小数点占 1 位。若输出项小数部分实际的位数小于 d,则输出时小数部分低位以零补足 d 位,否则保留 d 位,从 d+1 位开始四舍五入。若输出项实际长度小于 w,则在左边用空格补足 w 个,否则输出 w 个" * ",以示 w 太小。例如:

　　　　WRITE(* , 10)A, B, C

　　　　10 FORMAT(1X,3F8.3)

　　当 A,B,C 的值分别是 78.9,-0.00072,12345.678 时,输出为:

　　　　□□78.900□□-0.001 * * * * * * * *

　　(2)E 编辑符。用于输入/输出指数形式的实数。它的一般格式是:

　　　　rEw.d

其中:r 是重复系数;w 是字段宽度;d 为数字部分小数位数。

　　E 型输入规则:与 F 编辑符完全相同。

　　E 型输出规则:采取规格化的指数形式,即数字部分小数前面为 0,小数点后第一位为非零数字,指数部分占 4 列(E、指数符号位及两位指数)。如果输出项数字部分的小数位数多于 d 位,保留 d 位,从第 d+1 位起四舍五入,小于 d 位,在其右边补 0。如果输出项实际的位数小于 w,左补空格,否则输出 w 个" * "。例如:

　　　　WRITE(* , 10)A, B

　　　　10 FORMAT(1X, E12.4, E13.2)

　　当 A,B 的值为 128.433 和-0.0008 时,输出为:

　　　　□□.1284E+03□□□□-.80E-03

　　(3)EN 编辑符。EN 编辑符与 E 编辑符基本用法相同。区别在于 EN 编辑符输出数据的非指数部分的绝对值强制在 1 到 1000 的范围内,且指数可以被 3 整除。例如:

　　　　WRITE(* , 10)128.433, -0.0008

　　　　10 FORMAT(1X, EN12.4, EN13.2)

　　输出为:

　　　　128.4330E+00□□-800.00E-06

　　(4)ES 编辑符。ES 编辑符与 E 编辑符用法基本相同。区别在于 ES 编辑符输出数据的非指数部分的绝对值强制在 1 到 10 的范围内。例如：

WRITE(* , 10) 128.433, −0.0008

10 FORMAT(1X, EN12.4, EN13.2)

输出为：

□□1.2843E＋02□□□−8.00E−04

（5）G 编辑符。G 编辑符也用于实型量的输入/输出。一般格式为：

rGw.d

G 编辑符用于输入时，与 F,E 编辑符的功能完全相同。用于输出时，要根据输出项的大小决定用 F 格式输出还是用 E 格式输出。例如：

WRITE(* , 10)123456.789, 0.098765

10 FORMAT(1X, G13, 7, G11.4)

输出为：

□123456.8□□□□□.9877E−01

3.复型数据编辑描述符

复型数据没有专门的编辑符。对复型数据的输入/输出，可以按实部和虚部分别输入/输出。例如：

COMPLEX CM

READ(* , 10)CM

WRITE(* , 20)CM

10 FORMAT(2F5.2)

20 FORMAT(1X, 2F7.2)

语句执行时，从键盘输入 1234567890，则输出为：

□123.45□678.90

4.逻辑型数据编辑描述符

逻辑型数据的输入/输出用 L 编辑符。其一般格式是：

rLw

逻辑值只有两个：真(. TRUE.)和假(. FALSE.)。在输入时，输入的数据可以是. TRUE. 或.FALSE.,也可以是头一个字母为 T 或 F 的任何字符串(T 或 F 前面可以接". "或空格,后面可以是任意字符)。例如：

LOGICAL L1, L2

READ(* ,10)L1, L2

10 FORMAT(L6, L3)

语句执行时，从键盘输入.TRUE..FT,则 L1,L2 的值分别是.TRUE.,.FALSE.。

在输出时,对逻辑真(.TRUE)),输出一个字母 T,对逻辑假(.FALSE.),输出字母 F,且在左边补 w−1 个空格。例如：

WRITE(* , 10).FALSE. , ´A´. LT.´B´. OR. 1. GT. 2

10 FORMAT(1X，L3，L4)

输出为：

□□F□□□T

5.字符型数据编辑描述符

字符型数据的输入/输出用 A 编辑符。其一般格式是：

rAw

其中:字段宽度 w 可以省略,省略时,输入/输出项的字段宽度隐含为对应的字符型输入/输出项的长度 L。

A 编辑符的输入规则:从输入记录中取 w 个字符,但这 w 个字符能否全部存入对应的输入项,还取决于输入项的长度 L。当 w 等于 L 时,w 个字符全部送给输入项。当 w>L 时,从 w 个字符中取出最右边 L 个字符送给对应的输入项。这一点与字符赋值语句的赋值规则刚好相反。当 w<L 时,当 w 个字符全部送入输入项,并靠左对齐,右边补 L-w 个空格。这一点同字符赋值语句的规则是相同的。例如:

CHARACTER * 5 C1，C2，C3
READ(* , 10) C1，C2，C3
10 FORMAT(A5，A2，A7)

语句执行时,从键盘输入 abcdefghijklmn,则 C1,C2,C3 的值分别为 abcde,fg□□□,jklmn。

用 A 编辑符输入字符串时,不能有字符串的定界符,若加了撇号,则撇号也作为字符串的一个字符。而在表控格式输入时,字符常量要加撇号定界符。

A 编辑符的输出规则:在输出记录中,Aw 编辑符所对应的输出项一定占 w 个字符的宽度,但输出项实际包含字符的个数 L 可能与 w 不一致。当 w=L 时,输出项所有的字符全部输出。当 w>L 时,输出项所有的字符全部输出,并且靠右对齐,左补 w-L 个空格。当 w<L 时,输出项最左边 w 个字符输出。当 w 省略时,按输出项的长度输出,这是最方便的形式。例如:

WRITE(* , 10)′FORTRAN 9′,′PROGRAM′
10 FORMAT(1X，A7，A8)

输出为：

FORTRAN□PROGRAM

最后对上面讨论的编辑描述符做一个总结:

Fortran 90 提供的编辑描述符很多,这给初学者学习带来了困难,但一些编辑描述符也有共同特点,把握这些特点以后也就不难掌握了。

可重复编辑描述符是用来决定对应输入/输出项的输入/输出格式的,其中都有字段宽度 w,而且对于输入都是从输入记录中取 w 个字符,对于输出都是在输出记录中输出 w 个字符。但问题是,在输入时,取得的 w 个字符按什么规则加工后传送到对应的输入项。在输出时,当输出项实际包括的字符的个数和编辑符中所确定的字段宽度(对于数值型数据还有小数位数)之间不相符时,如何输出？读者可以分数值型、逻辑型、字符型进行总结。

10.3.2 非重复编辑描述符

非重复编辑描述符直接向当前输出记录传递信息,因此不需要输入/输出项与其对应。非重复编辑描述符有以下几种。

1. X 编辑符

用于在输入/输出的常数之间插入空格。它的一般格式为:

    nX

其中:n 是正数,用于指明从当前位置向右跳过 n 个字符位置。这里 n 不能省略,即使 n 为1,也要写成 1X。例如:

    READ(* , 10)K, J, A
    10 FORMAT((2I3, 3X), E5.2)

执行语句时,从键盘输入:876−42193671E4 后,K,J,A 的值分别为 876, − 42,67 100.0。其中非重复编辑符 3X,跳过 193 这三个字符。

2. H 编辑符

用于输出一个字符串。其一般格式为:

    nHh₁h₂h₃···hₙ

其中:n 是正整数,表示字符串的长度,$h_1 h_2 h_3 \cdots h_n$ 为 n 个字符。

3. 撇号编辑符

用于输出一个字符串。撇号编辑符和 H 编辑符作用相同,但撇号编辑符使用更为方便。例如:

    WRITE(* , 10)345, 'HELLO! '
    10 FORMAT(1X, 2HI= , I4, 'C=', A)

输出为:

    I=□345C=HELLO!

4. 斜杠编辑符

结束当前正在输入或输出的记录,并转入下一个记录开始输入/输出。

【例 10.3】 分析下列代码的运行结果:

! example-10-3	程序输出:
A=10	10.0000000
B=20	(空一行)
PRINT * , A	(空一行)
WRITE(* , 10) A, B	10.0000
PRINT * , A	20.0000
10 FORMAT(//2(3X, F8.4))	(空一行)
END	10.0000000

10.3.3　输入/输出项与编辑符的相互作用

在执行输入/输出语句时,要求输入/输出项与编辑符在前后顺序和数据类型方面都一一对应,否则就会出错。要注意输入/输出项和编辑符之间的相互作用关系:

(1)若可重复编辑符的个数多于输入/输出项的个数,则多余的编辑符不起作用。例如:

　　　WRITE(＊ , 10) 123 , 4567

　　　FORMAT(1X, I3, 2X, I4, I5)

多余的编辑符 I5 不起作用。

(2)若可重复编辑符的个数少于输入/输出项的个数,则按顺序用完最后一个可重复编辑符之后,再重复使用格式说明,但产生一个新记录(即换行)。例如:

　　　WRITE (＊ , 10) A, I, B, J

　　　10 FORMAT(1X, F7.2, I3)

语句执行后,将产生 2 个输出记录。

(3)若在编辑描述符表中包含有重复使用的编辑符组,则当所有编辑符用完之后,返回到最右边那个编辑符组(包括其重复系数)开始使用。分析下列程序的输出结果。

　　　I＝56

　　　J＝1247

　　　K＝5126

　　　WRITE(＊ , 10) I, J, K

　　　10 FORMAT(1X, 2(I5, 2X)/)

　　　END

(I5, 2X)是一个编辑符组,重复系数为 2,第一次引用时,按 I5 输出 I 值,2X 产生两个空格,第二次引用时,按 I5 输出 J 值,2X 产生两个空格。此后是斜杠编辑符建立一个新记录。输出 K 值时,格式说明已用完,返回到编辑符组(I5, 2X),并产生一新记录,因此,第二行为空行。在第三行按 I5 输出 K 值。输出结果为:

　　　□□□□56□□□1247

　　　(空一行)

　　　□5126

10.4　文件的概念

10.4.1　文件与记录

所有的数据来源和数据发送目标都被认为是文件。文件有外部文件和内部文件之分。外部文件是存放于外部设备中的文件或外部设备本身,例如存储在磁盘上的数据流、程序中从键盘读入的数据流、程序计算结果在显示屏或打印机上输出,每个外部文件都规定一个文件名,由此来进行读写操作。外部文件名是一个字符序列,一般由设备名、主文件名、扩展名组成。

内部文件是指内存中的字符变量或字符数组元素,它们被用作某些格式的输入/输出的对象,通常要转换成 ASCII 码。内部文件为系统的格式转换提供了一种方便的手段,它使外部字符表示和它的内部表示及值之间的转换成为可能,既可以从内部文件读出字符值并将它们转换成数值、逻辑值或字符值,也可以将一个内部值以字符表示的形式写入内部文件。内部文件只与读/写语句连用,通过连用可将数据重新编排格式,实现数值字符与数值的互相转换以及字符串的合并或截取。

记录是作为逻辑单位顺序排列的一组相关数据项(又称字段)的集合,是构成文件的基本单位。数据项可为字符或数值的序列。记录有固定长度、可变长度和不可变长度 3 种记录格式。对记录可以进行读出、更新、插入和删除 4 种操作。

文件系统是负责存取和管理文件的公共信息管理机构,具有对文件按名存取、采取保护及保密措施、实现信息共享、节省空间和时间开销等优点。一般文件系统提供了建立文件(Create)、打开文件(Open)、读文件(Read)、写文件(Write)、关闭文件(Close)、删除文件(Delete)等基本操作命令。

10.4.2　文件的存取方式

Fortran 数据文件的存取方式分为两种:顺序存取和直接存取。

顺序存取是指将文件的记录按建立的时间先后顺序依次存放在存储介质中。所产生的文件记录的逻辑次序与物理顺序是一致的,不能用一个读写语句随意指定要读取的某个记录。因此对这类文件的存取操作必须按从头至尾顺序进行。也就是说,程序中要读/写第 n 个记录时,必须已经对前 n−1 个记录进行过读/写。

直接存取,又称随机存取。它是指将文件记录由程序指定的某一位置直接存取。文件记录的存取是在存储体上绝对定位的,不必参照先前的存取操作。因此,直接文件中的数据的读写比较自由,可以在程序执行的过程中对任意一个指定的记录进行读/写。直接存取文件具体是按照指定的文件记录号直接存取,文件记录按照先后顺序进行编号。

顺序存取的文件中所有的记录长度可以完全不同,而直接存取的文件中的记录的长度由 OPEN 语句中的说明项"RECL="指定,每个记录长度相同。

【例 10.4】　分别以顺序方式和直接方式将字符型、数值型数据写入文件中。

```
! example-10-4
OPEN(10, FILE="A. TXT", FORM="FORMATTED", ACCESS= "SEQUENTIAL")
WRITE(10, 100) 911
WRITE(10, 200) "WELCOME"
CLOSE(10)
OPEN(11, FILE="B. TXT", FORM="FORMATTED", ACCESS= "DIRECT", RECL=10)
WRITE(11, 100, REC=1) 911
WRITE(11, 200, REC=2) "WELCOME"
```

```
CLOSE(11)
100 FORMAT(1X, I5)
200 FORMAT(1X, A15)
END
```

顺序文件 A.TXT 中的第一个记录长度为 5 个字节,第二个记录长度为 15 个字节;而直接文件 B.TXT 中规定的记录长度为 10 个字节,第一个输出不足 10 个字节,尾部以空格填补,第二个输出的格式为"A15",超出了规定长度,程序运行时将出现错误"Fortran runtime error:End of record"(注意:不同编译器对应的出错提示信息可能不一样)。

10.4.3　文件的结构

文件的结构是指组成文件的记录格式,文件的结构方式决定了记录的存储形式,影响文件的具体操作方式。无论是顺序文件还是直接文件,数据在文件中可以用 2 种结构形式存放,即有格式文件、无格式文件。

有格式文件中的记录为字符形式(或称 ASCII 码形式),文件的数据流由一个个的字符组成,每个字符占一个字节。格式文件全部由格式记录组成,每一条记录用回车符和换行符作为结束标志,可以用文本编辑器直接打开查看内容。有格式的直接文件中的记录具有相同的长度,有格式的顺序文件中的记录可以有不同的长度。

无格式文件是由物理数据块所构成的记录序列,由无格式记录组成,其记录是数值序列。无格式的直接文件仅包含数据本身,每一记录由无意义的字节填满成固定长度。无格式的顺序文件包含数据及记录之间的分隔信息。若文件中有数值,则不能用文本编辑器读取。因为无格式文件中,数据是以在计算机内部的二进制代码形式存放的,所以只能存放在外存储器中,不能在屏幕上显示,也不能直接输出到打印机打印。

数据在内存中以二进制表示,在输入/输出操作中,为了便于阅读,格式输出语句把输出项表中的数值项按格式转换成一串字符,以十进制形式或者显示在屏幕上,或者通过打印机打印出来,或者输出到文件中。在格式输入时,从文件中或键盘读入一串字符,然后按指定的格式转换成计算机内部的二进制形式数据。在数据处理过程中,输出的大量数据往往并不是给人阅读的,而是作为中间数据为下次输入做准备,再由计算机去读它,在这种情况下把内部数据转换成字符串,再把字符串转换成内部数据的步骤是多余的,并且大大降低了输入/输出的效率。用无格式输入/输出则可以避免格式输入/输出中的这种多余步骤。它把输出中的各项数据直接以机器内部的二进制数据形式存放到文件中,也从文件中把以机器内部形式存放的二进制数据读入到计算机内。有格式文件在输入/输出数值数据时要进行内外形式之间的转换,因此无格式文件比有格式文件结构更紧凑,存取的速度更快。

两种文件的区别可以用以下例子来说明。

【例 10.5】　将整数 2 000 000 000 和一个字符串"DIR"分别存于 3 种结构的文件中。

```
! example-10-5
OPEN(10, FILE="A.TXT", FORM="FORMATTED", ACCESS="SEQUENTIAL")
```

```
WRITE(10, '(I10)') 2000000000
WRITE(10, '(A3)') "DIR"
OPEN(11, FILE="B. TXT", FORM="UNFORMATTED", ACCESS="SEQUENTIAL")
WRITE(11) 2000000000
END
```

有格式文件的记录为 ASCII 字符，可以用文本编辑器打开[见图 10-1(a)]。无格式文件中的数据不可以用文本编辑器查看其内容[见图 10-1(b)]，可以用其他程序以十六进制数值形式进行查看和编辑[见图 10-1(c)]。有格式顺序文件中，每个记录各占一行，整数按字符形式存储（不包括分隔符），需要 10 个字节，分别用于存储一个字符"2"和九个字符"0"。整型数据 2000000000 在内存占 4 个字节，则保存在二进制文件中也只占 4 个字节。在格式文件中，组成数据流的是字符，存储 1 个字符占 1 个字节，便于程序对文件进行逐个字符处理和数据流能供人阅读。但格式文件一般占存储空间较多，输入/输出数值数据时要进行内外形式之间的转换。用二进制形式存储数值数据可以节省外存空间和免去数据内外表示形式之间的转换，便于数据成批输入和输出。在无格式文件中，一个字节内容并不对应一个字符。这种文件通常不是为了供人阅读，而用于程序与程序之间或程序与设备之间传递成批数据信息。

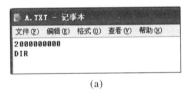

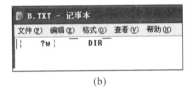

（a）   （b）

```
File: D:\prog_dev\testFl\B.TXT    2015-2-12, 15:25:23

00000000h: 04 00 00 00 00 94 35 77 04 00 00 00 03 00 00 00  ; .....?w........
00000010h: 44 49 52 03 00 00 00                             ; DIR....
```

（c）

图 10-1 不同格式文件存储形式对比

（a）有格式文件；（b）无格式文件；（c）无格式文件

外部文件可以用格式的和无格式的方式打开，而所有的内部文件都是格式化文件。一个内部文件就是一个字符变量或字符数组元素，它正好是一个记录，且具有相同的记录长度。若写入的记录比字符变量或字符数组元素的记录长度短，则余下的位置用空格填满。内部文件只允许有格式的顺序存取。

10.4.4 文件的定位

文件在存取的过程中，有一个文件指针控制着读写的位置，它总是指向当前进行输入/输出的那个记录。文件的位置指文件内部数据具体的位置，主要有起始位置、结束位置、当前位置、当前记录、前一记录和后一记录。一般来说，对一个顺序文件在进行写操作后要进行读操作，必须先用文件定位语句重新设置文件指针位置。

10.5　文件的打开与关闭

对一个文件进行操作以前,必须首先要打开该文件,系统将为其分配一个输入/输出缓冲区。当文件操作结束后,还应关闭文件,系统释放缓冲区。

10.5.1　OPEN 语句

程序中要对文件进行操作必须首先打开文件,这由 OPEN 语句来完成。OPEN 语句把一个设备单元号和一个文件或物理设备相联系。一旦建立了联系,程序中将由该设备单元号来代表相应的文件。例如:

```
OPEN(UNIT=10, FILE="UNDAMP. DAT", ACCESS="DIREC")
WRITE(10,"(A18, \)") "Undamped Motion:"
```

OPEN 语句把一个设备单元号 10 与一个外部文件 UNDAMP. DAT 连接起来,在 WRITE 语句中就可以利用单元号 10 来对该文件进行操作。一个 OPEN 语句只能打开一个文件,语句格式如下:

```
OPEN([UNIT=]unit[, FILE=file][, STATUS=status][, ACCESS=access]
[,FORM=form][, RECL=recl][,ERR=err][,IOSTA=iostat] [,ACTION=action]
[,BLANK=blanks] [,DELIM=delim][,POSITION=position][,PAD=pad])
```

常用说明项包括:

(1)单元号说明:[UNIT=]unit。unit 是一个值为正整数或 0 的算术表达式。此外,unit 可以是常量或变量,其值由用户给出。若此说明项是 OPEN 语句中的第一项,则"UNIT="可以省略不写。单元号"0""5""6"被预先连接到标准输入/输出设备,但也可以重新说明连接到其他文件。

(2)文件名指定:FILE=file。file 是一个字符串表达式,也可以是常量或变量,其值可以是空格(不计尾随空格),也可以是任何有效的数据文件名、设备名或指向一个内部文件的变量。此文件名与同一 OPEN 语句中的单元号连接起来。

文件名中可包含文件的完整路径,若未指定存盘的路径,则文件保存于工作目录下,即可执行程序所在的文件夹下。

若文件名为"USER"或"CON",则输入和输出操作针对控制台。

若未指定文件名,例如 OPEN(4, FILE=""),则在程序运行时将提示出错:Fortran runtime error：File˝ does not exist.

若文件名省略,如 OPEN(5, FILE=),不同的编译系统会有不同的处理方法。在 gfortran 中会提示编译错误;而在 PowerStation 中将分配一个唯一的临时文件名用于存放数据,当文件关闭或程序中断时自动删除。

(3)文件状态说明:STATUS=status。status 是一个字符串表达式,其值由用户给出,可以是以下 5 种字符串之一:

1)OLD：表示指定的文件是已经存在的老文件。若指定的文件不存在，则出现输入/输出错误。

2)NEW：表示指定的文件尚不存在。若指定的文件已经存在，则出现输入/输出错误。

3)REPLACE：表示替代在磁盘上和指定文件名同名的文件。若不存在这样的文件，则创建一个新文件。

4)UNKNOWN：表示由计算机来规定文件的状态。先确认该文件是否已存在，若指定的文件不存在，则创建一个新文件，再打开它；若存在，则将文件指针设定于文件开头。当省略 STATUS=status 这一说明项时，则缺省状态为"UNKNOWN"。

5)SCRATCH：表明生成一个临时文件，当文件关闭或者程序退出时，该临时文件自动删除(仅适用于 PowerStation 等编译器，对于 gfortran 编译器来说此项不存在)。

此说明项只对磁盘文件有效，对键盘和打印机之类的设备没有影响。

(4)存取方式说明：ACCESS=access。access 是一个字符串表达式，此表达式的值可以是以下 3 种之一：

1)DIRECT：说明存取方式为直接方式。

2)SEQUENTIAL：说明存取方式为顺序方式。

3)APPEND：说明是在所打开文件的最后一个记录后添加新的记录。

当省略此说明项时，则代表顺序存取方式。

(5)记录格式说明：FORM=form。form 是一个字符串表达式，此表达式的值可以是以下 3 种之一：

1)FORMATTED：说明记录按有格式的形式存放。

2)UNFORMATTED：说明记录按无格式的形式存放。

3)BINARY：说明记录按二进制的形式存放(对于 gfortran 编译器来说此项不存在)。

对于顺序存取方式，此说明项的缺省值为"FORMATTED"。对于直接存取方式，此说明项的缺省值为"UNFORMATTED"。若既未设置存取方式，又未设置格式，则缺省为顺序存取的有格式文件。

(6)操作方式说明：ACTION=action。action 是一个字符型表达式，可以是以下 3 种字符串之一：

1)READ：只能进行读操作。

2)WRITE：只能进行写操作。

3)READWRITE：既可进行读操作，也可进行写操作。

如果省略此项说明，系统首先按照"READWRITE"方式打开文件。若打开文件失败，再用"READ"方式打开文件，最后再用"WRITE"方式打开文件。

(7)记录长度说明：RECL=recl。recl 是一个值为正整数的表达式，用于指定顺序存取文件的最大记录长度和直接存取文件的每条记录的长度。记录的长度单位为字节。对于直接存取文件必须指定记录长度。

(8)出错处理说明：ERR=err。err 为本程序单元中某条可执行语句的标号，由用户指定。当 OPEN 语句操作出错时(如指定的新文件已经存在),并不终止程序运行,而是转向执行用户指定的这个标号其后的语句。若省略此说明项,则没有这一功能。若同时不存在"IOSTAT＝"项,遇到 OPEN 语句执行出错,系统将给出出错信息,终止程序运行。

(9)出错状态说明:IOSTAT＝iostat。iostat 是一个整型变量。当执行此 OPEN 语句时,将由系统自动给此变量赋一个整型值。当输入/输出操作没有发生错误时,其值为 0;若已检索到文件末尾,则为一个负数;若发生错误,则为错误信息代码。

(10)定义顺序存取文件的读取位置:POSITION＝position。position 为字符型表达式,可以是以下 3 种字符串之一:

1)REWIND:对于已存在的文件,指针定位于文件头。

2)APPEND:对于已存在的文件,指针定位于文件尾。

3)ASIS:对于已连接的文件,指针位置不变;对于未连接的文件,指针位于文件头。

例如,假定磁盘上有一文件 FILE11. TXT,内有 10 个记录。执行程序段:

```
CHARACTER * 20 C
OPEN(12, FILE＝"FILE11. TXT", POSITION＝"APPEND")
READ(12,* ) C
```

因为程序按照说明项 POSITION ＝"APPEND",在打开时指针定位于文件尾,此时再执行 READ 操作就会导致程序运行时出现错误,出现的错误信息是"Fortran runtime error:End of file"。

对于新文件,指针总是定位于文件头(很容易理解,新文件的内容必然是空的)。

如果打开一个已经存在的顺序文件,在进行输出操作前,未先将文件指针定位到文件尾部,新写入的内容将覆盖原文件。

(11)定义数值型格式输入字段中空格的含义:BLANK＝blanks。blanks 是一个字符型表达式,只能影响格式输入。可以是以下两种字符串之一:

1)NULL:指定输入字段上的空格全部忽略不计,缺省为 NULL。

2)ZERO:指定输入字段上的空格作为数值 0 处理。

(12)定义分界符:DELIM＝delim。delim 是一个字符型表达式,指定表控格式和名字列表格式的记录的分界符,可以是以下 3 种字符串之一:

1)APOSTROPHE:定义分界符为撇号(')。

2)QUOTE:定义分界符为引号(")。

3)NONE:定义记录间无分界符,缺省为"NONE"。

一旦定义了分界符,所有相应的符号都要注意成对使用。如果使用名字列表格式进行输入/输出,一定要指定分界符,不能为"NONE"。

(13)定义是否补加空格:PAD＝pad。pad 为字符型表达式,指定在格式文件记录中数据个数小于输入语句的格式说明中要求的数据项的个数时,是否在输入的数据中填补空格。

有两种选项:"YES"或"NO",缺省为"YES",本项参数只对输入有效。

在上述的所有选项中,各选项先后顺序没有规定。

10.5.2 CLOSE 语句

CLOSE 语句解除单元号与文件的联系，又称关闭文件。语句格式如下：

CLOSE([UNIT=]unit[,STATUS =status][,ERR = errlabel][,IOSTAT =iostat])

说明项包括以下各项：

(1)单元号说明：[UNIT=]unit。unit 是值为整型的算术表达式，由用户给出，说明关闭文件的外部单元号。若"UNIT="省略不写，则必须是第一项参数，否则，该说明项可以在任意位置。它是唯一不能被关闭的单元号。

(2)关闭文件后状态说明：STATUS=status。status 是一个字符串表达式，由用户给出。其值可以为以下两种之一：

1)KEEP：说明在关闭操作后，与单元号连接的文件保留下来不被删除。

2)DELETE：说明在关闭操作后，与单元号连接的文件不予保留，被删除。

此说明项的缺省值为"KEEP"。

(3)出错处理说明：ERR=err。err 与 OPEN 语句中的作用相同。

(4)出错状态说明：IOSTAT=iostat。iostat 与 OPEN 语句中的作用相同。

通常情况下不需指定关闭操作，正常程序中断会自动按照缺省状态关闭文件。

10.6　文件的读写

前面已经提到，文件读写操作共有六种模式：有格式顺序存取、有格式直接存取、无格式顺序存取、无格式直接存取、二进制顺序存取和二进制直接存取。每种存取方式都有自己的优点，下面分别给予介绍。

10.6.1 有格式顺序存取文件

对文件的读写操作用 READ 语句和 WRITE 语句来实现，对于顺序存取格式文件，语句格式如下：

READ ([UNIT=] unit [,{ [FMT=] fmt | [NML=] nml }]

[,ADVANCE= advance] [,ERR = err] [,IOSTAT = iostat]

[,END= end][,EOR = eor][,SIZE= size]) 输入项表

WRITE ([UNIT =] unit [,{ [FMT=] fmt | [NML=] nml }]

[,ADVANCE= advance][,ERR= err][,IOSTAT = iostat]) 输出项表

输入/输出项表中各项可以是变量名、数组元素名、数组名。各项之间用","间隔。在 READ 语句中若没有输入项，则每执行一次 READ 语句就跳过一个记录。在 WRITE 语句中也可以没有输出项，这时，执行该语句将产生一个空记录。

说明项包括以下各项：

（1）单元号说明：［UNIT ＝ ］unit，当输出至外部文件时，unit 是 OPEN 语句中指定的单元号。这时，由 WRITE 语句输出的全部数据按对应的格式说明转换成一串字符输出到与此单元号连接的文件中。单元号为"＊"号，则表示输出到标准输出设备屏幕上。当输出至内部文件时，unit 可以是子字符串、变量、数组、数组元素、结构体的成员。如果没有OPEN 语句进行说明，单元号"0""5""6"自动连接到标准输入/输出设备。

（2）格式说明或名字列表说明：［FMT ＝ ］fmt｜［ NML ＝ ］nml。fmt 可以是"＊"、FORMAT 语句标号、字符型表达式或字符型常量。"＊"号代表按表控格式输出。nml 为名字列表名，Fortran 90 规定用 NAMELIST 语句来定义名字列表，即用一个名字来代表一组变量。名字列表控制的读写只能用于顺序存取方式，例如：

```
NAMELIST /NA/ A,B
OPEN(2,FILE="EXAMPLE. TXT",ACCESS ="SEQUENTIAL")
A = 1
B = 2
WRITE (2,NA)
END
```

（3）说明是否为推进型的有格式顺序存取方式：ADVANCE ＝ Advance。Advance 为字符型表达式，有两种选项："YES"或"NO"，缺省为"YES"。推进型方式在每次读写操作后，将指针定位于记录尾。而非推进型方式允许读写一个记录的一部分，然后将指针定位于此次读写的最后一个字符之后。例如，执行以下程序段：

```
OPEN( 2,FILE="example. txt",ACCESS = "SEQUENTIAL")
WRITE(2,'(A)',ADVANCE= "no" ) "This is"
WRITE(2,'(A)' ) "an example. "
```

在执行完第一条 WRITE 语句后，指针定位于字符串 This is 后，第二条 WRITE 语句的输出紧随其后，因此，文件 example. txt 中只有一行记录"This isan example. "。若没有说明 ADVANCE ＝ "no"，则两个字符串各占一行。文件内容将会是两行内容"This is""an example. "。

（4）出错处理说明：ERR ＝ err。errl 与 OPEN 语句中的作用相同。

（5）出错状态说明：IOSTAT＝iostat。iostat 与 OPEN 语句中的作用相同。

（6）文件结束说明：END＝ end。end 为本程序单元中某条可执行语句的标号。当读到文件结束标志时，转向执行用户指定的这个标号其后的语句。

（7）记录结束说明：EOR＝ eor。eor 为本程序单元中某条可执行语句的标号。此说明项只能用于非推进型的有格式顺序存取方式。当读到一个记录结束标志时，转向执行用户指定的这个标号其后的语句。

（8）查询数据大小：SIZE＝ size。size 为整型变量，用于返回本次读入的数据按格式编辑说明转换后的实际字符数（不包含数据位数不够时填补的空格）。此说明项只能用于非推进型的有格式顺序存取方式。

【例 10.6】 按顺序存取方式在格式文件中写入 3 种不同类型的数据。

```
！example-10-6                    OPEN（8,FILE="FILE11.TXT"）
IMPLICIT NONE                    WRITE（8,100）NUMBER
INTEGER NUMBER                   WRITE（8,200）VALUE
REAL VALUE                       WRITE（8,300）STRING
CHARACTER * 20 STRING            100 FORMAT（I6）
NUMBER = 123                     200 FORMAT（F8.3）
VALUE = 987.65                   300 FORMAT（A10）
STRING ="AN EXAMPLE"             CLOSE（8）
                                 END
```

在 OPEN 语句中未说明存取方式,缺省为有格式的顺序存取。执行以上程序,文件中写入的数据如图 10-2 所示。用文本编辑器打开后会发现共有 4 行内容,最后一行是空白行。图 10-2 中,前 2 个记录中数值先按位转换成对应的 ASCII 字符(有效数值前的 0 转换成空格),再存储到文件中,每位占一个字节。用文本编辑器可以查看其内容。

图 10-2　顺序存取方式

对顺序文件进行输入/输出的基本规则:

(1)当用 READ 语句读入数据时,为了正确输入,READ 语句中各输入项在类型和采用的格式说明上必须与输出语句的输出项一一对应。

(2)若 READ 语句中的输入项少于记录中的数据项,则记录中多余的数据项被忽略,下一个 READ 语句从一个新的记录开始读入。若 READ 语句中的输入项多于记录中的数据项,若没有说明项 PAD="NO",则以空格填补记录(若该输入项为数值型,空格转换为相对应的数值 0),直到所有的输入项都得到数据为止。

【例 10.7】 从文件 FILE11.TXT 中输入数据,将数据显示在屏幕上。

```
！example-10-7
CHARACTER * 20 STRING
OPEN(8,FILE= "FILE11.TXT")
READ（8,100）NUMBER,VALUE
READ（8,300）STRING
WRITE（*,*）NUMBER,VALUE,STRING
100 FORMAT（I6,F8.3）
300 FORMAT（A10）
CLOSE（8）
END
```

程序运行后,屏幕显示的结果如下:

　　　　　　　　□□□□□□□□123□□□□□0.000000E+ 00□987.650

（3）一个 WRITE 语句总是开始一个新的记录,但是形成新的记录还与 FORMAT 中格式的多次使用及斜杠"/"描述符有关。

【例 10.8】　分析下列源代码的运行结果:

```
! example-10-8
REAL VALUE (4)
DATA VALUE/1.2,2.3,3.4,4.5/
OPEN (9.FILE="FILE11-16.TXT")
WRITE (9,100) VALUE
100 FORMAT (2F10.3)
CLOSE (9)
END
```

此程序中输出项的个数多于格式说明中的编辑符个数,则重新使用该格式说明,产生一个新记录。文件 FILE11-16.TXT 中的数据为:

　　　　□□□□□1.200□□□□□2.300
　　　　□□□□□3.400□□□□□4.500

（4）在顺序操作文件时,在读操作后立刻进行写操作,则当前写入的记录就成了文件的最后一个记录,此记录后的原有记录全部丢失。

（5）对于顺序存取方式,可以指定读写记录的一部分。

【例 10.9】　分析下列程序的输出结果。

```
! example-10-9
IMPLICIT NONE
CHARACTER CH * 10
INTEGER I,NUM
OPEN (2,FILE="EXAMPLE.TXT",ACCESS="SEQUENTIAL")
WRITE (2,'(26A1)') (CHAR(I),I=ICHAR('a'),ICHAR('z'))
REWIND (2)        ! 退回到文件头
DO I=1,3
READ (2,'(A10)',ADVANCE="no",EOR=100,SIZE=NUM) CH
WRITE (*,*) CH
END DO
100 WRITE (*,200)"最后读入的数据长度为:",NUM
200 FORMAT (1X,A,I2)
END
```

执行第一条 WRITE 语句,在文件 EXAMPLE.TXT 中写入一个包含 26 个小写字母的记录,READ 语句中说明 ADVANCE="no",每次读取记录中的 10 个字符。当读到记录结束标志时,输出最后一次读入的数据中的实际字符数。因此,运行结果为:

　　abcdefghij

　　klmnopqrst

最后读入的数据长度为 6。

10.6.2　有格式直接存取文件

对有格式文件进行直接存取时，在 OPEN 语句中除了说明设备号、文件名外，一定要说明存取的方法 ACCESS＝"DIRECT"和记录的存取格式 FORM＝"FORMATTED"，并且要指定记录的长度。在进行输入/输出操作时，READ 语句和 WRITE 语句中多了一控制项；REC＝ rec。rec 是一个值大于 0 的整型表达式，用来指定要读写的记录的序号。

【例 10.10】　将例 10.6 改用直接方式进行存取。

```
! example-10-10
INTEGER NUMBER
REAL VALUE
CHARACTER * 20 STRING
NUMBER = 123
VALUE = 987.65
STRING ="AN EXAMPLE"
OPEN ( 8,FILE = "FILE11. TXT",ACCESS = "DIRECT",FORM = &
"FORMATTED ",RECL = 10 )
WRITE ( 8,100,REC = 1 ) NUMBER
WRITE ( 8,200,REC = 3 ) VALUE
WRITE ( 8,300,REC = 2 ) STRING
100 FORMAT (I6)
200 FORMAT (F8.3)
300 FORMAT (A10 )
CLOSE (8)
END
```

文件 FILE11－5.TXT 的记录结构如图 10－3 所示。文件中第一、第三个输出的数据长度小于指定的 10 个字节，系统会在记录中补充空格，这些空格保证文件中只包含长度相同的完整的记录。如果从文件中读取数据，系统做同样的处理。这种规定适于 OPEN 语句中的 PAD 说明项缺省的情况，如果指定 PAD＝"NO"，系统取消上述规定，此时必须输入同样长度的记录。

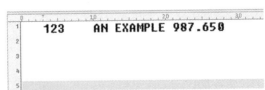

图 10－3　文件 FILE11－5.TXT 中的记录

【例 10.11】　从文件 FILE11－5.TXT 中输入数据，将数据显示在屏幕上。

```
! example-10-11
CHARACTER * 20 STRING
OPEN (8,FILE ="FILE11-5. TXT ",ACCESS = "DIRECT",&
FORM = "FORMATTED ",RECL = 20,PAD ="NO" )
```

```
READ（8,100,REC = 1）NUMBER
READ（8,300,REC = 2）STRING
WRITE（*,*）NUMBER,STRING
100 FORMAT（I6）
300 FORMAT（AI6）
CLOSE（8）
END
```

文件 FILE11－5．TXT 中第二个记录的数据只有 10 个字节,而输入格式要求数据有 16 个字节,在 OPEN 语句中设定不允许填补空格,程序运行时提示错误"Fortran runtime error：End of record"。

对直接文件的存取应遵循以下规则:

(1)若输出的多个记录长度不等,则应该取最大的记录长度作为文件每个记录的长度。长度以字节为单位,由相应 FORMAT 语句格式规定的输出所占域宽来决定。

(2)用直接方式建立的文件可以采取顺序方式打开进行读写。用顺序方式建立的文件,只要记录长度相同也可以用直接方式打开进行读写。

(3)表控输入/输出语句由于记录长度不能人为控制,因此一般不用于直接文件的存取。

10.6.3　无格式顺序存取文件

对无格式文件进行顺序存取时,在 OPEN 语句中应说明 FORM = "UNFORMAT-TED",输入/输出语句中没有格式说明这一项,其他都和有格式顺序存取方式一样。

【例 10.12】　以下程序按顺序存取方式生成一个无格式文件。

```
！example-10-12
IMPLICIT NONE
INTEGER（4）NUMBER(35)
REAL VALUE
CHARACTER * 20 STRING
DATA NUMBER / 35 * −1/　！−1 在十六进制中为 FF FF FF FF
STRING = "AN EXAMPLE"
OPEN(20,FILE = "FILE11−7．TXT",FORM="UNFORMATTED")
WRITE(20) NUMBER
WRITE(20) STRING
WRITE（20）"TEST1234TEST"
WRITE（20）1.234
WRITE（20）1.234D0
CLOSE（20）
```

如果直接用文本编辑器打开 FILE11－7．TXT 将会显示大量的乱码。用十六进制文件编辑器打开 FILE11－7．TXT 后,显示的内容如图 10－4 所示。其中前 4 字节组成一个整型数字(Z0000008C,存储时低位在前、高位在后),表示第 1 个记录的长度(转换为十进制后等于 140)。由于定义 NUMBER 为包含了 35 个长度为 4 字节的整型数,因此其长度刚好为 140。在文件偏移为 90h 的位置处,4 个字节组成整型数字 Z'0000008C'(仍然是该记录的长度),这样就形成了第一条记录的全部内容。后面的内容仍然是以这种方式存储。对于第二条记录,长度是 20(Z'00000014')个字节的字符串,第三条记录是长度为 4 个字节的单精度实数,第四条记录是长度为 8 个字节的双精度实数。可以看出:每一条记录在存盘时先存储了记录的长度,然后是记录的内容,最后也是记录的长度。

```
       0  1  2  3  4  5  6  7  8  9  a  b  c  d  e  f
000h: 8C 00 00 00 FF FF FF FF FF FF FF FF FF FF FF FF ; ?..
010h: FF FF FF FF FF FF FF FF FF FF FF FF FF FF FF FF ;
020h: FF FF FF FF FF FF FF FF FF FF FF FF FF FF FF FF ;
030h: FF FF FF FF FF FF FF FF FF FF FF FF FF FF FF FF ;
040h: FF FF FF FF FF FF FF FF FF FF FF FF FF FF FF FF ;
050h: FF FF FF FF FF FF FF FF FF FF FF FF FF FF FF FF ;
060h: FF FF FF FF FF FF FF FF FF FF FF FF FF FF FF FF ;
070h: FF FF FF FF FF FF FF FF FF FF FF FF FF FF FF FF ;
080h: FF FF FF FF FF FF FF FF FF FF FF FF FF FF FF FF ;
090h: 8C 00 00 00 14 00 00 00 41 4E 20 45 58 41 4D 50 ; ?.......AN EXAMP
0a0h: 4C 45 20 20 20 20 20 20 20 20 20 20 14 00 00 00 ; LE          ....
0b0h: 0C 00 00 00 54 45 53 54 31 32 33 34 54 45 53 54 ; ....TEST1234TEST
0c0h: 0C 00 00 00 04 00 00 00 B6 F3 9D 3F 04 00 00 00 ; ........扼?....
0d0h: 08 00 00 00 58 39 B4 C8 76 BE F3 3F 08 00 00 00 ; ....X9慈v倔?....
```

图 10-4　**文件** FILE11-7.TXT **中的记录**

10.6.4 无格式直接存取文件

无格式的直接存取方式在 OPEN 语句中说明存取方式 ACCESS="DIRECT"和格式 FORM="UNFORMATTED",并指定记录长度。输入/输出语句中不需指定格式,但要指定记录号。

【例 10.13】 以下程序以直接方式在无格式文件写入 3 种类型的数据。

```
! example-10-13
OPEN(3,FILE="FILE11.TXT",RECL=16,FORM="UNFORMATTED",ACCESS="DI-
RECT")
WRITE ( 3,REC=3).TRUE.,"Direct"
WRITE ( 3,REC=1) 2049
CLOSE (3)
END
```

程序执行后,生成的 FILE11-8.TXT 文件的记录结构如图 10-5 所示。其中第一条记录中的 Z'00000801'对应于写入的 2049,在文件偏移为 020h 处的四个字节 Z'00000001'对应写入的.TRUE.,而随后 6 个字节对应写入的“Direct”。其余内容全部用 Z'00'填充。

```
       0  1  2  3  4  5  6  7  8  9  a  b  c  d  e  f
000h: 01 08 00 00 00 00 00 00 00 00 00 00 00 00 00 00 ; ................
010h: 00 00 00 00 00 00 00 00 00 00 00 00 00 00 00 00 ; ................
020h: 01 00 00 00 44 69 72 65 63 74 00 00 00 00 00 00 ; ....Direct......
```

图 10-5　**文件** FILE11-8.TXT **中的记录**

10.6.5　内部文件

内部文件用字符串或字符数组作为单元标识,有两种类型的内部文件:

(1)以字符变量、字符数组元素、非字符型数组元素作为单元标识,它仅有一个记录。

(2)以字符数组名、字符派生类型名、非字符型数组名作为单元标识。由于字符数组、字符派生类型、非字符型数组有多个元素,因此每个元素就是一个记录。

当输入内部文件的数据的长度少于一个完整记录要求的长度时,剩余部分自动以空格填补。

通过内部文件,利用格式输入/输出可以实现内存和外部字符表示之间值的相互转换。具体方法如下。

(1)用 READ 语句将 ASCII 码转换成数值型、逻辑型、字符型。

【例 10.14】　用 READ 语句对 ASCII 码进行置换。

```
! example-10-14
IMPLICIT NONE
CHARACTER STR(3) * 20,CH1(2) * 10,CH2(2) * 10
REAL N(2)
INTEGER M
LOGICAL LO
DATA STR/' 1.23 2'，'.TRUE.'，'FORTRAN FILE'/
READ ( STR(1),200) N,M      ! 字符型转换成数值型
READ ( STR(2),*)LO          ! 字符型转换成逻辑型
READ (STR(3),*) CH1
READ (STR(3),100) CH2
100 FORMAT (2A10)
200 FORMAT (2F3.1,I3)
WRITE ( * , * ) N,M
WRITE ( * , * ) LO
WRITE ( * , * ) CH1(1),CH2(1)
WRITE ( * , * ) CH1(2),CH2(2)
END
```

第 1 个 READ 语句读入的 STR(1)为"□□1.23□2",按照指定格式"2F3.1,I3"和自带小数点优先原则,取"□□1"给 N(1),取".23"给 N(2),取"□2"给 M,实现了字符型向数值型的转换。第 3 个 READ 语句按表控格式读取数据,字符串中的空格作为数据间的分隔信息,取"FORTRAN"给 CH1(1),取"FILE"给 CH1(2)。第 4 个 READ 语句按 FORMAT 语句指定格式读取数据,取"FORTRAN□FI"给 CH2(1),取"LE"给 CH2(2),不足 10 个字符以空格补齐。因此,程序运行后,输出结果为:

□□1.00000000□□□□□□□□□□□□□2.29999995□□□□□□□□□□□□□□□2
□T
□FORTRAN□□□FORTRAN□F1
□FILE□□□□□□LE□□□□□□□□

（2）利用 WRITE 语句将数值型、逻辑型、字符型转换成 ASCII 码。

【例 10.15】 假设磁盘上有 70 个文件,文件的主文件名首字符都为"F",后两个字符为文件序号(如 F01.DAT),编写程序,实现根据输入的序号打开相应文件。

```
! example-10-15
CHARACTER  FNAME * 7
WRITE ( * , * )"请输入两位数的文件序号:"
READ ( * , * ) I
WRITE ( FNAME,200)  I  ! 合并字符串
200 FORMAT ( 'F',I2,'.DAT' )
OPEN (11,FILE = FNAME )
WRITE (11, * ) 'Fortran 90 '
END
```

10.6.6 其他语句

1. BACKSPACE 语句

该语句称回退语句,一般形式为:

BACKSPACE ([UNIT=]unit [,ERR=err] [,IOSTATE=iostat])

该语句的功能是将文件从当前的读写位置回退一个记录,其中各项的含义同 open 语句。

几点说明:

（1）若文件记录的当前位置已经是第一个记录,则执行该语句后位置不变;

（2）每个文件末尾都有一个结束文件记录,若执行此语句之前文件读写位置在这个结束文件记录之后,则执行此语句后文件读写的位置在这个结束文件记录之前;

（3）若打开的是空文件,则不允许使用该语句。

2. ENDFILE 语句

该语句称文件结束语句,一般形式为:

ENDFILE ([UNIT=]unit [,IOSTATE=iostat] [,ERR=err])

该语句各项的含义同 open 语句。其功能是:给文件 unit 写上一个文件结束记录,表示文件结束,并将文件记录的读写位置定位在这个记录的后面。

几点说明:

（1）ENDFILE 用于顺序存取文件;

（2）对打开的顺序文件,执行该语句后,在对文件输入前必须执行一个 BACKSPACE 语句或 REWIND 语句。

3. REWIND 语句

该语句称反绕语句,一般形式为:

REWIND ([UNIT=]unit [,IOSTATE=iostat] [,ERR=err])

其中各项含义同前。该语句的作用是将文件记录的读写位置定位在文件的起点,若执行该语句前文件记录已定位在起点,则执行该语句不起作用。该语句对空文件不起作用,且该语句用于顺序文件。

4. INQUIRE 语句

该语句称查询语句,用于查询文件当前的情况。一般形式为:

INQUIRE(UNIT＝number ｜ FILE＝filename,[查询参数 1],[查询参数 2],…)

其中 UNIT＝number 表示要查询的文件代号,FILE＝filename 表示要查询的文件名。两者只能出现一个,若允许同时出现会导致编译错误。

查询参数采用的格式是:

　　　待查询的参数名称＝返回变量

待查询的参数名称采用下列关键字,不需要使用字符串形式。

(1)IOSTAT＝stat 表示查询文件读取情况,会设置一个整数给后面的变量:

　　　stat＞0 文件读取操作错误

　　　stat＝0 文件读取操作正常

　　　stat＜0 文件终了

(2)ERR＝ label 表示发生错误时会转移到复制的代码行继续执行程序。

(3)EXIST＝exist 表示检查文件是否存在,返回布尔变量,真值表示存在,假值表示不存在。

(4)OPEND＝opened 表示检查文件是否用已经用 open 打开,返回布尔变量,真表示已经打开,假表示尚未打开。

(5)NUMBER＝number 表示用文件名来查询这个文件所给定的代码。

(6)NAMED＝named 表示查询文件是否取了名字,也就是检查文件是否为临时保存盘,返回值为逻辑数。

(7)ACCESS＝access 表示检查文件的读取格式,返回一个字符串,可以是:

　　　'SEQUENTIAL'代表文件使用顺序读取格式;

　　　'DIRECT'代表文件使用直接读取格式;

　　　'UNDEFINED'代表没有定义。

(8)SEQUENTIAL＝sequential 表示查看文件是否使用顺序格式,会返回一个字符串,可以是:

　　　'YES'　　　　代表文件是顺序读取文件

　　　'NO'　　　　代表文件不是顺序读取文件

　　　'UNKNOWN'　代表不知道

(9)DIRECT＝direct 表示查看文件是否使用直接格式,会返回一个字符串,可以是:

　　　'YES'　　　　文件是直接读取文件

　　　'NO'　　　　文件是非直接读取文件

'UNKNOWN'　　代表不知道

（10）FORM＝form 表示查看文件的保存方法，返回字符串，可以是：

'FORMATTED'　　　打开的是文本文件

'UNFORMATTED'　　打开的是二进制文件

'UNDEFINED'　　　没有定义

（11）FORMATTED＝fmt 用于查看文件是否是文本文件，返回字符串，可以是：

'YES'　　　　本文件是文本文件

'NO'　　　　本文件非文本文件

'UNDEFINED'　无法判断

（12）UNFORMATTED＝fmt 用于查看文件是否是二进制文件，返回字符串，可以是：

'YES'　　　　本文件是二进制文件

'NO'　　　　本文件非二进制文件

'UNKNOWN'　无法判断

（13）RECL＝length 用于返回 open 文件时 recl 栏的设置值。

（14）NEXTREC＝nr 用于返回下一次文件读写的位置。

（15）BLANK＝blank 用于查看 open 文件时的 blank 参数所给定的字符串值，返回值是字符串。

（16）POSITION＝position 用于返回打开文件时 position 字段所给定的字符串，可能是'REWIND','APPEND','ASIS','UNDEFINED'。

（17）ACTION＝action 用于返回打开文件时 action 字段所赋值的字符串，可能是'READ', 'WRITE', 'READWRITE'。

（18）READ＝read 用于检查文件是否为只读文件，返回字符串：

'YES'　　　　文件是只读的

'NO'　　　　文件不是只读的

'UNKNOWN'　无法判断

（19）WRITE＝write 用于检查文件是否可写入，返回一个字符串：

'YES'　　　　文件可以写入

'NO'　　　　文件不可以写入

'UNKNOWN'　无法判定

（20）READWRITE＝readwrite 用于检查文件是否可以同时读及写，返回一个字符串：

'YES'　　　　文件可以同时读写

'NO'　　　　文件不可以同时读写

'UNKNOWN'　无法判定

（21）DELIM＝delim 用于返回打开文件时 DELIM 字段所设置的字符串，返回值可以是：'APOSTROPHE','QUOTE','NONE','UNDEFINED'。

（22）PAD＝pad 用于返回打开文件时 PAD 字段所设置的字符串，返回值可以是：

ʹYESʹ,ʹNOʹ。

【例 10.16】 使用 INQUIRE 进行查询。

```
! example-10-16
LOGICAL FLAG1,FLAG2,FLAG3
CHARACTER  AC * 10,FMT * 15
INTEGER RECL
OPEN(3,FILE="F1. TXT",RECL=10,FORM="UNFORMATTED",ACCESS="DIRECT")
WRITE (3,REC=1) 1024
INQUIRE(UNIT=3,EXIST= FLAG1,RECL=RECL,ACCESS=AC,FORM=FMT)
CLOSE (3)
INQUIRE(FILE="F1. txt",EXIST= FLAG2)
PRINT * ,FLAG1,FLAG2
PRINT * ,AC,FMT,RECL
END
```

程序运行结果：

```
 T T
 DIRECT    UNFORMATTED           10
```

习　　题

1.有一个存放 100 个实数的文件,编写程序读取数据并进行由小到大排序,将排序后的结果写入到新的文件中。

2.编写程序读取第 1 章提供的发动机实验数据,并输出最大压强值及对应时刻。

3.编写程序读取第 6 章图 6-5 给出的装药肉厚、燃面和自由容积数据文件,将读取的数据存入数组中,并查找最大燃面对应的肉厚和自由容积。

4.任意选择一个 C 语言源代码文件(假定没有注释和续行)逐行读入,利用给定的分隔符进行分隔,将分隔后的字符串输出到文件 output. txt 中。分隔符如下,在双引号之内出现的不作为分隔符,作为一个整体字符串(假定双引号匹配正确)。

　　= ＋ － ＊ /□ ; , ＜ ＞ % & | ? ( )

输出格式如下：

　　输入文件名:example. c

　　第 LLL 行:共 XXX 个字符串。

　　输入:STR

　　输出:S1,S2,S3,......。

　　第 LLL 行:没有字符串。

其中:LLL 和 XXX. 用 3 位表示,用 0 补齐。

5.针对火箭发动机实验数据处理程序,编写如下函数:

(1)从给定的数据文件中读入压强和推力数据、时间零点和时间步长。提示:数据文件第一行参数名称,文件所存储的数据可能包括时间、推力和压强之外的更多数据,读取时需要予以考虑。例如,下图中还列出了测温用的热电偶测试数据。

(2)调用第4章习题编写的数据变换函数,利用公式 $y=0.01x^2+2.0x+1.005$ 分别对压强和推力进行变换,并将变换后的数据写入新的文本文件。

```
Time [s]  推力 [kN]  压强 [MPa]  温度 [V]
0.000 -0.22081585  0.1940918   0.00030212401
0.001 -0.22220401  0.20095825  0.00010986328
0.002 -0.22636852  0.19790649  0.00024108887
0.003 -0.22220401  0.19561768  0.0002532959
0.004 -0.22127856  0.19866943  0.00029296876
0.005 -0.22127856  0.19485474  9.1552734E-5
0.006 -0.22312947  0.19409180  0.00018005371
0.007 -0.22127856  0.19409180  0.00028991699
0.008 -0.22127856  0.19790649  0.00026855469
0.009 -0.21942768  0.19714355  0.0001159668
0.010 -0.21711406  0.18417358  9.7656251E-5
0.011 -0.21803951  0.20401001  -0.00016174317
0.012 -0.22683124  0.18493652  -6.1035156E-5
0.013 -0.22266674  0.19561768  0.00010070801
0.014 -0.22127856  0.20019531  -2.746582E-5
```

7.针对火箭发动机内弹道计算程序,编写如下函数:

(1)从给定的数据文件中读入肉厚、燃面和自由容积的对应关系,并存入数据中;

(2)将计算结果以有格式存取写入文件中,第一列为时间,第二列为压强。

8.分别根据1.3节和6.2节列出的程序编写任务要求,将各章习题中所完成的相关功能进行综合,完成火箭发动机实验数据处理程序和内弹道计算程序。

附 录

附录 1 ASCII 码表

美国信息交换标准代码(American Standard Code for Information Interchange,ASCII)是基于拉丁字母的一套电脑编码系统,主要用于显示现代英语和其他西欧语言,是现今最通用的单字节编码系统。ASCII 共定义了 128 个字符,其中:33 个字符无法显示[在磁盘操作系统(DOS)模式下可显示出一些诸如笑脸、扑克牌花式等 8 - bit 符号],且这 33 个字符多数是已陈废的控制字符,见附表 1 - 1;在 33 个字符之外的是 95 个可显示字符,见附表 1 - 2,其中用键盘敲下空白键所产生的空白字符也算 1 个可显示字符(显示为空白)。

附表 1 - 1   ASCII 控制字符

十进制	十六进制	缩 写	名称/意义	十进制	十六进制	缩 写	名称/意义
0	00	NUL	空字符(Null)	17	11	DC1	设备控制一
1	01	SOH	标题开始	18	12	DC2	设备控制二
2	02	STX	本文开始	19	13	DC3	设备控制三
3	03	ETX	本文结束	20	14	DC4	设备控制四
4	04	EOT	传输结束	21	15	NAK	确认失败回应
5	05	ENQ	请求	22	16	SYN	同步用暂停
6	06	ACK	确认回应	23	17	ETB	区块传输结束
7	07	BEL	响铃	24	18	CAN	取消
8	08	BS	退格	25	19	EM	连接介质中断
9	09	HT	水平定位符号	26	1A	SUB	替换
10	0A	LF	换行键	27	1B	ESC	跳出
11	0B	VT	垂直定位符号	28	1C	FS	文件分割符
12	0C	FF	换页键	29	1D	GS	组群分隔符
13	0D	CR	归位键	30	1E	RS	记录分隔符
14	0E	SO	取消变换	31	1F	US	单元分隔符
15	0F	SI	启用变换	127	7F	DEL	删除
16	10	DLE	跳出数据通信				

附表 1－2　ASCII 可显示字符

十进制	十六进制	图　形	十进制	十六进制	图　形	十进制	十六进制	图　形
32	20	（空格）	64	40	@	96	60	`
33	21	!	65	41	A	97	61	a
34	22	"	66	42	B	98	62	b
35	23	#	67	43	C	99	63	c
36	24	$	68	44	D	100	64	d
37	25	%	69	45	E	101	65	e
38	26	&	70	46	F	102	66	f
39	27	'	71	47	G	103	67	g
40	28	(	72	48	H	104	68	h
41	29	)	73	49	I	105	69	i
42	2A	*	74	4A	J	106	6A	j
43	2B	+	75	4B	K	107	6B	k
44	2C	,	76	4C	L	108	6C	l
45	2D	－	77	4D	M	109	6D	m
46	2E	.	78	4E	N	110	6E	n
47	2F	/	79	4F	O	111	6F	o
48	30	0	80	50	P	112	70	p
49	31	1	81	51	Q	113	71	q
50	32	2	82	52	R	114	72	r
51	33	3	83	53	S	115	73	s
52	34	4	84	54	T	116	74	t
53	35	5	85	55	U	117	75	u
54	36	6	86	56	V	118	76	v
55	37	7	87	57	W	119	77	w
56	38	8	88	58	X	120	78	x
57	39	9	89	59	Y	121	79	y
58	3A	:	90	5A	Z	122	7A	z
59	3B	;	91	5B	[	123	7B	{
60	3C	<	92	5C	\	124	7C	|
61	3D	=	93	5D	]	125	7D	}
62	3E	>	94	5E	^	126	7E	~
63	3F	?	95	5F	_			

附录 2　常用的 C 语言函数

1. 数学函数

使用数学函数时,应该在源程序中包含 math.h 头文件。数学函数表见附表 2-1。

附表 2-1　数学函数表

函数原型	函数功能	返回值
int abs(int x);	计算整数 x 的绝对值	计算结果
double acos(double x);	计算 $\cos^{-1}(x)$ 的值,$-1 \leqslant x \leqslant 1$	计算结果
double asin(double x);	计算 $\sin^{-1}(x)$ 的值,$1 \leqslant x \leqslant 1$	计算结果
double atan(double x);	计算 $\tan^{-1}(x)$ 的值	计算结果
double atan2(double x,double y);	计算 $\tan^{-1}(x/y)$ 的值	计算结果
double cos(double x)	计算 $\cos(x)$ 的值,x 的单位为弧度	计算结果
double cosh(double x);	计算 x 的双曲余弦 cosh 的值	计算结果
double exp(double x);	求 e^x 的值	计算结果
double fabs(double x);	求 x 的绝对值	计算结果
double log(double x);	求 $\log_e x$,即 lnx	计算结果
double log10(double x);	求 $\log_{10} x$	计算结果
double pow (double x,double y);	计算 x^y 的值	计算结果
int rand(void);	产生 -90 到 32 767 间的随机整数	随机整数
double sin(double x);	计算 $\sin(x)$ 的值,x 的单位为弧度	计算结果
double sinh(double x);	计算 x 的双曲线正弦函数 sinh(h) 的值	计算结果
double sqrt(double x);	计算 $\sqrt{x}(x \geqslant 0)$	计算结果
double tan(double x);	计算 $\tan(x)$ 的值,x 的单位为弧度	计算结果
double tanh(double x);	计算 x 的双曲线正切函数 tanh(x) 的值	计算结果
int random(int num);	产生 0 到 num 之间的随机数	返回一个随机整数
void randomize()	初始化随机函数。使用时要求包含头文件 time.h	无

2. 复数运算函数

使用复数运算函数时,应该在源程序中包含 complex.h 头文件。复数运算函数表见附表 2-2。

附表 2-2　复数运算函数表

函数原型	函数功能	返回值
double creal (double _Complex _Z);	取 _Z 的实部	计算结果
double cimag (double _Complex _Z);	取 _Z 的虚部	计算结果
double carg (double _Complex _Z);	计算 _Z 的角	计算结果

续 表

函数原型	函数功能	返回值
double cabs (double _Complex _Z);	计算_Z 的模	计算结果
double _Complex conj (double _Complex _Z);	计算_Z 的共轭	计算结果
double _Complex cacos (double _Complex _Z);	计算_Z 的反余弦	计算结果
double _Complex casin (double _Complex _Z);	计算_Z 的反正弦	计算结果
double _Complex catan (double _Complex _Z);	计算_Z 的反正切	计算结果
double _Complex ccos (double _Complex _Z);	计算_Z 的余弦	计算结果
double _Complex csin (double _Complex _Z);	计算_Z 的正弦	计算结果
double _Complex ctan (double _Complex _Z);	计算_Z 的正切	计算结果
double _Complex cacosh (double _Complex _Z);	计算_Z 的反双曲余弦	计算结果
double _Complex casinh (double _Complex _Z);	计算_Z 的反双曲正弦	计算结果
double _Complex catanh (double _Complex _Z);	计算_Z 的反双曲正切	计算结果
double _Complex ccosh (double _Complex _Z);	计算_Z 的双曲余弦	计算结果
double _Complex csinh (double _Complex _Z);	计算_Z 的双曲正弦	计算结果
double _Complex ctanh (double _Complex _Z);	计算_Z 的双曲正切	计算结果
double _Complex cexp (double _Complex _Z);	计算_Z 的指数函数	计算结果
double _Complex clog (double _Complex _Z);	计算_Z 的对数函数	计算结果
double _Complex cpow (double _Complex x,double _Complex _y);	计算复数 x 的 y 次方	计算结果
double _Complex csqrt (double _Complex _Z);	计算_Z 的二次方根	计算结果
double _Complex cproj (double _Complex _Z);	计算_Z 的投影	计算结果

注意:此表只列出了双精度复数的相关函数。对于单精度复数的函数,需要将形参和返回值的类型由 double 换为 float,并在函数名称的后面加上字母 f,而对于多精度复数来说,则需要将类型由 double 换为 long double,并在函数名称的后面加上字母 l。例如:

float crealf (float _Complex _Z);
longdouble creall (long double _Complex _Z);
float _Complex csinf (float _Complex _Z);
longdouble _Complex csinl (long double _Complex _Z);

3.字符函数

ANSI C 标准要求在使用字符函数时要包含头文件 ctype. h。有些 C 编译器不遵循 ANSI C 标准的规定,而使用其他名称的头文件,请使用时查阅相关手册。字符函数表见附表 2-2。

附表 2-2 字符函数表

函数原型	函数功能	返回值
int isalnum(int ch);	检查 ch 是否为字母或数字	是字母或数字,返回 1;否则返回 0
int isalpha(int ch);	检查 ch 是否为字母	是字母,返回 1;否则返回 0

续表

函数原型	函数功能	返回值
int isdigit(int ch);	检查 ch 是否为数字(0～9)	是数字,返回 1;否则返回 0
int islower(int ch);	检查 ch 是否为小写字母(a～z)	是小写字母,返回 1;否则返回 0
int isupper(int ch);	检查 ch 是否为大写字母(A～Z)	是大写字母,返回 1;否则返回 0
int isxdigit(int ch);	检查 ch 是否为一个十六进制数字(即 0～9,或 A～F,a～f)	是,返回 1;否则返回 0
int tolower(int ch);	将 ch 字符转换为小写字母	返回 ch 对应的小写字母
int toupper(int ch);	将 ch 字符转换为大写字母	返回 ch 对应的大写字母

4.字符串函数

ANSI C 标准要求在使用字符串函数时要包含头文件 string.h。字符串函数表见附表 2-3。

附表 2-3　字符串函数表

函数原型	函数功能	返回值
void memchr(void * buf, char ch,unsigned int count);	在 buf 的前 count 个字符里搜索字符 ch 首次出现的位置	返回值指向 buf 中 ch 第一次出现的位置指针;若没有找到 ch,则返回 NULL
int memcmp(void * buf1,void * buf2,unsigned int count);	按字典顺序比较由 buf1 和 buf2 指向数组的前 count 个字符	buf1<buf2,为负数; buf1=buf2,返回 0; buf1>buf2,为正数
void * memcpy(void * to,void * from,unsigned int count);	将 from 指向数组中的前 count 个字符拷贝到 to 指向的数组中,from 和 to 指向的数组不允许重叠	返回指向 to 的指针
void * memset(void * buf, char ch,unsigned int count);	将字符 ch 拷贝到 buf 所指向的数组的前 count 个字符串	返回 buf
char * strcat(char * str1, char * str2);	把字符串 str2 接到 str1 后面,取消原来的 str1 最后面的串结束符\0	返回 str1
char * strchr(char * str,int ch);	找出 str 指向的字符串中第一次出现字符 ch 的位置	返回指向该位置的指针,若找不到,则返回 NULL
char * strcpy(char * str1, char * str2)	把 str2 指向的字符串拷贝到 str1 中去	返回 str1
int strcmp(char * str1, char * str2);	比较字符串 str1 和 str2	str1<str2,为负数; str1=str2,返回 0; str1>str2,为正数

续 表

函数原型	函数功能	返回值
unsigned int strlen(char * str);	统计字符串 str 中字符的个数(不包括终止符\0')	返回字符个数
char * strncat(char * str1, char * str2, unsigned int count);	把字符串 str2 指向的字符串中最多 count 个字符连到串 str1 后面,并以 NULL 结尾	返回 str1
int strncmp(char * str1, char * str2, unsigned int count);	比较字符串 str1 和 str2 中最多的前 count 字符	str1<str2,为负数;str1=str2,返回 0;str1>str2,为正数
char * strncpy(char * str1, char * str2, unsigned intcount);	把 str2 指向的字符串中最多前 count 个字符拷贝到串 str1 中去	返回 str1
char * strstr(char * str1, char * str2);	寻找 str2 指向的字符串在 str1 指向的字符串中首次出现的位置	返回 str2 指向的子串首次出现的地址,若不成功,则返回 NULL

5. 动态存储分配函数

要使用动态存储分配函数,需要在源程序中包含 stdlib.h 头文件。动态存储分配函数表见附表 2-4。

附表 2-4　动态存储分配函数表

函数原型	函数功能	返回值
void * calloc(unsigned int n, unsigned int size);	分配 n 个数据项的内存连续空间,每个数据项的大小为 size	分配内存单元的起始地址,若不成功,则返回 0
void free(void * p);	释放 p 所指的内存区	无
void * malloc(unsigned int size);	分配 size 字节的内存区	分配内存区地址,若内存不够,则返回 0
void * realloc(void * p, unsigned int size);	将 p 所指的已分配的内存区的大小改为 size,size 可以比原来分配的空间大或小	返回指向该内存区的指针。若重新分配失败,则返回 NULL

6. 输入/输出函数

使用以下的输入/输出函数,应该在源程序中包含 stdio.h 头文件。输入/输出函数表见附表 2-5。

附表 2-5　输入/输出函数表

函数原型	函数功能	返回值
void clearerr(FILE * fp);	清除文件指针错误	无
int fclose(FILE * fp);	关闭 fp 所指的文件,释放文件缓冲区	若关闭成功,则返回 0;否则返回非 0

续　表

函数原型	函数功能	返回值
int feof(FILE * fp);	检查文件是否结束	若遇文件结束,则返回非 0;否则返回 0
int ferror(FILE * fp);	测试 fp 所指的文件是否有错误	若无错误,则返回;否则返回非 0
int fflush(FILE * fp);	将 fp 所指的文件的控制信息和数据存盘	若存盘正确,则返回 0;否则返回非 0
in fgetc(FILE * fp);	从 fp 指向的文件中取得下一个字符	返回得到的字符。若出错,则返回 EOF
char * fgets(char * buf, int n,ILE * fp);	从 fp 指向的文件读取一个长度为(n−1)的字符串,存入起始地址为 buf 空间	返回地址 buf,若遇文件结束或出错,则返回 EOF
FILE * fopen(char * filename, char * mode);	以 mode 指定的方式打开名为 filename 文件	若成功,则返回一个文件指针;否则返回 0
int fprintf(FILE * fp, char * format,args,…);	把 args 的值以 format 指定的格式输出到 fp 所指定的文件中	实际输出的字符数
int fputc(char ch,FILE * ,fp);	将字符 ch 输出到 fp 指向的文件中	若成功,则返回该字符;否则返回 EOF
int fputs(char str,FILE * fp);	将 str 所指定的字符串输出到 fp 指定的文件中	若成功,则返回 0;若出错,则返回 EOF
int fread(char * pt, unsigned int size, unsigned int n,FILE * fp);	从 fp 所指定的文件中读取长度为 size 的 n 个数据项,存到 pt 所指向的内存区	返回所读的数据项个数,若遇文件结束或出错,则返回 0
int fscan(FILE * fp, char * format,args,…);	从 fp 指定的文件中按给定的 for-mat 格式将读入的数据送到 args 所指向的内存变量中(args 是指针)	已输入的数据个数
int fseek(FILE * fp, long offset,int base);	将 fp 所指向的文件的位置指针移到 base 所指出的位置为基准,以 offset 为 offset 为位移量的位置	返回当前位置,否则返回−1
long ftell(FILE * fp);	返回 fp 所指向的文件中的读写位置	返回文件中的读写位置,否则返回 0
int fwrite(char * ptr, unsigned int size, unsigned int n,FILE * fp);	把 ptr 所指向的 n×size 个字节输出到 fp 所指向的文件中	写到 fp 文件中的数据项的个数

续表

函数原型	函数功能	返回值
int getc(FILE * fp);	从 fp 指向的文件中读入下一个字符	返回读入的字符,若文件结束或出错,则返回 EOF
int getchar()	从标准输入设备读取下一个字符	返回字符,若文件结束或出错,则返回 -1
char * gets(char * str);	从标准输入设备读取字符串存入 str 指向的数组	若成功,则返回指针 str,否则返回 NULL
int printf(char * format, args,…);	在 format 指定的字符串的控制下,将输出列附表 args 的值输出到标准输出设备	输出的字符个数,若出错,则返回负数
int putc(int ch,FILE * fp);	把一个字符 ch 输出到 fp 所指的文件中	输出的字符 ch,若出错,则返回 EOF
int putchar(char ch);	把字符 ch 输出到标准的输出设备	输出字符 ch,若出错,则返回 EOF
int puts(char * str);	把 str 指向的字符串输出到标准输出设备,将\0转换为回车换行	返回换行符,若失败,则返回 EOF
int remove(char * fname);	删除 fname 为文件名的文件	若成功,则返回 0;若出错,则返回 -1
int rename(char * oname, char * nname);	把 oname 所指的文件名改为由 nname 所指的文件名	若成功,则返回 0;若出错,则返回 -1
void rewind(FILE * fp);	将 fp 指定的文件指针置于文件头,并清除文件结束标志和错误标志	若成功,则返回 0;若出错,则返回非零值
int scanf(char * format, args,…);	从标准输入设备按 format 指示的格式字符串规定的格式,输入数据给 args 所指示的单元。args 为指针	读入并赋给 args 数据个数。遇文件结束,则返回 EOF;若出错,则返回 0

7. 其他函数

"其他函数"是 C 语言的标准库函数,由于不便归入某一类,所以单独列出。要使用下面的函数,需要在源程序中包含 stdlib. h 头文件。其他函数表见附表 2 - 6。

附表 2 - 6　**其他函数表**

函数原型	函数功能	返回值
double atof(char * str);	将 str 指向的字符串转换为一个 double 型的值	返回双精度计算结果
int atoi(char * str);	将 str 指向的字符串转换为一个 int 型的整数	返回转换结果

续表

函数原型	函数功能	返回值
long atol(char * str);	将 str 所指向的字符串转换一个 long 型的整数	返回转换结果
void exit(int status);	终止程序运行。将 status 的值返回调用的过程	无
char * itoa(int n,char * str, int radix);	将整数 n 的值按照 radix 进制转换为等价的字符串,并将结果存入 str 指向的字符串中	返回一个指向 str 的指针
char * ltoa(long int n, char * str,int radix)	将长整数 n 的值按照 radix 进制转换为等价的字符串,并将结果存入 str 指向的字符串中	返回一个指向 str 的指针
int system （char * str）;	将 str 所指向的字符串作为命令传递 DOS 的命令处理器	返回所执行命令的退出状态
double strtod(char * start, char * * end);	将 start 指向的数字字符串转换成 double,直到出现不能转换为浮点数的字符为止,剩余的字符串赋给指针 end	返回转换结果。若未转换,则返回 0。若转换出错,则返回 HUGE‑VAL,表示上溢,或返回‑HUGE‑VAL 表示下溢
long int strtol(char * start, har * * end,int radix);	将 start 指向的数字字符串转换成 long,直到出现不能转换为长整型数的字符为止,剩余的字符串赋给指针 end。转换时,数字的进制由 radix 确定	返回转换结果。若未转换,则返回 0。若转换出错,则返回 LONG‑VAL,表示上溢,或返回‑LONG‑VAL,表示下溢

附录 3　常用的 Fortran 函数

符号约定:I 代表整型;R 代表实型;C 代表复型;CH 代表字符型;S 代表字符串;L 代表逻辑型;A 代表数组;P 代表指针;T 代表派生类型;AT 代表任意类型。S:P 表示 S 类型为 P 类型(任意 kind 值)。S:P(k)表示 S 类型为 P 类(kind 值＝k)。[...]表示可选参数,表示常用函数。常用的 Fortran 函数见附表 3‑1~附表 3‑6。

附表 3‑1　数值与类型转换函数

函数名	说　明
ABS(x) *	求 x 的绝对值｜x｜。x:I、R,结果类型同 x;x:C,结果:R
AIMAG(x)	求 x 的实部。x:C,结果:R

续 表

函数名	说 明
AINT(x[,kind]) *	对 x 取整,并转换为实数(kind)。x:R,kind:I,结果:R(kind)
AMAX0(x_1,x_2,x_3,…) *	求 x_1,x_2,x_3,…中最大值。x_I:I,结果:R
AMIN0(x_1,x_2,x_3,…) *	求 x_1,x_2,x_3,…中最小值。x_I:I,结果:R
ANINT(x[,kind]) *	对 x 四舍五入取整,并转换为实数(kind)。x:R,kind:I,结果:R(kind)
CEILING(x) *	求大于等于 x 的最小整数。x:R,结果:I
CMPLX(x[,y][,kind]))	将参数转换为 x、(x,0.0)或(x,y)。x:I,R,C,y:I,R,kind:I,结果:C(kind)
CONJG(x)	求 x 的共轭复数。x:C,结果:C
DBLE(x) *	将 x 转换为双精度实数。x:I,R,C,结果:R(8)
DCMPLX(x[,y])	将参数转换为 x、(x,0.0)或(x,y)。x:I,R,C,y:I,R,结果:C(8)
DFLOAT(x)	将 x 转换为双精度实数。x:I,结果:R(8)
DIM(x,y) *	求 x−y 和 0 中最大值。x:I,R,y 的类型同 x,结果类型同 x
DPROD(x,y)	求 x 和 y 的乘积,并转换为双精度实数。x:R,y:R,结果:R(8)
FLOAT(x) *	将 x 转换为单精度实数。x:I,结果:R
FLOOR(x) *	求小于等于 x 的最大整数。x:R,结果:I
IFIX(x) *	将 x 转换为整数(取整)。x:R,结果:I
IMAG(x)	同 AIMAG(x)
INT(x[,kind]) *	将 x 转换为整数(取整)。x:I,R,C,kind:I,结果:I(kind)
LOGICAL(x[,kind]) *	按 kind 值转换新逻辑值。x:L,结果:L(kind)
MAX(x_1,x_2,x_3,…) *	求 x_1,x_2,x_3,…中最大值。x_I为任意类型,结果类型同 x_I
MAX1(x_1,x_2,x_3,…) *	求 x_1,x_2,x_3,…中最大值(取整)。x_I:R,结果:I
MIN(x_1,x_2,x_3,…) *	求 x_1,x_2,x_3,…中最小值。x_I为任意类型,结果类型同 x_I
MIN1(x_1,x_2,x_3,…) *	求 x_1,x_2,x_3,…中最小值(取整)。x_I:R,结果:I
NINT(x[,kind]) *	将 x 转换为整数(四舍五入)。x:R,kind:I,结果:I(kind)
MOD(x,y) *	求 x/y 的余数,值为 x−INT(x/y)*y。x:I,R,y 的类型同 x,结果类型同 x
MODULO(x,y)	求 x/y 余数,值为 x−FLOOR(x/y)*y。x:I,R,y 的类型同 x,结果类型同 x
SIGN(x,y) *	求 x 的绝对值乘以 y 的符号。x:I,R,y 的类型同 x,结果类型同 x
SNGL(x)	将双精度实数转换为单精度实数。x:R(8),结果:R
ZEXT(x)	用 0 向左侧扩展 x。x:I,L,结果:I

附表 3-2 三角函数

函数名	说 明
ACOS(x) *	求 x 的反余弦 arcos(x)。x:R,结果类型同 x,结果值域:0~π
ACOSD(x) *	求 x 的反余弦 arcos(x)。x:R,结果类型同 x,结果值域:0~180°

续　表

函数名	说　明
ASIN(x) *	求 x 的反正弦 arcsin(x)。x:R,结果类型同 x,结果值域:0～π
ASIND(x) *	求 x 的反正弦 arcsin(x)。x:R,结果类型同 x,结果值域:0～180°
ATAN(x) *	求 x 的反正切 arctg(x)。x:R,结果类型同 x,结果值域:$-\pi/2$～$\pi/2$
ATAND(x) *	求 x 的反正切 arctg(x)。x:R,结果类型同 x,结果值域:$-90°$～$90°$
ATAN2(y,x)	求 x 的反正切 arctg(y/x)。y:R,x 和结果类型同 x,结果值域:$-\pi$～π
ATAN2D(y,x)	求 x 的反正切 arctg(y/x)。y:R,x 和结果类型同 x,结果值域:$-180°$～$180°$
COS(x) *	求 x 的余弦 cos(x)。x:R、C,x 的单位为弧度,结果类型同 x
COSD(x) *	求 x 的余弦 cos(x)。x:R,x 的单位为度,结果类型同 x
COSH(x)	求 x 的双曲余弦 ch(x)。x:R,结果类型同 x
COTAN(x) *	求 x 的余切 ctg(x)。x:R,x 的单位为度,结果类型同 x
SIN(x) *	求 x 的正弦 sin(x)。x:R、C,x 的单位为弧度,结果类型同 x
SIND(x) *	求 x 的正弦 sin(x)。x:R,x 的单位为度,结果类型同 x
SINH(x)	求 x 的双曲正弦 sh(x)。x:R,结果类型同 x
TAN(x) *	求 x 的正切 tg(x)。x:R,x 的单位为弧度,结果类型同 x
TAND(x) *	求 x 的正切 tg(x)。x:R,x 的单位为度,结果类型同 x
TANH(x)	求 x 的双曲正切 th(x)。x:R,结果类型同 x

注:若在三角函数名前加 C 和 D,表明是复数型和双精度型函数。

附表 3－3　指数、二次方根和对数函数

函数名	说　明
ALOG(x)	求 x 的自然对数 ln(x)。x:R(4),结果:R(4)
ALOG10(x)	求 x 以 10 为底的一般对数 $\log_{10}(x)$。x:R(4),结果:R(4)
EXP(x) *	求指数,即 e^x。x:R、C,结果类型同 x
LOG(x) *	求自然对数,即 e^x。x:R、C,结果类型同 x
LOG10(x) *	求以 10 为底的一般对数 $\log_{10}(x)$。x:R,结果类型同 x
SQRT(x) *	求 x 的二次方根。x:R、C,结果类型同 x

注:指数函数名、二次方根函数名、对数函数名前加 C 和 D,表明是复数型和双精度型函数。

附表 3－4　字符处理函数

函数名	说　明
ACHAR(n)	将 ASCII 码 n 转换为对应字符。n:I,n 值域:0～127,结果:CH(1)
ADJUSTL(string) *	将字符串 string 左对齐,即去掉左端空格。string:CH(*),结果类型同 string
ADJUSTR(string) *	将字符串 string 右对齐,即去掉右端空格。string:CH(*),结果类型同 string
CHAR(n) *	将 ASCII 码 n 转换为对应字符。n:I,n 值域:0～255,结果:CH(1)

续 表

函数名	说 明
IACHAR(c) *	将字符 c 转换为对应的 ASCII 码。c:CH(1),结果:I
ICHAR(c) *	将字符 c 转换为对应的 ASCII 码。c:CH(1),结果:I
INDEX(s,ss[,b]) *	求子串 ss 在串 s 中起始位置。s:CH(*),ss:CH(*),b:L,结果:I。b 为真从右起
LEN(s) *	求字符串 s 的长度。s:CH(*),结果:I
LEN_TRIM(s) *	求字符串 s 去掉尾部空格后的字符数。s:CH(*),结果:I
LGE(s1,s2) *	按 ASCII 码值判定字符串 s1 大于或等于字符串 s2。s1:CH(*),s1:CH(*),结果:L
LGT(s1,s2) *	按 ASCII 码值判定字符串 s1 大于字符串 s2。s1:CH(*),s1:CH(*),结果:L
LLE(s1,s2) *	按 ASCII 码值判定字符串 s1 小于或等于字符串 s2。s1:CH(*),s1:CH(*),结果:L
LLT(s1,s2) *	按 ASCII 码值判定字符串 s1 小于字符串 s2。s1:CH(*),s1:CH(*),结果:L
REPEAT(s,n) *	求字符串 s 重复 n 次的新字符串。s:CH(*),n:I,结果:CH(*)
TRIM(s) *	求字符串 s 去掉首尾部空格后的字符数。s:CH(*),结果:CH(*)
SCAN(s,st[,b])	求串 st 中任一字符在串 s 中的位置。s:CH(*),ss:CH(*),b:L,结果:I
VERIFY(s,st[,b])	求不在串 st 中字符在 s 中位置。s:CH(*),ss:CH(*),b:L,结果:I。b 为真从右起

附表 3-5　二进制位操作函数

函数名	说 明
BIT_SIZE(n) *	求 n 类型整数的最大二进制位数。n:I,结果类型同 n
BTEST(n,p)	判定整数 n 的二进制表示右起第 p 位是否为 1。n:I,p:+I,p 值域:0~64 结果:L
IAND(m,n) *	对 m 和 n 进行按位逻辑"与"运算。m:I,n:I,结果类型同 m
IBCHNG(n,p)	将整数 n 二进制表示右起第 p 位值取反。n:I,p:+I,p 值域:0~64,结果类型同 n
IBCLR(n,p)	将整数 n 二进制表示右起第 p 位置 0。n:I,p:+I,p 值域:0~64,结果类型同 n
IBITS(i,p,l)	从整数 n 二进制表示右起第 p 位开始取 l 位。n:I,p:+I,l:+I,结果类型同 n
IBSET(n,p)	将整数 n 二进制表示右起第 p 位置 1。n:I,p:+I,p 值域:0~64 结果类型同 n
IEOR(m,n) *	对 m 和 n 进行按位逻辑"异或"运算。m:I,n:I,结果类型同 m
IOR(m,n) *	对 m 和 n 进行按位逻辑"或"运算。m:I,n:I,结果类型同 m
ISHA(n,s) *	对 n 向左(s 为正)或向右(s 为负)移动 s 位(算术移位)。n:I,s:I,结果类型同 n
ISHC(n,s) *	对 n 向左(s 为正)或向右(s 为负)移动 s 位(循环移位)。n:I,s:I,结果类型同 n
ISHFT(n,s) *	对 n 向左(s 为正)或向右(s 为负)移动 s 位(逻辑移位)。n:I,s:I,结果类型同 n
ISHFTC(n,s[,size])	对 n 最右边 size 位向左(s 为正)或向右(s 为负)移动 s 位(循环移位)
ISHL(n,s)	对 n 向左(s 为正)或向右(s 为负)移动 s 位(逻辑移位)。n:I,s:I,结果类型同 n
NOT(n) *	对 n 进行按位逻辑"非"运算。n:I,结果类型同 n

附表 3－6　数组运算、查询和处理函数

函数名	说　　明
ALL(m[,d]) *	判定逻辑数组 m 各元素是否都为"真"。m:L－A,d:I,结果:L(缺省 d)或 L－A(d＝维)
ALLOCATED(a) *	判定动态数组 a 是否分配存储空间。a:A,结果:L。分配:.TRUE.,未分配.FALSE.
ANY(m[,d]) *	判定逻辑数组 m 是否有一元素为"真"。m:L－A,d:I,结果:L(缺省 d)或 L－A(d＝维)
COUNT(m[,d]) *	计算逻辑数组 m 为"真"元素个数。m:L－A,d:I,结果:I(缺省 d)或 I－A(d＝维)
CSHIFT(a,s[,d]) *	将数组 a 元素按行(d＝1 或缺省)或按列(d＝2)且向左(d＞0)或向右循环移动 s 次
EOSHIFT(a,s[,b][,d])	将数组 a 元素按行(d＝1 或缺省)或按列(d＝2)且向左(d＞0)或向右循环移动 s 次
LBOUND(a[,d]) *	求数组 a 某维 d 的下界。a:A,d:I,结果:I(d＝1 或缺省)或 A(d＝2)
MATMUL(ma,mb) *	对二维数组(矩阵)ma 和 mb 做乘积运算。ma:A,mb:A,结果:A
MAXLOC(a[,m]) *	求数组 a 中对应掩码 m 为"真"最大元素下标值。a:A,m:L－A,结果:A,大小＝维数
MAXVAL(a[,d][,m]) *	求数组 a 中对应掩码 m 为"真"元素最大值。a:A,d:I,m:L－A,结果:A,大小＝维数
MERGE(ts,fs,m)	将数组 ts 和 fs 按对应 m 掩码数组元素合并,掩码为"真"取 ts 值,否则取 fs 值
MINLOC(a[,m]) *	求数组 a 中对应掩码 m 为"真"最小元素下标值。a:A,m:L－A,结果:A,大小＝维数
MINVAL(a[,d][,m]) *	求数组 a 中对应掩码 m 为"真"元素最小值。a:A,d:I,m:L－A,结果:A,大小＝维数
PACK(a,m[,v])	将数组 a 中对应 m 掩码数组元素为"真"元素组成一维数组并与一维数组 v 合并
PRODUCT(a[,d][,m])	数组 a 中对应掩码 m 为"真"元素乘积。a:A,d:I,m:L－A,结果:A,大小＝维数
RESHAPE(a,s) *	将数组 a 的形按数组 s 定义的形转换。数组形指数组维数、行数、列数…
SHAPE(a)	求数组 a 的形。a:A,结果:A(一维)
SIZE(a[,d]) *	求数组 a 的元素个数。a:A,d:I,结果:I
SPREAD(a,d,n)	以某维 d 扩展数组 a 的元素 n 次。a:A,d:I,n:I,结果:A

续　表

函数名	说　明
SUM(a[,d][,m]) *	数组 a 中对应掩码 m 为"真"元素之和。a：A，d：I，m：L−A，结果：A，大小＝维数
TRANSPOSE(a). *	对数组 a 进行转置。a：A，结果：A
LBOUND(a[,d]) *	求数组 a 某维 d 的上界。a：A，d：I，结果：I(d＝1 或缺省)或 A(d＝2)
UNPACK(a,m,f)	将一维数组 a、掩码数组 m 值和 f 值组合生成新数组。a：A，m：L−A，f：同 a，结果：A

注：参数 m 指逻辑型掩码数组，指明允许操作的数组元素。缺省掩码数组指对数组所有元素进行操作。

附录 4　GSL 数学函数库

GSL 是一个用 C 语言写成的科学计算函数库。目前该函数库的最新版本是 2.7。GSL 有超过 1 000 个函数，主要包括如下几个方面：复数、多项式根、插值、统计、特殊函数、向量和矩阵、切比雪夫逼近、N－元组、排列、排序、离散汉克尔变换、模拟退火、线性代数、最小估计、特征值、快速傅里叶变换、物理常量、直方图、正交、随机数、离散小波变换、蒙特卡洛积分、伪随机序列、随机分布、数值差分、微分方程、求根、最小二乘拟合、贝塞尔曲线等。

GSL 用 gcc 在 GNU/Linux 平台下开发，也可以在 Windows、FreeBSD、Apple Darwin 等平台进行编译。除了可以供 C 语言调用外，目前还有许多的其他语言接口可以调用 GSL，如 Math∷GSL(Perl 接口)、FGSL(Fortran 接口)、ctypesGsl(Python 接口)、GSLL(Lisp 接口)。可以从 ftp://ftp.gnu.org/gnu/gsl/获得 GSL 的完整源代码，从 http://sourceforge.net/projects/fgsl 获得 FGSL 的完整源代码。本书已经对 gsl－2.7 的源代码进行编译，随 Code∷Blocks 一并提供。

在 Code∷Blocks 中，C 语言编程使用 GSL 时，需要以下两步操作：

(1)在编写的 C 语言源代码中，使用♯include 命令将相应的 GSL 函数库头文件包含进去。在 CodeBlocks 安装目录下 MinGW\include\gsl 目录中有 GSL 的相关头文件，不同类型的函数使用的头文件不同，具体情况可以参考 GSL 的使用手册。

(2)打开 Build options 的链接设置(Linker settings)页面，在链接库(Link libraries)中添加 CodeBlocks\MinGW\lib 目录下的两个文件：libgsl.a 和 libgslcblas.a，如附图 4－1 所示。

在 Code∷Blocks 中，Fortran 语言编程使用 FGSL 时，需要以下三步操作：

(1)在编写的 Fortran 源代码中，使用 use fgsl 命令。

(2)打开 Build options 的链接设置(Linker settings)页面，在链接库(Link libraries)中添加 CodeBlocks\MinGW\lib 目录下三个文件：libfgsl.a、libgsl.a 和 libgslcblas.a。具体可参考附图 4－1。

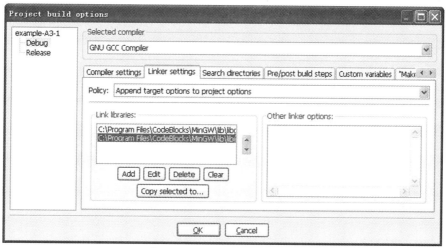

附图 4 - 1　设置 Link libraries

（3）打开 Build options 的搜索路径（Search directories）页面，将 CodeBlocks\MinGW\include\fgsl 目录添加到 Complier 选项中，如附图 4 - 2 所示。

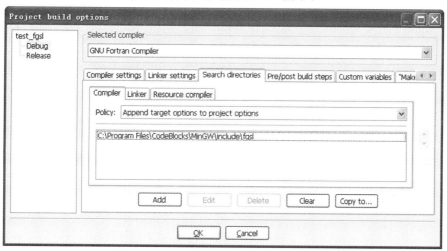

附图 4 - 2　设置 Compiler Search directories

在 CodeBlocks\MinGW\share\examples 目录下分别有大量关于 GSL 和 FGSL 的使用例程可供学习。

下面分别给出一个计算函数积分的 C 源代码（example-A4-1）和 Fortran 源代码（example-A4-2）。

$$\int_0^1 x^{-1/2} \log(x) \, \mathrm{d}x = -4$$

C 语言代码如下：

```
//程序名称：example-A4-1,来源自 examples\gsl\integration.c
#include <stdio.h>
#include <math.h>
#include <gsl/gsl_integration.h>
```

```
double f (double x,void * params)
{
    double alpha = * (double * ) params;
    double f = log(alpha * x) / sqrt(x);
    return f;
}
int main (void)
{
    gsl_integration_workspace * w = gsl_integration_workspace_alloc (1000);
    double result,error;
    double expected = -4.0;
    double alpha = 1.0;
    gsl_function F;
    F. function = &f;
    F. params = &alpha;
    gsl_integration_qags (&F,0,1,0,1e-7,1000,w,&result,&error);
    printf ("result          = %.18f\n",result);
    printf ("exact result    = %.18f\n",expected);
    printf ("estimated error = %.18f\n",error);
    printf ("actual error    = %.18f\n",result - expected);
    printf ("intervals =    %d\n",w->size);
    gsl_integration_workspace_free (w);
    return 0;
}
```

运行后得到如下的结果,可以看出计算值与理论值的绝对误差仅为 2.283×10^{-13}。对于数值计算来说,这一精度已经非常高了。

```
result          = -4.000000000000228300
exact result    = -4.000000000000000000
estimated error = 0.000000000000651923
actual error    = -0.000000000000228262
intervals =    8
```

Fortran 语言代码如下:

程序名称:example-A4-2,来源自 MinGW\share\examples\fgsl\integration. f90

```
module mod_integration
    use fgsl
    use,intrinsic :: iso_c_binding
    implicit none
contains
    function f(x,params) bind(c)
        real(c_double),value :: x
        type(c_ptr),value :: params
```

```
        real(c_double) :: f
        real(c_double),pointer :: alpha
        call c_f_pointer(params,alpha)
        f = log(alpha * x) / sqrt(x)
    end function f
end module


program integration
    use mod_integration
    implicit none
    integer(fgsl_size_t),parameter :: nmax=1000
    real(fgsl_double),target :: alpha
    real(fgsl_double) :: result,error
    integer(fgsl_int) :: status
    type(c_ptr) :: ptr
    type(fgsl_function) :: f_obj
    type(fgsl_integration_workspace) :: wk
    alpha = 1.0D0
    ptr = c_loc(alpha)
    f_obj = fgsl_function_init(f,ptr)
    wk = fgsl_integration_workspace_alloc(nmax)
    status = fgsl_integration_qags(f_obj,0.0_fgsl_double,1.0_fgsl_double,&
        0.0_fgsl_double,1.0e-7_fgsl_double,nmax,wk,result,error)
    write(6,fmt='("Integration result          :",F20.16)') result
    write(6,fmt='("Integration error estimate:",F20.16)') error
    write(6,fmt='("Actual error:",F20.16)') result+4.0D0
    write(6,fmt='("Exact result                :",F20.16)') -4.0D0
    call fgsl_function_free(f_obj)
    call fgsl_integration_workspace_free(wk)
end program integration
```

运行后得到如下的结果,可以看出计算值与理论值的绝对误差仅为 3.1×10^{-15}。

```
Integration result          :  -3.9999999999999969
Integration error estimate:   0.0000000000005049
Actual error:                 0.0000000000000031
Exact result                :  -4.0000000000000000
```

附录 5　PLplot 绘图函数库

在编写程序进行计算时，得到的计算结果或原始输入数据都是以数字形式展现出来，很难直接观察出数据的变化规律或趋势。如果以数据曲线的形式（见图 1-12 压强曲线）将其展示出来，就可以非常直观地进行数据分析。标准的 C 语言是不提供作图功能的，需要使用外部的作图函数库。本书采用开源软件 PLplot 绘图函数库，可以在 http://sourceforge.net/projects/plplot 下载源代码。

PLplot 支持的编程语言包括 C、C++、Fortran 95、Java、Octave、Perl、Python 和 Tcl/Tk。本书已经对 PLplot-5.15.0 的源代码进行编译（支持 C、C++ 和 Fortran 95 调用），随 Code∷Blocks 一并提供。

在 Code∷Blocks 中，C 语言编程使用 PLplot 绘图函数库时，需要以下操作：

（1）在编写的源代码中，使用 #include 命令将相应的 PLplot 函数库头文件包含进去。在 CodeBlocks\MinGW\include\plplot 目录中有 PLplot 的相关头文件。绘制不同类型图形所使用的头文件不同，具体情况可以参考 PLplot 的使用手册。

（2）打开 Build options 的链接设置（Linker settings）页面，在链接库（Link libraries）中添加 CodeBlocks\MinGW\lib 目录下的 libplplotd.dll.a，请参考附图 4-1。

在 Code∷Blocks 中，Fortran 语言编程使用 PLplot 绘图函数库时，需要以下操作：

（1）在编写的源代码中，使用 use plplot 命令。

（2）打开 Build options 的链接设置（Linker settings）页面，在链接库（Link libraries）中添加 CodeBlocks\MinGW\lib 目录下两个文件：libplplotf95d.dll.a 和 libplplotf95cd.dll.a。如果要编译 plplot 自带例子，那么还需要添加 libplf95demolibd.a，请参考附图 4-1。

（3）打开 Build options 的搜索路径（Search directories）页面，将 CodeBlocks\MinGW\lib\fortran\modules\plplot 目录添加到 Complier 选项中，请参考附图 4-2。

在 CodeBlocks\MinGW\share\examples\plplot 目录中有大量的 PLplot 使用例程可供学习（包括 C、C++ 和 Fortran 95 三种语言）。下面给出了一个绘制 $y=\sin(x)$，$x\in[-2\pi,2\pi]$ 的 C 代码和 Fortran 代码，在实际使用时可以将程序中加粗部分的代码进行替换即可。附图 5-1 和附图 5-2 给出了绘制的曲线图。

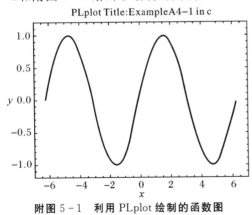

附图 5-1　利用 PLplot 绘制的函数图

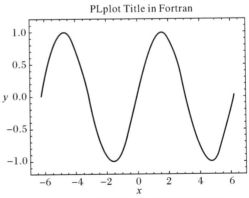

附图 5-2　利用 PLplot 绘制的函数图

C 语言代码如下：

```
//程序名称:example-A5-1
#include <plplot/plConfig.h>
#include <plplot/plplot.h>
#include <math.h>
#define NSIZE    401
#define PI 3.1415926
int main( int argc,const char * argv[] )
{
    plsdev("wingcc"); // 初始化绘图驱动程序
    plscolbg(255,255,255); //(可选)设置绘图背景色 RGB 值,默认是黑色。
                           //需要在 plinit 之前完成
    plinit();
    //设置坐标轴和绘图标题的文字及其颜色,根据实际情况修改
    plcol0(9);//(可选) 设置绘图颜色,此处对坐标轴和标题产生影响
    plenv( -7,7,-1.2,1.2,0,0 );//设置坐标轴范围
    pllab( "x","y","PLplot Title:ExampleA4-1 in C" );//坐标轴名称和绘图标题
    //定义待绘图的数据,实际使用时根据情况修改
    double x[NSIZE],y[NSIZE];
    int    i;
    for ( i = 0; i < NSIZE; i++ )
    {
        x[i] = ( i-200 )/100.0 * PI;
        y[i] = sin(x[i]);
    }
    plcol0(13);;//(可选) 设置绘图颜色,此处对绘制的曲线产生影响
    //调用绘图函数,根据实际情况修改
    plline( NSIZE,x,y );
    //结束绘图
    plend();
    return 0;
}
```

Fortran 95 语言代码如下：

```
程序名称:example-A5-2
    program main
        use plplot
        implicit none
        integer,parameter :: NSIZE = 401
        double precision,parameter :: PI = 3.1415926
        double precision,dimension(NSIZE) :: x,y
        integer :: i
```

```
        call plsdev("wingcc")
        call plscolbg(255,255,255)   ! 设置背景色
        call plinit
        call plenv( -7.0D0,7.0D0,-1.2D0,1.2D0,0,0 )
        call pllab( "x","y","PLplot Title in Fortran" )
        do i=1,NSIZE
           x(i) =( i-200 )/100.0 * PI
           y(i) = sin(x(i))
        end do
        call plcol0(9)    ! 设置绘图颜色
        call plwidth(3.0D0)! 设置绘图线宽
        call plline( x,y )
        call plend
     end program
```

参 考 文 献

[1] 孙燮华.C 程序设计导引[M].北京:清华大学出版社,2011.

[2] 程辉.C 语言程序设计教程:翻译版[M].何钦铭,王兆青,陆汉权,等译.北京:高等教育
出版社,2011.

[3] 王明福.C 语言程序设计教程[M].北京:高等教育出版社,2004.

[4] 苏小红,王宇颖,孙志岗,等.C 语言程序设计[M].2 版.北京:高等教育出版社,2013.

[5] 彭国伦.Fortran 95 程序设计[M].北京:中国电力出版社,2002.

[6] 刘卫国.Fortran 90 程序设计教程[M].北京:北京邮电大学出版社,2003.

[7] 王保旗.Fortran 95 程序设计与数据结构基础教程[M].天津:天津大学出版社,2007.

[8] 唐金兰,刘佩进.固体火箭发动机原理[M].北京:国防工业出版社,2013.

[9] 薛群,徐向东.固体火箭发动机测试与试验技术[M].北京:中国宇航出版社,1994.

[10] 吕翔,李江,刘佩进.火箭发动机测试技术[M].西安:西北工业大学出版社,2018.